U0159519

超高层城市综合体
建筑设计和关键技术研究

RESEARCH ON DESIGN AND KEY TECHNOLOGY OF
SUPER HIGH RISE URBAN COMPLEX

汪恒 著

中国建筑工业出版社

图书在版编目（CIP）数据

超高层城市综合体建筑设计和关键技术研究 =
RESEARCH ON DESIGN AND KEY TECHNOLOGY OF SUPER
HIGH RISE URBAN COMPLEX / 汪恒著 . — 北京：中国建
筑工业出版社，2023.6
　　ISBN 978-7-112-28512-9

　　Ⅰ.①超…　Ⅱ.①汪…　Ⅲ.①超高层建筑—建筑设计
Ⅳ.①TU972

中国国家版本馆 CIP 数据核字（2023）第 050074 号

责任编辑：姚丹宁
责任校对：王　烨

超高层城市综合体建筑设计和关键技术研究
RESEARCH ON DESIGN AND KEY TECHNOLOGY OF SUPER HIGH RISE URBAN COMPLEX
汪恒　著

*
中国建筑工业出版社出版、发行（北京海淀三里河路9号）
各地新华书店、建筑书店经销
北京雅盈中佳图文设计公司制版
北京中科印刷有限公司印刷
*
开本：880 毫米 × 1230 毫米　1/16　印张：$19^3/_4$　字数：440 千字
2024 年 1 月第一版　2024 年 1 月第一次印刷
定价：**98.00** 元
ISBN 978-7-112-28512-9
　　（39562）

前言

超高层城市综合体建筑是我个人以及我所带研究生、工作室团队的重点设计和研究方向之一，本书为阶段性（2013 ~ 2018 年）科研课题思考、总结、汇编的成果集成。本项研究的主要参加人员有：

陈璐、李蕾、陈桐、杨益华、赵丽虹、张波、杨一帆、禚新伦、安澎、刘博、薄乐、刘言凯、王诗朗、孟海港、宋旻斐、万文光、郝佳利、任毅伟、朱蕾、白泽臣。

本书从建筑师的视角出发，把超高层城市综合体建筑作为主客观相结合的有机体开展系统性研究，是研究性设计和设计性研究的总结和反映。本书以建筑师设计思考内容和设计工作组织为系统（章节）分类原则，共有概念及发展概述、设计组织与管理、相关政策解读、建筑设计与策划、功能组织、交通组织、消防安全技术措施研究、绿色生态技术、空间形态设计、材料细部设计以及未来发展趋势研究 11 章，希望尽可能地通过对相关案例、文献的总结思考、提炼归纳和拓展演绎，探索设计对象的可能性、多样性、规律性，形成类型学模式成果，为设计实践更自觉自明、因地制宜地应用和创新提供参考与支持。

我们一直尝试建立唯物辩证、全面、整体、系统的超高层城市综合体建筑观、价值观和设计观，但由于时间和篇幅所限，本书仅选取、容纳了部分关键性的系统要素、子系统成为章节；我们坚持不断地研究与设计，有待今后另行成书补充（如超高层城市综合体的文化性、经济性、地域性、艺术性思考等）。

超高层城市综合体建筑是城市发展到高级阶段的产物和存在，脱离不开城市环境，是城市系统的重要组成。本书各章节遵循了建筑城市系统观原则；各章节作为大系统的各个子系统相互关联，也相对自成一体，可供读者选读参考。

随着当今世界城市，特别是中国城市的迅猛发展，人类的认知也在不断变化发展，同时也因为研究的几十上百个案例远远不能代表全部，我们对超高层城市综合体建筑的研究成果仍有很多不足之处。我们认识到，有完美的理想追求，但永远也不可能达成现实中的完美，所以我们会一直走在研究和设计的路上。我们将阶段成果呈现出来供大家参考，衷心恳请批评指正！愿对专业发展起到有益的作用，理论上能指明突破的方向，实践中能支持创新运用，在交流中也更好地促成我们自身的进步。

汪恒　2021 年春节于北京

目 录

第1章
超高层城市综合体建筑发展概述

1.1 超高层城市综合体建筑概念定义

1.1.1 超高层城市综合体相关概念的产生及演变

1. 超高层建筑与城市综合体

1972年8月在美国宾夕法尼亚洲的伯利恒市召开的国际高层建筑会议上，专门针对超高层建筑的定义进行讨论并提出：超高层建筑是指40层以上，高度100米以上的建筑物。

中国《民用建筑设计统一标准》GB 50352—2019第3.1.2（3）规定：建筑高度大于100.0m为超高层建筑。

而城市综合体的概念目前在学术研究和实际应用中，还没有一个统一规范的明确定义。

2. 混合使用

混合使用（Mixed-Use）的概念应用最早出现在美国1645年的集合镇铁工厂所在的市镇。在玛格丽特·克劳福德的《建设劳动者的天堂：美国公司镇的设计》一书中记载了这些首次出现的混合几种产业和住房的"示范镇"。1976年ULI（美国城市土地学会）在其专著《混合使用——新的土地使用方法》（*Mixed-Use Development: New Ways of Land Use*）中正式提出这一概念，相关的概念还有多用途使用（Multiuse），其最主要特征就是：包含三种或三种以上能够提供收益的主要功能。

作为以前集合镇在许多方面的当代演化，混合使用的主要特征依然适用于当代的城市综合体。

3. 相近概念

在城市综合体这一概念正式提出以前，大多数时候是以其他一些相近概念的形式出现。

国内外有不少学者将"城市综合体"称为"建筑综合体"或者"都市综合体"，并从不同角度切入对其进行了阐述。

《美国建筑百科全书》从建筑群体组合的角度出发，定义建筑综合体为："在一个位置上，具有单个或多个功能的一组建筑"。

《中国大百科全书》中这样定义建筑综合体："多个功能不同的空间组合而成的建筑"，更偏重功能的组合。

都市综合体则是现代城市发展背景下建筑综合体的升级与城市空间的延续。

近年在地产开发中一个颇为流行的概念是"HOPSCA"，H：Hotel（酒店）、O：Office（写字楼）、P：Parking（花园、停车场）、S：Shopping mall（商业）、C：Convention（会议会展）、A：Apartment（公寓）的首字母连写，代表以上各项功能相互组合，并在各部分之间建立一种互动关系，形成一个多功能、高效率、复杂而又统一的建筑群落。这一说法在许多文献和网络中应用广泛。

1.1.2 从不同视角理解超高层城市综合体

近年来，许多专业人士也对城市综合体进行了相关的学术研究：北京博智行商业地产研究院首席专家鲁炳泉从城市功能角度出发，认为"城市综合体是城市功能的扩展与延伸，以购物为载体，加入生活、休闲、娱乐，从单一的功能向多功能转移，城市需要一个载体来承担这些功能"。全国政协委员李晓林认为，"我们的第一代建筑是为了解决居住需要；第二代建筑已经开始考虑园林、景观等需求；到了第三代建筑，就发展出了城市综合体的概念，需要同时满足居住、办公、商务、出行、购物、文化娱乐、社交、游憩等复合功能，以满足城市多功能的需求"。上海联创建筑设计有限公司的李蕾博士结合城市综合体的基本特征和功能，定义城市综合体是"一个由高密度、高容积率、多功能、混合性为构成要素和基本特征的城市开发模式，它将商业、办公、居住、旅馆、展览、餐饮、会议、文娱、交通等城市功能进行组合，建立起各部分相互依存、相互连带的聚集效应，形成一个综合、高效率的建筑群体"。

这些说法从自身关注的角度出发，并不能全面地定义城市综合体。而理解城市综合体到底是什么，主要有以下几个视角：

1. 建筑设计视角

这一视角关注建筑与城市的一体化关系。在我国，超高层城市综合体最早是通过建筑与城市一体化现象而被建筑研究学者所关注的。韩冬青和冯金龙在《城市·建筑一体化设计》中探讨了建筑与城市从对立走向融合的趋势。

2. 土地规划开发视角

从土地规划视角看城市综合体现象往往会关注土地的混合使用方式。例如，王桢栋在《当代城市建筑综合体研究》中从土地"混合使用"（Mixed-Use）出发对"建筑综合体"的发展进行了阐述，并将"建筑综合体"（Building Complex，Multi-Use Building）分为"普通建筑综合体"和"城市建筑综合体"（Urban Building Complex）两类。

3. 地产开发视角

在地产界，与城市综合体问题密切相关的是多样化的业态所形成的价值链，它能够吸引不同需求的人群并增加其驻留的可能，随之产生了巨大的商业活力和经济价值。

龙固新先生在《大型都市综合体开发研究与实践》中提出都市综合体是一种"卓有成效的开发模式"，可以定义为"各类功能复合、相互作用、互为价值链的高度集约的街区建筑群"。

4. 城市交通视角

"高可达性"和"人性化"要求是促成城市综合体出现的重要原因，而城市交通与城市公共空间的复合也成为城市综合体问题的重要部分。钱云才和周扬在《空间链接——复合型的城市公共空间与城市交通》中认为，"城市综合体也是复合型的城市公共空间与城市交通一体化设计的功能组织与布局的重要载体"。

5. 功能复合视角

这种定义更多的是从产品形态（酒店、写字楼、商业、公寓和住宅等等）的组合和规模上对"城市综合体"进行了狭义的阐述："城市综合体是将城市中的商业、办公、居住、旅店、展览、餐饮、会议、文娱和交通等城市生活空间的三项以上进行组合，并在各部分间建立一种相互依存、相互助益的能动关系，从而形成一个多功能、高效率的综合体"。

1.1.3　城市综合体建筑概念定义

虽然建筑师、政府工作者、专家学者、地产界人士对城市综合体问题关注的侧重不同，但其定义一般都具备以下三个层次：

1. 多功能

城市综合体是指将城市中分散的居住、办公、交通、购物、社交、游憩等不同性质、不同用途的建筑组合起来形成的城市组群，强调了城市综合体的功能多样性和形态完整性；

2. 有机性

城市综合体是城市中不同使用功能的有机整合，综合体各个部分之间形成了相互依存、相互激发的关系，达到协同高效的群体效果；

3. 公共性

城市综合体具有城市性和开放性，强调城市综合体空间的开放并与城市融合于一体。

以上三个层次的理解都是城市综合体所具有的特点，但是要回答"城市综合体究竟是什么？"这些还显得不够准确和完整，很难通过这些特征把城市综合体从繁杂的城市现象中梳理出来，从而深入地把握该问题的本质。

经过对大量城市综合体案例进行考察和分析之后，我们可以将其定义归纳为：城市综合体是从"城市性、开放性和集约性"层面切入城市发展本质，把城市功能与城市发展之间的内在逻辑通过城市建筑实体与城市空间有机结合的一种城市实体，利用建筑空间复合化、集约化和开放化，满足城市的商业、办公、居住、旅游、展览、餐饮、会议、文娱等城市功能空间需求，并建立一种相互依存、相互助益的空间能动关系，从而形成多功能、高效率的经济聚集体。

1.1.4 相关概念辨析

要准确地理解城市综合体，就必须准确地把握建筑综合体、HOPCSA 等相近概念，并梳理清楚他们与城市综合体的不同之处。

1. 建筑综合体与城市综合体

城市综合体是建筑综合体的高级开发阶段，是现代城市发展背景下的卓有成效的开发模式。它除了含有建筑综合体的所有复合功能和形态外，在表现形态上体现为更多的相邻综合体的集群，其规模比建筑综合体更为集约、规模更大。城市综合体是一个社会多生态系统概念，而不仅仅是一个建筑数量、种类和功能的叠加概念。

2. HOPSCA 与城市综合体

"HOPSCA" 是地产开发中的一个与城市综合体相关的概念。《雅典宪章》把城市的四项基本功能分为：居住、工作、休憩和交通，实际上 "HOPSCA" 概念中 "H"（酒店）和 "A"（公寓）对应了 "居住"，"O"（写字楼）和 "C"（会展中心）对应了 "工作"，"S"（购物中心）和 "P"（公园）对应了 "休憩"。

这一概念是指通过将城市的基本功能结合在一起，使得人的不同需求可以在同一地方得到满足，这样就可以使区域内部的 "交通" 变得更加人性化，使人们的生活更加便捷、高效和舒适。例如日本东京六本木山城，其办公、购物、居住、休闲、服务等多种功能高度混合。

"HOPSCA" 概念非常接近于我们通常所指的当代城市综合体，只是在概念表达上简单地从地产开发的角度，将其中包含的各种功能进行了英文首字母缩写整合表达。

3. CBD、城市副中心与城市综合体

CBD 可以理解为泛城市综合体的形式，是城市综合体建筑群的水平扩大和延伸。根据英国企鹅地理词典的解释，一个城市的 CBD 是一个城市的心脏，它高度聚集了金融、专业服务机构、商业、服务业以及交通线路；它的土地利用最密集，土地价格最高；聚集着最多、最大的建筑综合体。

而城市副中心则是比 CBD 低一级的城市中心区。当城市 CBD 发展到一定规模，就会受到交通、土地利用等瓶颈，因此大多数城市选择离开 CBD 中心区，在与 CBD 以城市重要交通干道相连的地区重新建立城市副中心。

4. 本书研究范围

超高层城市综合体是包含一栋或一栋以上超高层建筑的城市综合体，它服务于整个城市，并与城市生活发生紧密关联。

1.2 国外超高层城市综合体建筑历史沿革

1.2.1 概述

城市综合体综合多种城市活动，是伴随着世界范围内一次又一次的社会变革及城

市化运动发展起来的。在这一过程中，城市综合体的高度和复杂程度也依托社会需求和社会变革带来的技术进步与思想运动逐渐发展变化，形成今天的超高层城市综合体。

1. 早期雏形（工业革命前）

工业革命前，城市功能单一，人口聚集的场所主要集中在较大的城市，出现了城市综合体的雏形，如古希腊阿索斯广场和古罗马拉卡拉浴场，集洗浴、健身、阅览、商业、会议于一身。

2. 第二次世界大战前（工业革命与乌托邦思潮）

16 世纪后，资本主义迅速发展，在新城市的建设过程中，许许多多建筑设计师进行了多样化的尝试，19 世纪末，现代超高层综合体的两大要素初现端倪，其最早的实例在美国。

一是出现了带有商业策划开发性质的"商业综合体建筑"，例如 19 世纪 80 年代沙利文设计的芝加哥大礼堂，将中世纪的市政厅改造为集歌剧院、酒店、办公楼于一身的商业综合体建筑；二是"高塔和桥梁设计中的成功证明了铁与钢的内在品质，改变了承重与支撑、外层与框架之间相互联系的本质"，综合体建筑开始向高处发展。

19 世纪后半叶出现了具有横向稳定能力的全框架金属结构，幕墙的概念逐渐为设计师们所认识，房屋的支撑结构与围护墙分离。在建筑安全方面，防火技术与安全疏散逐步提高。19 世纪 60 年代，美国已出现给水排水系统、电气照明系统、蒸汽供热系统和蒸汽机通风系统。此外，不断发展的电梯系统技术使得高层综合体建筑成为可能。集办公、商店功能于一体的现代高层综合体在芝加哥大规模出现，温莱特大厦、保险大厦也相继建成。1885 年在美国芝加哥兴建的"家庭保险公司大楼"（Home Life Insurance Building，10 层，55m），被认为是世界上第一座高层建筑。这座大楼采用了钢框架结构，在结构体系和材料应用等方面开创了历史新纪元。此后，美国的芝加哥等地也陆续兴建了一大批高层建筑，并形成了所谓的"芝加哥学派"（Chicago School），到 19 世纪末，美国最高的两幢大楼"卡比托大楼"（The capital，22 层，1982 年建成）和"公斟街大楼"（Park Row，29 层，1894 年建成）的高度已经分别达到了 91.5m 和 118m。

20 世纪初，由于美国经济中心的转移，高层建筑的建设中心也从芝加哥转移到了纽约。第一次世界大战后世界格局发生变化，使得美国成为新的世界经济中心，纽约的建筑高度也随之增长。1931 年，102 层的帝国大厦建成，标志着美国摩天楼的黄金时代达到顶点，这座建筑高度为 1250ft（相当于 381m），超过了埃菲尔铁塔成为世界第一高楼，而这一世界纪录一直保持了 40 余年。

然而过分关注经济效益，使得城市环境开始恶化，出现了许多"城市病"。现代城市规划理论应运而生，1933 年《雅典宪章》试图通过城市功能分区，缓解城市压力。然而纯粹分区又降低了社会活动效率，使城市功能不良，社会生活亟需新的混合各类城市功能的建筑，为现代城市综合体的再次发展提供了舞台。

3. 第二次世界大战后～ 20 世纪 60 年代

第二次世界大战以后，城市化进程也越来越快，城市人口迅速增加，加之汽车工业的发展，人们开始到郊区寻找新的居住环境。郊区化现象对城市综合体的发展也造成了一系列的影响，商住结合型的综合体开始普遍出现。另外由于人们对生活舒适度要求的提高，城市郊区的综合体开始与步行商业街相结合，例如美国的休斯敦长廊。

在这个阶段，TEAM10认为建筑在功能上不应该是有限而固定的，而是应该更便于接受各种状态以及用途的服务性网络。在其影响之下，社会逐渐出现了顺应生活复杂性和多样性、思考城市结构的多重性和复合性的理论，为城市综合体后来的盛行奠定了基础。

1952年，马赛公寓建成。这栋柯布西耶建立的"垂直花园城市"是居民们购物、娱乐、生活和聚居的天地。该建筑的地面层是按"底层独立柱"原则而设计的敞开式开放空间，上面有17层，主要是居住用途，并在七层和八层设有商店和公用设施，在屋顶设有幼儿园和游戏场。马赛公寓可容纳约1600名居民，实质上是一个"城市中的城市"，在空间及功能上都针对居民进行了优化。马赛公寓与城市环境的关系还缺乏在人的社会方面的联系，没能充分地发挥综合体城市环境方面的潜力，是孤独的、自我完善的综合体，但是，它却建立了现代建筑综合体的设计理念，具有里程碑的意义。

4. 20世纪70年代~20世纪90年代

20世纪70年代以后，人们逐步反思城市复兴和城市中心区的价值，并相继出现了城市回归的潮流，整个社会环境真正适应于城市综合体的发展，成为城市综合体盛行的催化剂。由于建筑技术的进一步成熟，特别是钢筋混凝土结构技术的发展，以及资本主义实体经济的发展，高层综合体建筑无论在高度、总体数量方面都取得了惊人的增长。国外大城市中大量出现混合居住区，在居住空间中融入多种城市功能，比如办公、工业、服务，同时将这些功能立体化的组织起来，例如1968年芝加哥建成，100层的约翰·汉考克大厦是一栋高344m的超高层综合体建筑，其中包括700套公寓、8万多 m² 办公空间和餐厅、健身房、游泳池、溜冰场等配套设施。1973年在纽约建成世界贸易中心大厦（雅马萨奇设计），将两座并立的110层塔式办公综合体组合起来，高417m，当时是世界最高建筑，除了办公塔楼，整组综合体建筑还包括几个较低的建筑街景酒店、地下广场、商场、餐厅。1976年在芝加哥建成的水塔广场大厦共74层，2层地下室，高度262m，是世界最高钢筋混凝土建筑，也是著名的综合体建筑，其底部商业中心包括两个百货公司、几百个商店和一个大型的中庭，上面是44层的豪华公寓和22层的酒店。

这一时期还出现了"HOPSCA"概念。1986年最先诞生于巴黎的拉德方斯，是一个集酒店、办公楼、生态公园、购物、会所、高尚住宅于一体的城市综合体。

5. 20世纪90年代至今

城市综合体成为具备了"HOPSCA"的组合，形成一种新的建筑类型。HOPSCA六大业态：酒店（H）、公寓（A）、写字楼（O）、会展中心（C）、购物中心（S）、公园（P）。如日本东京的六本木，通过设计构思，不仅实现了项目与城市的完美融合，在项目本身的设计上更加注重将设计与旅游目的地、商业、旅游观光等多功能相结合，整个业态组合考虑顾客的多种要求。类似的项目还有索尼中心、日本难波公园综合体等。

1.2.2　国外超高层城市综合体建筑相关文献及理论研究

1. 相关书籍及论文历史沿革

建筑学会及相关研究成果：有关高层建筑的研究由来已久，国外和国内都出版过大量专著，包括许多世界性的学术组织，如联合国教科文组织所属的"世界高层建筑委员会"和美国的"高层建筑与城市居住协会"。美国的"高层建筑与城市居住协会"（Council on Tall Building and Urban Habitat）是国际性的，会员遍布世界各地，该协会每两年举办学术会议，同时出版论文集。该协会 1995 年编著出版的《高层建筑设计》（Architecture of Tall Building）一书，已被公认为高层建筑设计方面的经典著作，在国际建筑界有着较大的影响。

书籍：Multi-purpose High-rise Towers and Tall Buildings：Proceedings of the Third International Conference "Conquest of Vertical Space in the 21st Century" Organised by the Concrete Society，London，7-10 October 1997；《城市文脉中的建筑综合体》Eberband·H·Zeidler 著；《超高层未来都市》，川村卓著

期刊杂志类：日本 JA 杂志，英国 ARCHITEXT REVIEW 杂志

城市规划类文献：《城市再生——混合使用开发》，英国学者 Andy Coupland 主编

地产开发类文献：《混合使用——新的土地使用方法》，美国城市土地学会

2. 城市规划理论发展

（1）多核心理论

多核心理论认为大城市不是围绕单一核心发展起来的，而是围绕几个核心形成中心商业区、批发商业和轻工业区、重工业区、住宅区和近郊区，以及相对独立的卫星城镇等各种功能中心，并由它们共同组成城市地域。该理论为城市内部地域结构三个基本理论之一，由麦肯齐（R.D.Mckerzie）于 1933 年提出，1945 年经过哈里斯（C.D.Harris）和厄尔曼（E.L.Ullman）进一步发展而成。为使城市发挥多种功能，要考虑各种功能的独特要求和特殊区位，如工业区要有环境工程设施；中心商业区要有零售商业设施；有些占地面积大的家具、汽车等销售点为避免在中心商业区支付高地租，需聚集在边缘地区；相关的功能区就近建设（如办公区与工业综合体接近），可获得外部规模经济效益；相互妨碍的功能区（如有污染的工业区与高级住宅区）应隔开。在城市功能复杂的情况下，需保持居住小区成分的均质性，使社区和谐。该理论仅涉及城市地域发展的多元结构及地域分化中各种职能的结节作用，对多核心间的职能联系和不同等级的核心在城市总体发展中的地位重视不够，故不足以解释城市内部的结构形态。1955 年谢夫基（E.Shevky）和贝尔（W.Bell）根据因子生态学原理，使用统计技术进行综合的社会地域分析，在此基础上作出的城市地域区计划表明，家庭状况附合同心圆模式，经济状况趋向于扇形模式，民族状况趋向于多核心模式。

（2）中心地理论

中心地理论是由德国城市地理学家克里斯塔勒（W.Christaller）和德国经济学家廖什（A.Lösch）分别于 1933 年和 1940 年提出的，20 世纪 50 年代起开始流行于英语国家，

之后传播到其他国家，被认为是 20 世纪人文地理学最重要的贡献之一，是研究城市群和城市化的基础理论之一。中心地（Central Place）可以表述为向居住在它周围地域（尤指农村地域）的居民提供各种货物和服务的地方。中心地主要提供贸易、金融、手工业、行政、文化和精神服务。中心地提供的商品和服务的种类有高低等级之分。根据中心商品服务范围的大小可分为高级中心商品和低级中心商品。有三个条件或原则支配中心地体系的形成，它们是市场原则、交通原则和行政原则。在不同的原则支配下，中心地网络呈现不同的结构，而且中心地和市场区大小的等级顺序有着严格的规定，即按照所谓 K 值排列成有规则的、严密的系列。

（3）混合使用理论

1976 年，由美国土地学会提出，混合使用的主要特征定义如下：包含三种或三种以上能够提供收益的主要功能的相互支持（如零售 / 娱乐、办公、居住、酒店，以及公共 / 文化 / 休闲空间等）；对构成整体的各部分之间进行空间和功能上的一体化（以达到相对紧凑的土地使用），并包括不受其他交通干扰的步行连接；按照一个有条理的计划进行开发（这个计划往往包含了对允许的功能种类及其比例的确定，以及对允许密度等相关事宜的确定）。

（4）紧凑密集规划理论

紧凑城市理论是在城市规划建设中主张以紧凑的城市形态有效遏制城市蔓延，保护郊区开敞空间，减少能源消耗，并为人们创造多样化、充满活力的城市生活的规划理论。它最早的积极倡导者是欧洲共同体，其理论构想在很大程度上受到了许多欧洲历史名城的高度密集发展模式的启发。

3. 境外事务所及建筑大师理论发展

20 世纪 50 年代凯文·林奇等城市规划专家和城市学家们在当时"功能不相容"的传统城市分区的大条件下提出了城市发展的新理论——功能混合和社会多样化理论，认为城市功能错综复杂并能够自我满足。其基本含义是：功能多样可以满足人们的不同需求，提供丰富的活动空间环境。这种功能混合、社会多样化的城市建筑理论被称之为"有机的复合"。这一理论在真正意义上提出了城市功能综合化，也为后来城市综合体的发展起到了关键的推动作用。其他建筑大师的相关设计理念，包括柯布西耶关于马赛公寓的设计理念、矶崎新的"空中城市"、哈伦的"行走城市"和柯克的"插座城市"等。

1.3　国内超高层城市综合体建筑历史沿革

1.3.1　概述

1929～1938 年这 10 年间，上海建成 10 层以上的高层建筑 31 座，其中最高的"四行储蓄会大厦"（现上海国际饭店，邬达克设计）高 23 层，86m，是第二次世界大战之前亚洲地区最高的建筑。战后中国百废待兴，经过多年发展，直到 20 世纪 90 年代才相继建成一批建筑综合体，如北京的国际贸易中心和华贸中心、上海的新天地、深圳的华润中心等。城市综合体作为一种"舶来品"，在中国发展逐渐加快，并升级为新都市综合体。

1. 雏形阶段（20 世纪 90 年代初期）

中国城市综合体的出现始于 20 世纪 90 年代初期。在这个阶段，中国只有极个别几个能称得上是城市综合体项目。在 1990 年开业的北京国贸中心与上海商城（波特曼），可以称作中国城市综合体的雏形。

改革开放之后，我国许多城市都高速地发展起来，尤其是北京、上海等大城市，其中心区域的发展为城市综合体的发展提供了机会。因此在这一阶段，城市综合体基本局限在北京、上海等城市，其所处地段大多以城市核心区域为主；项目总体规模相对较小，基本介于 10 万~ 20 万 m² 之间。

2. 早期开发阶段（21 世纪初）

伴随着中国城市化进程的加快，我国一线城市人口急剧增加、城市建设用地日趋紧张，城市的承载能力亟待提高，城市化发展必须走集约型发展之路；与此同时，随着城市居民生活水平的不断提高，人们对便利、便捷、舒适的高品质生活需求旺盛；商务人士为降低综合商务成本，也更青睐于集办公、餐饮、商业等功能于一体的高容积率的综合建筑群；城市土地的饱和、人口的激增以及居民对便捷、舒适的高品质生活的迫切需求，激发了城市综合体的早期开发。

开发主体：这类早期开发的城市综合体中的一部分项目得到中国香港和新加坡商人的支持。这些项目大都遵照香港由高端消费和商业驱动的开发模式。

早期开发阶段城市综合体特点：

地理位置：这一阶段，城市综合体主要集中在北京、上海、广州、深圳等一线城市。其所处的地段不仅在城市核心区域，城市副中心区也逐渐开始有综合体项目出现。

规模特点：这阶段的城市综合体规模日趋渐大，数十万平方米体量的综合体数量增多。

3. 大规模孕育阶段（2008 年开始）

主要一线城市早已投身于城市综合体开发。"一城一心"的城市格局已被打破，城市商业中心正从单核向多核演发。伴随着城市化率水平的提高，城市规模的迅速扩大为城市综合体项目的开发奠定了良好的市场基础。截至 2008 年年底，全国城镇人口超过百万人的城市有 122 个，其中人口超过 200 万人的城市数量达到 41 个。

中国未来城市开发的竞争也是以综合体为标志的竞争。一方面，一些省市为了提高城市形象、树立城市名片，把城市综合体建设列入城市发展目标。如杭州、合肥、沈阳和济南等城市提出主要发展城市综合体的战略目标，其中杭州为了实现"城市国际化"目标，提出要在 10 年内建造 20 座新城、100 座城市综合体；而济南市作出了 3 年打造 16 座城市综合体的规划。

开发主体：重点地产公司主动出击，如万达集团、中粮集团、华润集团等地产行业领袖提出了重点发展城市综合体的战略，万达广场、中粮大悦城、华润万象城等城市综合体遍布全国多个省市。

大规模孕育阶段城市综合体特点：

地理位置：这一阶段，城市综合体不仅局限在北京、上海、广州等城市，不少二线甚至三线城市也参与进行城市综合体的开发。其所处的地段主要集中在城市核心区域与城市副中心区域。

规模特点：该阶段的城市综合体规模日趋渐大，甚至有超过百万体量的综合体出现。

4. 扩张元年（2009 年开始）

2009 年，扩大内需是全年"保八"的重中之重，由此顺势而为加速推动城市化进程。能够"24 小时繁荣"，有着典型的集约化特色，融合商业、居住、会展，以及休闲等多种功能的城市综合体已被设定为拉动城市"新动力"的引擎之一。

二三线城市的综合体发展计划的逐步落实，加之重点地产公司主动出击、积极响应，"造城运动"渐成趋势。城市综合体也从一线城市的"点"扩至二三线城市的"面"。全国范围的"造城运动"让已经有 21 年发展史的中国城市综合体步入了新一轮的变革与激素扩展阶段，也注定了 2009 年成为真正意义上的"综合体扩张元年"。

然而，金融海啸余波不断，让诸多尚处于孕育期或是"襁褓期"的综合体倍感压力。2009 年，作为城市综合体运营核心要素的商业，更进入了 10 年以来最困难的时期，"负增长"的绿色指标在商超与连锁经营领域肆意蔓延，二三线城市综合体"销售火爆，经营惨淡"的场面层出不穷，让未来充满变数。

开发主体：除万达集团等开发商开始了大规模的城市综合体扩张外，一些零售企业和金融企业也涉足城市综合体开发，如王府井、银泰等已进入商业地产领域，中信、平安、光大等金融企业也制定了城市综合体的投资计划。

扩张阶段城市综合体特点：

地理位置：这一阶段，二三线城市综合体激增，许多项目的位置也拓展到了新区。综合体不仅调节了城市中心区域的功能，也被政府视为推动新区发展的助推器。

规模特点：一线城市的综合体体量主要控制在百万平方米以内，主要是由于一线城市的土地开发已经历了较长时期，地价也相对较贵。老二三线城市的综合体规模逐渐扩大，超过百万平方米的综合体项目数量不断增加。

近两年来，我国对超高层建筑的管控力度不断提高，2020 年 4 月，住建部、国家发改委发布《关于进一步加强城市与建筑风貌管理的通知》，指出"一般不得新建 500m 以上建筑""严格限制新建 250m 以上建筑"。之后每年都有进一步细化管控要求，相信今后超高层综合体的建设规模将会从我国各个城市的经济发展水平、地理条件、历史文化变迁等实际条件出发，随着发展和市场反馈信息的增加，维持在一个理性的范围内。

1.3.2　国内超高层城市综合体相关文献及理论研究

1. 城市规划理论发展

齐康先生的城市建筑理论将城市比作人的肌肉，将城市分为"轴""核""群"

"架""皮"五个方面进行解读。"轴"是一种运转中的轴，它使城市和群体发展、位移成为一种均衡的空间布置，有时轴是虚拟的、内心度量的，对环境、视景求得某种平衡和引导。"核"是城市和建筑群组合汇总最活跃的和人的活动能量凝聚、散发、扩散、辐射的中心，也是信息流、交通流、人流聚集最多的地段，一种人的活动的"磁性场"场所。"群"是建筑群组成的基本，好比生物群落的共生。"群"的设计具有整体性，使居住者不仅有合理的室内环境，而且有良好的外部环境。"架"用来沟通群组单元之间的关系，"架"和"群"要贴切地结合自然地形、地质、水面和现状建筑及各种设施，它是城市的支撑体。基本上"架"是一种网络的组织，要定出网络间隔的规模大小和道路的宽窄，形成城市水平面的界面（或称基底面），它与通径（道路和广场）形成一种可见的城市形态的肌理。"皮"是界面和表皮，是形的界面，每一块主体的建筑和建筑群，它的各组成面都是界面。屋顶的面被称作第五立面，沿街的街面通常是人们在道路上最常见的街道立面，被称作垂直界面。

2. 相关网站及书籍

国内于 2018 年成立了中国建筑学会高层人居环境学术委员会，旨在搭建超高层政策研究、投融资、产品开发、规划设计建设、招商运营、运维保障、更新改造等全产业链领域单位和专业人员的交流合作平台，探索与破解超高层与人居环境各个层面的需求和痛点，促进我国高层建筑人居环境的高水平发展，提升国际影响力。

国内已经出版的有关高层建筑设计方面的专著，就建筑设计界而论，以吴景祥主编的《高层建筑设计》，雷春浓编著的《现代高层建筑设计》和许安之、艾志刚主编的《高层办公综合建筑设计》三部书影响最大。此外，各种学术刊物在近二三十年中，也发表过相当数量的有关高层建筑方面的学术论文，一些刊物如《世界建筑》《时代建筑》等还不定期地出版过"高层建筑专辑"。

相关网站：高楼迷、筑龙网等。

1.4　超高层城市综合体特征与分类

1.4.1　基本特征

目前，世界各国包括我国的很多城市都建成了许多有代表性的超高层城市综合体，例如纽约世界金融中心、东京六本木城市综合体、香港九龙站综合体、北京国贸中心等。总结这些城市综合体的成功案例，不难发现，超高层城市综合体大多数都具备以下基本特征：

1. 建筑高度和空间尺度

建筑高于所处区域绝大部分建筑，是城市的标志性建筑。超高层城市综合体是与城市规模相匹配，与现代化城市干道相联系的，因此室外空间尺度巨大。由于建筑规模和尺度的扩张，建筑的室内空间也相对较大，一方面与室外的巨形空间和尺度协调；

另一方面则与功能的多样相匹配。

2. 多种城市功能

超高层城市综合体项目中，商业（包括零售、餐饮、娱乐等）、办公、居住是三大核心功能。同时，酒店、会展、公共交通等也成为其重要的辅助功能。各种功能联系紧密，互相支撑，共同体现城市综合体强大而高效的服务功能。

3. 复杂的立体交通体系

通过地下层、地下夹层、天桥层的有机规划，将建筑群体的地下或地上的交通和公共空间贯穿起来，同时又与城市街道、地铁、停车场、市内交通等设施以及建筑内部的交通系统有机联系，组成一套完善的立体交通体系。打破了传统街道单一层面的概念，形成丰富多变的街道空间。

4. 高科技集成设施

是高科技、高智能的集合。室内交通以垂直高速电梯、步行电梯、自动扶梯、露明电梯为主；通信由电话、电报、电传、电视、网络等组成；安全系统通过电视系统、监听系统、紧急呼叫系统、传呼系统的设置和分区得以保证。

5. 可达性

超高层城市综合体通常位于城市交通网络发达、城市功能相对集中的区域，如位于城市 CBD 或城市的副中心。

6. 整体统筹性

建筑风格统一，城市综合体中各个单位建筑互相配合、影响和联系；超高层城市综合体中建筑群体与外部空间整体环境统筹、协调。

7. 兼容多种用地

超高层城市综合体注重均衡的土地使用方式和最大限度地利用土地资源，避免土地过分集中某一特定功能。

从城市用地布局和规划管理的角度看，兼容住宅、商业、文化、广场等多种用地性质，并将不同用地的不同开发强度指标进行相互转移和重新分布，同时也会对周边用地的功能和建设强度产生影响。

8. 社会效应、升值潜力

因所处的城市位置和庞大的工程，注定其必将成为城市的名片，产生巨大的社会效应。一个成功的超高层城市综合体项目的开发及运营，会带来巨大的社会价值。

1.4.2 高品质特征

通过上述基本特征，并通过对大量城市综合体的比较分析，可以把城市综合体的高品质特征归纳为以下几个方面：

1. 要素多样性

构成超高层城市综合体的要素应该是多样的，包含了两个以上的城市要素（建筑仅作为一个要素），城市要素包含"建筑要素"和"非建筑要素"。

超高层城市综合体由"建筑要素"（如住宅、办公楼、商场、酒店等）和"非建筑要素"（如公园、广场、街道、桥梁、堤坝等）共同组成。

城市中"建筑要素—非建筑要素"的组合是大多数城市综合体所具有的重要特点。在现代城市的发展过程中，简单粗暴地把建筑和城市环境割裂开来的做法早已被彻底批判和否定。城市中的建筑要素和其他城市要素早已经不是对立和分割的关系，大量的超高层城市综合体案例展现了"建筑要素—非建筑要素"不同的组合方式创造出的不同城市形态。

2. 结构有机性

超高层城市综合体的有机性是指在城市要素多样性的基础上，组成超高层城市综合体的多种城市要素之间要彼此和谐、有效交互、共同运行，成为一个系统的概念。城市要素之间形成有机的关系结构是通过超高层城市综合体中人的行为系列化和要素功能的协调互补实现的。

3. 立体整合性

立体整合性组成超高层城市综合体的多种城市要素之间立体整合在一起。各城市要素之间形成穿插、交叠等三维组合结构，在城市空间中呈现立体形态。

超高层城市综合体中的公共空间基面组织呈现多层次立体结构。人活动的基本层面就是城市综合体公共空间基面，它与周围的城市公共空间基面联系在一起。

4. 城市开放性

城市开放性是其区别于普通建筑综合体的主要特征。超高层城市综合体的使用者不仅是部分特定人群，同时还提供了为广大公众服务的公共空间，这使得超高层城市综合体能带来很大的社会效益。

通常超高层城市综合体的公共空间是全时段、无条件地面向市民开放的，但也有些超高层城市综合体或超高层城市综合体的某些部分为了管理和安全的需要每天会有少量时间的封闭。

5. 形态统筹性

主要体现在形态完整和设计、开发的统筹性上。超高层城市综合体往往有较完整的形态和范围。为了实现超高层城市综合体的形态完整往往需要进行统筹的设计和开发。

6. 综合效益

超高层城市综合体因其巨大的建筑规模、复杂复合的多样功能、标志性的造型、高度的城市职能性和开放性，不仅能为城市带来巨大的经济效益，还要考虑其带来的综合社会效益和环境效益。

1.4.3　分类

从不同角度可以将超高层城市综合体分为不同类型。目前业界主要是从建筑形态、功能类型、区域位置、面积规模等方面对其进行分类。

1. 按建筑高度分类

对于超高层城市综合体，其具有的最明显视觉特征便是建筑高度。

国内超高层建筑根据其高度对建筑结构、机电等设计系统的不同影响，一般分为100 ~ 200m，200 ~ 300m，300 ~ 500m 以及 500m 以上四类。

2. 按功能类型分类

功能属性是城市综合体的主要属性，同时功能也在一定程度上决定了城市综合体的空间、环境、配套设施等的外在形态。因此功能类型是城市综合体的主要分类方式，根据其主导功能可以将城市综合体分为：

城市功能型，即"城中之城"，涵盖了商务、商贸、文化、休闲、交通、景观、居住等城市基本的功能，功能组成和内部空间体系复杂；

商务商贸型，以商务办公、百货型商业和高端服务业为主；

都市生活型，以居住和大型零售商业为主；

交通枢纽型，如香港九龙站城市综合体；

旅游休闲型，如杭州在建的西溪天堂国际旅游综合体；

其他如会展、酒店、文化、行政、体育、医疗等功能为主导的综合体。

除此以外，也有极少数不以建筑为主导要素的城市综合体。例如，西雅图奥林匹克雕塑公园是一个景观主导型的城市综合体，它通过一个开放的艺术公园覆盖高速公路和铁路，同时结合了小型美术馆、停车、休闲等功能，将城市和滨水区"缝合"起来，创造出有艺术主题的步行公共区。

3. 按建筑形态分类

单体型。单体型的建筑综合体是在一幢建筑中沿垂直方向分布不同使用功能，建筑各部分使用性质彼此并无一定直接联系，如美国芝加哥 1970 年建成的约翰·汉考克大厦。

组群型，即单体型以外的其他形态。组群型的超高层综合体在总体设计上、功能上、建筑艺术上都是完整的建筑，各个建筑物之间互相协调，互为补充，具有多种功能的复合的明显特征。整个建筑群其实就是一个多种功能的复合中心。它既可以是同一群房上的多幢组合，也可以是多群房上多幢建筑的组合，关键在于如何使各建筑之间相互协调，如香港会议展览中心。

4. 按区域位置分类

区域位置是决定城市综合体经济效益和社会效益的重要因素，按照区域位置可以将超高层综合体分为：

城市中心型，位于城市核心区有庞大的人流和消费基础，如北京银泰中心。

城市副中心型，位于城市副中心，城市经济新的增长点，如上海港汇恒隆广场。

城市新区型，位于城市的新区中心，如位于成都东部新城文化创意产业综合功能区核心区域的成都绿地中心。

特定功能区型，如大型的旅游服务区，科教产业区或新兴的创意产业园等。

5. 按建设规模分类

结合超高层城市综合体的功能定位和辐射范围，在建设规模上大致分为特大、大、中、小四种规模类型。

超大型综合体，超过 100 万 m^2；

大型综合体，70 万 ~ 100 万 m^2；

中型综合体，30 万 ~ 60 万 m^2；

小型综合体，10 万 ~ 30 万 m^2。

上述仅作为参考，不同的城市应根据城市的规模和发展要求，对城市综合体的建设规模类型进行相应的划分。

6. 其他分类方式

在从功能、形态、区域位置和建设规模等方面初步建立了超高层综合体分类体系的基础上，结合城市规划具体的规划方法和引导措施，还可以对其进一步分类。

例如，按照服务水平，分为高端奢侈型、中端生活型；

按照实施主体，分为政府主导型、开发商主导型；

按照服务等级，分为市级、区级、片区级等。

1.5　超高层综合体中外发展比较

1.5.1　发展特征比较

国外超高层城市综合体发展总结　　　　　　表1.5.1.1

发展阶段	基本特征	1.土地利用集约化	2.内部功能复合化	3.结构形式创新	4.开放的城市空间	5.节能环保	6.立体交通体系	7.高可达性	8.科技与智能化	9.城市更新
第二次世界大战前		▲	▲	▲				▲		
第二次世界大战后~20 世纪 60 年代		▲	▲	▲	▲		▲	▲	▲	
20 世纪 70 年代~20 世纪 90 年代		▲	▲	▲	▲	▲	▲	▲	▲	▲
20 世纪 90 年代至今		▲	▲	▲	▲	▲	▲	▲	▲	▲

注：三角箭头符号颜色变深，示意特征越来越明显、突出。

国内超高层城市综合体发展总结　　　　　　表1.5.1.2

发展阶段	基本特征	1.土地利用集约化	2.内部功能复合化	3.结构形式创新	4.开放的城市空间	5.节能环保	6.立体交通体系	7.高可达性	8.科技与智能化	9.城市更新
雏形阶段（20 世纪 90 年代初）		▲	▲	▲				▲		
一线城市大发展阶段（21 世纪初）		▲	▲	▲	▲		▲	▲	▲	▲

续表

发展阶段	基本特征	1.土地利用集约化	2.内部功能复合化	3.结构形式创新	4.开放的城市空间	5.节能环保	6.立体交通体系	7.高可达性	8.科技与智能化	9.城市更新
全国各地大发展阶段（2008～2009年）		▲	▲	▲	▲	▲	▲	▲	▲	▲
"造城"大发展阶段（2009年至今）		▲	▲	▲	▲	▲	▲	▲	▲	▲

从发展时间段上看，我国超高层综合体发展时间段明显晚于国外，但是呈现迅速、爆炸式增长的势头。然而从国外超高层综合体的发展过程也能看出，其发展很大程度上依托于经济形势的支持，只有宏观经济形势势头良好时，才能支持如此规模巨大的开发过程。

随着超高层城市综合体的发展，设计者和使用者越来越清醒地认识到建筑与城市的相互关系，因此近年来不论国内国外，许多新的城市综合体除了本身的使用功能外，还兼具旅游观光的功能，如日本的六本木、福冈博多运河城、新加坡金沙酒店等。这些项目的成功，引发设计者及建造者对综合体与城市空间的关系的关注与思考。新的综合体项目不仅注重内部功能的完善，还十分注重外部环境与城市的对接与融合，所用的方法一是塑造局部小环境，例如小型公园、休闲广场等，大大拓展了使用者在建筑及场地环境的活动内容；二是充分结合公共交通设施，例如东京、香港、北京等多地的最新综合体项目，很多都考虑了与地铁站、机场等交通枢纽直接联系，使项目便捷可达，实现城市功能的"无缝衔接"。可以预见，在未来，随着轨道交通的进一步发展，区域一体化程度进一步加强，将会出现更多与交通枢纽相结合的超高层综合体，人们的城市生活也将会更高效、更便利。

自1972年联合国人类环境会议之后，环境问题成为世界各国共同关注的问题。21世纪世界环境与发展大会又通过了《21世纪议程》，推动可持续发展计划的实施。顺应这一趋势，各国都在逐步制定建筑节能环保法律法规。美国在1973年阿以战争爆发而引起的阿拉伯石油禁运能源危机中，认识到能源成本的问题，开始出现一些采取可持续发展措施的办公楼，20世纪80年代初期，整个建筑行业开始关注建筑节能。1993年美国绿色建筑协会（USGBC）成立，整合行业中各方面的力量来推动绿色建筑的发展建设。1994年，协会建立了绿色建筑评价度量体系——"能源与环境设计先锋"（Leadership in Energy and Environmental Design，简称LEED）的绿色建筑分级评估体系，并在全球范围内推广，如今世界各国都有按照LEED体系评级的绿色建筑。日本国内各种资源环境也十分珍贵，因此在建设中十分重视节能环保，并逐年修改法律法规以规范建筑行业。我国自改革开放之后，建筑行业蓬勃发展，至今多项规范、法规已数次修订，用以规范建造过程，实现节能减排。随着地球环境问题的日益凸显，相信节能环保这一特点将在建筑中受到更广泛的重视。

许多世界大都市的"造城"运动已过去许多年，受当时政治经济条件的制约，许多因素并未考虑完全，因此，许多城市的"黄金地段"面临城市更新问题，而这些区域又有着极高的商业价值及限制条件，因此，建造超高层综合体成为必然选择。相信随着时间的推移，越来越多的改造更新型综合体将持续面世。

总体看来，虽然我国超高层城市综合体的发展时间晚于境外许多国家，但通过不断发展，目前整体发展趋势已经赶超国际水平。而世界范围内超高层城市综合体除了保持土地利用集约化、内部功能复合化、结构形式不断创新高可达性等特点外，在营造开放的城市空间、节能环保、科技与智能化、立体交通体系等方面还会有不断的发展。

1.6　建筑科学技术的发展

超高层城市综合体建筑的发展一方面受到高昂地价、地标建筑野心的推动，城市多样化、集约化、可持续化导致其迅速兴起；另一方面却又受限于当代的建筑科学技术水平。历史上建筑科学技术的发展与突破成就了一幢幢个性的超高层综合体建筑，而超高层综合体建设的需求反过来又促进了建筑科学技术的不断进步。

1894 年，106m 高的美国纽约曼哈顿人寿保险大厦落成，标志着高层建筑进入超高层建筑发展阶段。此后随着科学技术的进步，超高层建筑的高度记录在不停地刷新。

而建筑业对技术的大胆尝试和利用大都表现在材料技术、结构技术、设备技术等方面。

1.6.1　建筑思潮发展

工业革命以后，以汽车交通为主的城市交通方式，改变了人们的时空观念，从而也改变了城市的格局。工业的迅猛发展给城市生活带来了多方危害，如交通拥挤、污染、社会混乱等。为解决这些城市问题，发展了功能分区的概念及理论。理性主义、功能主义的现代运动，将复杂的城市生活简单化、抽象化，认为城市是由居住、工作、游憩等由交通加以联系的四大功能区构成。在这种理论指导下，居住、娱乐、办公为了互不干扰被按区严格地分割。这种功能分割表现在城市布局上，是按市公共中心、亚中心、居住区中心的多层次有序原则组织的；表现在建筑上，则是不同功能的复合，被认为混乱，阻碍了综合体从萌芽后的进一步发展。

功能主义的理论方法没有给早期工业城市解决问题，反而带来了新的问题——城市中心区的衰落。20 世纪 30 年代，美国洛克菲勒财团和建筑师哈里森一起规划纽约洛克菲勒中心，吸收了建筑师莫瑞斯"城中城"的构想，地面上布置了 11 幢功能互补的大厦，同时设计了一个地下交通网络，使中心外许多大楼在地下联系起来，并与潘尼文尼亚火车站、中央车站、纽约公共汽车站连成一片，同时计划在地下步道设商店、餐厅及其他设施。目前该系统已扩大至 2km 长的人行走廊，连通 21 座公共建筑，地下一层的购物步道形成大型地下购物中心。这种反对功能划分绝对化并采取立体化空间布局的方式可以说是美国城市复兴的先兆，也是当代城市高层综合体建筑的最早雏形，向世人示范了城市生活的相互关联、不同功能建筑的集聚与协同所创造的充满活力的城市环境，引起了社会对多功能综合项目的关注与兴趣。继洛克菲勒中心等设计成功之后，功能主义的信条也因 1959 年在荷兰奥特罗的 CIAM 会议上受到攻击而动摇，转向存在的城市和城市内在关系的复杂网络，开始寻找更现实的城市模式。20 世纪 60 年代，在建筑理论领域，结构主义和人文主义各自从不同的角度对现代主义城市理论提出修正。结构主义志在建立一种动态的城市整体秩序，形成开放系统，以此改变城市机体彼此割裂却又混乱的局面；人文主义则着力呼唤一度迷失的人文精神，使"人"重新成为城市环境营造的主体。两种理论均强调城市有机连续、综合互动。从而影响了 60 年后欧美城市复兴和再开发的实践，为城市综合体建筑的复兴提供了理论依据。

随着城市规划与建筑理论的日渐成熟与 20 世纪 60 年代后期欧美城市复兴运动的实践，城市综合体建筑乃至超高层城市综合体得以迅速发展。超高层城市综合体建筑的出现修正了过细的功能分工，建筑（群）多功能的联结与复合为其使用者带来了莫大的方便，成为继商业街之后城市复兴的又一重要建设模式。超高层城市综合体建筑也从最初建筑功能的简单叠加（如居住＋商店）逐步发展为以功能体系划分各种主题综合体（如交通枢纽综合体、会展综合体、商业综合体、文化娱乐综合体等），成为各级城市中心和 CBD 的重要组成元素。而当代超高层城市综合体的发展开始超出建筑自身的范畴，将建筑内部功能与城市职能相结合，形成多类型、多层次的现代超高层城市综合体。

1.6.2　建筑结构材料的发展

发展高层建筑需要解决的第一个技术难题是建筑结构材料。传统建筑主要采用砖石作为承重材料，采用承重与围护结构合而为一的砌体结构体系。由于砖石材料强度比较低，使建筑进一步向高空发展受到限制。

为了建造更高的建筑，工程技术人员积极进行建筑材料和结构体系的创新。19 世纪初，英国出现铸铁结构的多层建筑。1840 年以后，美国开始用锻铁梁代替脆弱的铸铁梁。19 世纪后半叶钢铁制造技术取得突破，能够生产型钢和铸钢。此后钢材在很长一段时间都应用于超高层建筑的钢结构体系中，为了应付日益复杂的需求，钢材的性能也在不断发展。

1.6.3　结构体系的发展

国外的传统建筑一直采用砖石的砌体结构。后来美国人威廉·詹尼在总结前人成果的基础上，发明了一种全新的建筑结构体系：钢框架（骨架）结构体系。该结构体系最显著的创新是以钢铁作为承重材料，承重结构与围护（分隔）结构分离。

1894 ~ 1935 年的超高层建筑主要采用钢结构体系。1929 ~ 1933 年美国相继建成了 9 幢 200m 以上的高层钢结构建筑，其中 381m 高的纽约帝国大厦就采用了钢框架支撑结构。

1950 ~ 1975 年的钢结构涌现出多个新结构体系，进入鼎盛时期。剪力墙结构、框架—剪力墙结构、框架—筒体结构、筒中筒结构、带转换层结构等体系陆续涌现，混凝土和钢材强度等级不断提高，使钢筋混凝土结构的高度飞跃发展，而且能适应多种建筑形式和功能的需求。

1980 年以后的超高层建筑结构中，钢结构的数量和高度的发展速度明显减缓，钢筋混凝土结构和混合结构的发展速度超过钢结构。在超高层混合结构中采用了巨型结构体系，即巨型型钢混凝土柱、钢管混凝土柱、巨型伸臂桁架、带钢支撑的巨型外筒、型钢或带斜撑混凝土内筒、钢板混凝土剪力墙等的有效组合。

1.6.4　电梯技术的发展

发展高层建筑需要解决的另一个技术难题是垂直运输。1890 年奥迪斯发明了现代电力电梯。由于乘客电梯的出现，建筑突破 5 层的高度限制。

此后电梯技术不断发展，超高速电梯开始出现。电梯速度有多快，在某种程度上决定了建筑可以建多高。1976 年日本富士达公司开发了速度为 10.00m/s 的直流无齿轮曳引电梯。1993 年，三菱公司在横滨的地标（Landmark）大厦安装了速度为 12.50m/s 的超高速电梯，是当时世界速度最快的乘客电梯。而 2010 年落成的哈利法塔，其电梯速度竟不可思议地达到 17.4m/s。

1.6.5　安全技术的发展

发展高层建筑需要解决的另一个技术难题是建筑防火。1871 年芝加哥发生大火，使人们认识到城市建筑防火的重要性。由于当时消防设施还比较落后，消防的合理高度在 5 层楼以下，因此高层建筑的防火主要依赖建筑自身，建筑材料的防火性能。钢铁材料具有不可燃性，为解决高层建筑的防火问题创造了良好条件。

1.6.6　机电技术的发展

1876 年 3 月 10 日美国人贝尔发明了电话，解决了远距离通信的技术难题。19 世纪 60 年代，美国已出现给水排水系统、电气照明系统、蒸汽供热系统和蒸汽机通风系统。制约高层建筑发展的机电系统问题均得到了解决，标志着高层建筑建造技术基本完备，由此建筑的技术发展进入了新的阶段。

1.6.7　施工技术的发展

主要包含混凝土泵送技术、机械设备（例如塔式起重机）、模架施工技术等。

伴随着超高层建筑向高度更高、结构形式更复杂、施工进度要求更快等方向的发展，超高层施工技术逐渐发展为以钢结构制作安装、混凝土超高泵送、模架施工技术为主的现代施工技术。

1.6.8　运营管理水平及维护技术的发展

超高层建筑的维护主要是外立面的清洗。对高层建筑外墙的定期清洗及检修维护，越来越受到人们的高度重视。大绳吊板人工清洗方式终将被取代，擦窗机则是完成高层建筑外墙作业最安全、实用、高效的专用常设设备。擦窗机在国外起步较早，国际著名擦窗机企业的产品种类齐全，性能稳定，研发能力强，能适应各种复杂建筑外墙立面的清洗和维护的要求。

我国擦窗机产品则起步较晚，是在高处作业吊篮技术的基础上发展起来的。直到20世纪80年代后期，中国建筑科学研究院为长安街中国人民银行金融中心研制了国内第一台建筑外墙清洁用擦窗机，才填补了国内该类产品的空白。

1.6.9　相关规范及技术细则的发展

我国《民用建筑设计统一标准》GB 50352—2019规定：建筑高度超过100m时，不论住宅及公共建筑均为超高层建筑。在《建筑设计防火规范》GB 50016—2014中，对超高层建筑避难层和停机坪设置等做了特殊规定。实际工程设计中，国内各地对超高层建筑的专业审查都比普通高层建筑严格，250m以上的超高层建筑甚至必须经过相关部门的专门审查论证。为保障建筑高度大于250m民用建筑的消防安全设防水平，提高其抗御火灾能力，公安部消防局于2018年印发了《建筑高度大于250m民用建筑防火设计加强性技术要求（试行）》（公消〔2018〕57号）。为加强超大城市综合体的消防安全工作，公安部消防局于2016年印发了《关于加强超大城市综合体消防安全工作的指导意见》（公消〔2016〕113号）。

建筑科学技术的全面发展，使世界各地雄心壮志地规划着一幢幢越来越高、形体越来越不合常规的超高层建筑。2010年，以319m的巨大高差夺取台北101世界第一高楼宝座的哈利法塔，为建筑科技掀开全新的一页。伸至156层的核心柱自力支撑结构、先进的抗震技术、速度高达17.40m/s的电梯、先进的幕墙材料和安装技术、输送高度达606m的混凝土高压泵、长达100km管线的送水系统等将刺激建筑技术的进一步发展。

1.7　社会经济、政治、文化、生态影响

1.7.1　超高层城市综合体的社会经济影响

随着城市政治、经济和文化的发展，以及城市化水平的不断提高，在发展城市经济、升级产业结构与扩大城市规模与城市资源紧张的矛盾作用下，集合了多种城市功能空间的城市综合体是有效解决城市面积扩大，发展集约型城市和多样化城市空间的有效手段。

超高层城市综合体反映了紧凑城市的构想，是城市集约化发展中的一个典型现象；

超高层城市综合体适应了当代城市的发展要求；

超高层城市综合体是发展城市竞争力的重要手段；

超高层城市综合体延伸了城市公共空间，缓解了紧张的城市空间资源，构成了集约化城市基础；

超高层城市综合体通过功能复合使城市商业空间多样化；

超高层城市综合体完整而独立的文化功能空间实现了城市商业与城市文化娱乐的有机融合。

1.7.2　超高层城市综合体的政治影响

对于今天的城市空间，作为人口、经济和土地使用要求的结果，随着高层建筑物、构筑物的兴起，城市制高点空间的营建成为经济实力展示的最佳场所。许多国家、许多城市乃至许多实力雄厚的大公司乐此不疲地争创世界第一高建筑，把对高层建筑顶部空间的控制作为经济实力的象征。

在经济全球化背景下，随着改革开放的不断深入，中国的经济、技术不断发展和进步，经济发展成果成为地方政府的政治成果。超高层城市综合体建筑的营建往往需要投入巨大的人力、物力，因而代表了该国家和地区生产力和技术发展的最高水平，也成为城市形象的重要元素，彰显了城市发展的综合实力，是政府重点关注的建筑实践。

1.7.3　超高层城市综合体的文化影响

1. 美国垄断资本的发展催生城市的商业崇拜

20 世纪初，美国垄断资本的发展使商业成功成为人们注意的中心，对商业的崇拜变得和过去对宗教的敬仰一样虔诚。现代城市的飞速发展催生了产业集中、人口集中、土地开发密度更高的城市，也催生了"摩天大楼"的建筑形式。这种建筑不仅从经济、城市功能上应对了紧张的土地使用需求，而且更彰显了城市的商业活力，成为城市商业形象的地标。对商业活力的追逐，也促进了更多超高层建筑的诞生。

2. 外来文化与本土文化的结合和创新

改革开放以来，外籍建筑师在中国的设计实践活动日益活跃，大批境外设计师的到来带来了境外文化。超高层城市综合体建筑的设计也在其中。而这些建筑中不乏对民族传统有所思考的作品，在引入中国传统建筑文化时，主题和手法各不相同，但大多以技术和文化的结合为出发点，集中体现为尊重地域文化与先进文化相结合的思路。例如 SOM 在上海设计的金茂大厦，建筑师在详尽研究中国古塔的基础上，提出了以中国古代密檐塔为造型依据的设计理念，赋予城市地标以文化寓意。

1.7.4　超高层城市综合体的生态影响

每个城市中都有生态环境较好的地段，或者这座城市自身便是一座景观资源丰富的生态城市。这些城市或者是城市地标性建筑的周围，或者是城市中很有特色的街道、广场，或者是能眺望到城外山峦的某一区域，或者是能眺望到江河对岸的景色的某一区域。超高层城市综合体建筑在做建筑高度制定时，为了保护这些具有良好景观的地段和创造一些较好的景观地段，都应该做出景观分析和设计，以判断超高层综合体建筑项目的建设对周边生态环境和自然及城市景观的影响。

1.7.5 社会各界的态度

1. 政府的态度

政府一方面希望通过土地政策增加财政收入；另一方面希望这一类项目的开发提升城市经济，并给城市带来新的面貌。

2. 开发商的态度

一部分成功的项目取得了巨大社会和经济效益，加上地方政府的支持，开发商趋之若鹜。

拿地模式：房企与政府谈判的筹码，成为开发商积极拿地，布局一二线城市核心地段抢占市中心优质土地资源与未来发展先机的战略布局手段。

资金平衡：低价拿地的开发商，通过出售住宅和部分商业面积，就已经可以回笼资金。自持的商业部分被视为沉淀下来的利润。

3. 大众的态度

超高层城市综合体深深地影响并改变市民的生活，并成为许多市民投资新宠。

1.7.6 超高层城市综合体发展中的问题与负面因素

1. 规划问题

城市中开始出现大量城市综合体的开发建设，大多数一二线城市的中心城区用地已趋于饱和。但在大多数的城市，由于规划管理水平偏低，控规设计相对粗放，控规中无竖向的城市设计，无公共空间的控制性设计等，导致控规时每个用地的大小分割和各功能比例雷同，使得各个超高层城市综合体"扎堆"出现，体量雷同，开始隐隐有了过剩的危机。也给商家带来了竞争问题。这些盲目的开发不仅不利于人们的生活，也给城市综合体的发展带来了危机。

2. 管理不规范，开发商后劲不足

由于超高层城市综合体具有功能复杂性这个特征，因此其开发涉及的层面也相当广阔。许多开发商由于看到商机却缺乏相关的人才，没有进行科学的评估、开发和管理，导致建成后城市综合体很难继续发展并吸引人们入住。

1.7.7 相关解决措施的研究与探讨

开发大型超高层城市综合体，需在项目的前期定位、业态布局、建筑规划设计、招商引资、经营管理、资本介入等多方面进行全盘考虑。

1.8　本章小结

本章从超高层城市综合体建筑的概念定义、历史沿革、中外发展比较、特征与分类、建筑科学技术的发展以及社会经济影响等几个方面对超高层城市综合体建筑发展进行了概述，并明确了本书的研究范围。

第 2 章
设计组织与管理、施工图之后的设计服务工作研究

2.1 设计前期策划

2.1.1 设计前期：设计合同签订前从事设计活动的阶段

设计前期策划：为实现设计前期目标而计划和安排人力、物力、财力的过程，设计合同的取得一般均需进行设计招投标，所以设计前期的策划主要以投标策划为主。

建造方在取得土地开发权后，应着手进行设计招标工作。

设计招标实施前，建设方应委托专业的咨询顾问公司进行详细的市场调研，编制项目建议书和可行性研究报告，为项目定位决策提供科学的依据。

可行性研究报告批准后，编制招标文件。依据项目规模、标准及重要程度组织适宜的设计招标，进行设计团队的选择。重点关注团队整体的设计业绩、设计能力。

一般建筑设计招标分土建包和若干专项设计包。而超高层由于多种功能集中设置，竖向分割，相互之间均有联系。为取得统一的整体形象，建筑设计招标应采用设计总包形式。

1. 设计人员策划

超高层城市综合体项目的建筑开发原因比较复杂，大多是政治、经济、地域等多重因素共同作用的结果。

超高层城市综合体项目一般建造在经济较发达的城市，它顺应当地群众庞大的人流和消费需求。

超高层城市综合体项目的建造在中国还处于起步阶段，设计水平、建造技术、运营管理还处在摸索和提高阶段。一般前期规划会存在设计条件不足、技术指标相互冲突的问题。这就要求设计需在前期规划定位中介入，协助开发商科学地进行产品定位。

超高层技术难度的解决需要有经验的设计师完成，一般要求设计师从业 10 年以上并至少独立完成一项相关工程业绩。

2. 专业技术策划

由于超高层城市综合体项目的功能是复合性的，且设计中包含许多关键技术。实现它的使用目的需要许多高科技集成技术，又由于超高层项目的标志性，所以设计要

求和标准均较高。

涉及专业策划有建筑、结构、给排水、暖通、电气、总图、经济、精装、景观、智能化、绿色节能、幕墙、夜景照明、声学、钢结构、标识等。

3. 设计进度策划

进度策划中应合理安排各专业的工作时间，合理安排各专业共同工作的时间。

一般方案阶段占总设计工期的 1/4，初步设计占总设计工期的 1/4，施工图占总设计工期的 1/2。

4. 设计费用和设计成本策划

考虑招投标的风险，设计费需在精确计算设计成本后提出。

2.1.2　设计总承包（合同、周期）研究

要实现高完成度的超高层城市综合体项目，达到业主利益最大化，建造成本最经济，设计合同形式最好选择设计总承包。

设计总承包：指一个建设项目全部设计合同授予一家设计单位的合同形式。设计工作内容包括：总体设计服务、主体设计协调服务、一体化设计、土建设计（建筑、结构、给水排水、暖通、电气、总图、经济）、精装设计、景观设计、智能化设计、绿化节能设计、交通组织、幕墙设计、夜景照明设计、声学设计（建筑声学、建筑电声）、钢结构深化设计、标识设计等。为配合超高层的结构设计，需进行超限审查、风洞试验、专家论证会以及一些实验，如消防性能化实验等。

2.1.3　一般设计合同的构成

1. 合同当事人：发包人、设计人。
2. 工程设计资料：

发包人向设计人提供的用于完成工程设计范围与内容所需要的资料，一般有：项目立项报告和审批文件、设计任务书、建筑红线图、规划意见书、地质勘查报告、政府审批意见、市政条件等。

3. 工程设计要求：一般要求、保证措施、文件要求、不合格文件的处理等。
4. 工程设计进度与周期：一般在投标文件中有约定，也可依据项目工程总体进度双方协商。
5. 工程设计文件的交付：图纸及文件，约定份数和时间。
6. 工程设计文件的审查：发包人的审查及政府有关部门的审查。
7. 施工现场配合服务：技术交底、施工中技术问题的解决、竣工验收。
8. 合同价款与支付：按投标文件的报价写入合同。
9. 工程设计变更与索赔。
10. 专业责任与保险。
11. 知识产权。
12. 违约责任：合同中应约定发包人和设计人双方违约责任的界定和处置办法。

13. 不可抗力：合同中应约定不可抗力的定义及不可抗力后果的承担。

14. 合同解除：发包人与设计人协商一致后可解除合同。

15. 争议解决：和解、调解、争议评审、仲裁或诉讼。

2.1.4　总承包合同与一般合同的差别

一般合同按建筑安装工程投资来计算，涉及专业为建筑、结构、水、暖通、电气。而总承包设计合同是多专业共同工作的成果，多专业之间如何工作，何时工作，以及总体效果的把控是难点。

制定详尽的设计进度是保证项目前期推进的关键，在进度策划上，重点关注各分项设计交叉工作之间的逻辑关系。

设计决定了一个项目 80% 的刚性成本，所以控制好了设计，也就控制好了投资。发包人对限额设计的要求应在方案开始前提出。

2.2　设计总承包（流程、质量控制）

1. 设计总承包的概念

设计总承包指业主或代建方将项目的全部设计任务及技术协调工作委托给一家设计总承包单位，由其在业主的指导监督下，全面负责整个项目的设计工作，保障设计方案的功能最优、投资最省、效益最大等目标的管理模式。

2. 设计总承包在超高层城市综合体设计中的重要性

超高层城市综合体建筑设计较之一般的建筑设计更具复杂性，设计单位、顾问单位众多，周期较长，技术难度较高，各自分管难度非常大。设计总承包的管理模式能高效解决各专项设计之间的技术衔接以及各阶段、各单位之间的工作界面衔接，使项目各项计划更加紧凑，统筹安排，扫除遗漏和重复工作，提高整体设计水平，最终实现精品设计，是保证设计进度和质量，控制工程投资目标的最佳途径，同时也延伸了设计单位在工程建设中的服务链，发挥设计单位的专业技术管理优势。

当前我国正在全面推广建筑师责任制，面对周期长、复杂性高的超高层城市综合体项目，为了建筑师更好地控制项目质量，推荐采用设计总承包制。

2.2.1　超高层城市综合体设计总承包的流程

超高层城市综合体设计总承包的流程从企业管理的不同层面可以分为：管理流程和技术流程。本文从管理和技术两条路线阐述超高层设计总承包的流程。

1. 超高层城市综合体设计总承包的管理流程

超高层城市综合体设计总承包的管理流程大体上可以分为三步：（图 2.2.1.1）

（1）构建设计总承包管理体系框架。

（2）确定设计专业范围。

图 2.2.1.1　超高层城市综合
体设计总承包的管理流程图
图片来源: 作者自绘

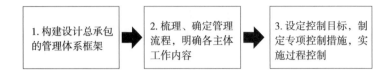

（3）确定组织构架、梳理流程、进行过程管理。

首先需要明确组织构架，编制设计总承包的管理体系框架图，明确各参与单位的职责，对设计工作的组织进行整体安排，满足项目管理要求。不同的企业和不同的项目可能搭建的组织构架不同，但是大体上应该有一些不变的框架，如图 2.2.1.2。

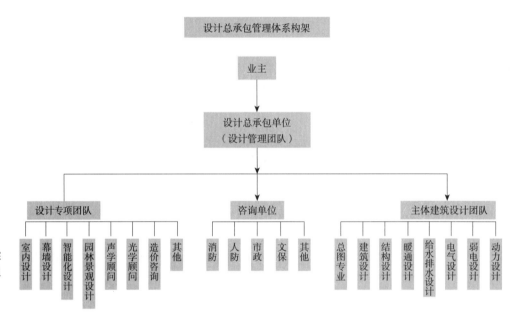

图 2.2.1.2　超高层城市综
合体设计总承包的管理组
织构架
图片来源: 作者自绘

第二步则需要梳理、确定管理流程，明确各个主体的工作内容。按照合同要求，梳理项目所需要的设计管理流程，明确各个流程中业主方、设计总承包方和各个专业设计单位各个阶段的工作要求和内容，以保证各项设计工作顺利执行。（表 2.2.1.1）

各个主体的主要工作内容　　　　　　　　　　　　表2.2.1.1

各个主体	主要工作内容
业主	在项目进度的各个流程中安排业主内部技术人员进行审查，并给出相关意见
设计总承包单位	协调主体建筑设计团队、咨询团队、设计专项团队之间的配合与沟通，管理与控制项目的进度安排，在项目的各个阶段直接对业主负责
主体建筑设计团队	主体建筑设计团队的各个专业在项目过程的各个流程中完成各自的图纸。并且在项目过程的各阶段将图纸提交给专家咨询团队和专项设计团队，方便其提供修改意见
咨询单位	在建筑主体团队提交过图纸后，安排专家评审图纸，并且给出设计方案与法令法规等硬性规定有冲突的修改意见
设计专项团队	在建筑主体团队提交过图纸后，各个建筑配套专业给主体建筑设计团队提供相关的专业咨询服务，便于方案进一步深化

第三步则是设定控制目标，制定专项控制措施，实施过程控制。可以设定项目的

质量、进度、投资的目标，在目标的指导下，加强合同管理与信息化管理，检查各个专项设计方合同执行情况，通过保证措施及相关的专项控制程序，进行过程控制，以"设定目标——制定措施——检查——改进"的模式确保项目高度完成。

2. 超高层城市综合体设计总承包的技术流程

超高层城市综合体设计总承包的技术流程比较复杂，因为在工程进行过程中参与设计的相关单位很多，因此为了项目完成的整体性和各个单位的分工明确性，本书主要阐述设计总承包方及其分管单位的技术流程（图 2.2.1.3）。

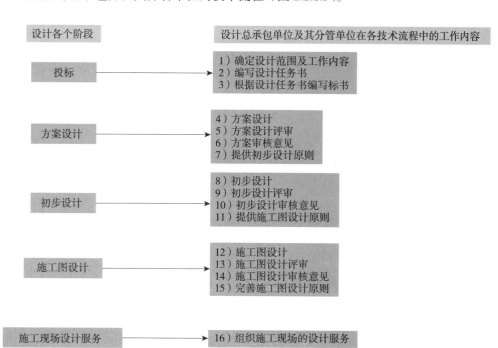

图 2.2.1.3 超高层城市综合体设计总承包工作的技术流程

从设计总承包单位的角度来看，在超高层城市综合体设计中，由于建筑的技术难度较高，牵涉的相关专业繁多，所以设计单位需要承担的责任比以往更多。超高层城市综合体设计总承包单位按照工作的不同进度，可以将流程大致分为五个阶段：

a. 投标阶段；

b. 方案设计阶段；

c. 初步设计阶段；

d. 施工图设计阶段；

e. 施工现场设计服务阶段。

在投标阶段，设计总承包单位首先需要和业主确定涉及范围和工作内容。然后根据设计范围和工作内容编写详细的设计任务书，并提交业主商榷，需要注意的是在超高层设计总承包中设计任务书不再由业主提供，而是设计单位根据项目的具体情况，预测可能面对的风险和重要困难提出系统的、专业的任务书。最后根据设计任务书编写招标的标书。

在方案设计阶段，设计总承包单位首先深入讨论标书，再安排主体建筑设计单位进行详细的方案设计；第二步就是结合业主和质量控制部门提供的方案设计审核意见开展方案设计评审；第三步则是根据项目的复杂度提出复审意见，不同的项目有不同的特点，因此会有不同次数的复审。方案阶段的最后一步则是确定初步的设计原则。

在初步设计阶段，设计总承包单位首先要根据初步设计原则安排主体建筑设计单位、咨询单位和设计专项团队进行详细初步设计；第二步再根据业主和质量控制部门提供的初步设计审核意见进行初步设计评审；第三步则是开展初步设计审核意见，和方案阶段相同，需要根据不同项目的复杂程度和不同企业的管理模式进行不同次数的复审，最后确定施工图设计原则。

在施工图设计阶段，设计总承包单位首先要根据施工图设计原则安排主体建筑设计单位、咨询单位和设计专项团队进行详细的施工图设计；第二步再根据业主和质量控制部门提供的施工图设计审核意见进行施工图设计评审；第三步则是开展施工图复审工作，和方案及初设阶段相同，要根据项目的复杂度和企业的管理模式进行不同次数的复审。

最后在施工现场设计服务阶段，设计总承包方和设计单位需要提供必要的施工现场设计服务，组织专业人员去施工现场考察、验收项目，项目完成建设后需要经过设计总承包方的严格验收，方能交付到业主手中。

2.2.2　设计总承包的质量控制

1. 质量控制的重要性：

（1）设计总承包管理模式的需要

在设计总承包的管理模式中，业主将项目托管设计总承包方负责，设计总承包方统筹管理，较之传统管理模式更加清晰明确，减少多方管理带来的资金和时间成本的浪费。这也决定了设计总承包方担负着项目整体的责任，对设计质量控制方面有较高的要求。

（2）超高层城市综合体项目自身的需要

超高层城市综合体项目设计之复杂，难度之大，也要求质量控制对设计环节进行管理保障，这是项目高质量施工完成的先决条件。

（3）设计承包方的需要

对于设计承包方来讲，保证设计质量首先是合同应履行的责任所在，一方面是对设计技术责任、进度、质量、投资控制的管理责任；另一方面是对设计的技术责任。

另外，质量控制也直接关系到设计总承包方的实力和声誉，是设计方自身发展的需要。

2. 质量控制的意义与目标

设计质量目标分为直接效益质量目标和间接效益质量目标两个方面，这两种目标表现在整个项目中都是设计质量的体现。直接效益质量目标在整个项目中表现为符合规范要求，满足业主使用功能要求，符合市政部门要求，达到规定的设计深度，具有施工和安装的可建造性等方面间接效益质量目标在整个项目中表现为工艺先进，建筑新颖，结构可靠，使用合理，环境协调等方面。这两个质量目标及其表现形式共同构成了设计质量目标体系。

3. 质量控制的要点及措施

工程设计质量是决定工程项目质量的关键环节，设计质量好，体现在既能满足法规、规范的要求，又能满足项目的定位要求、运行安全可靠性和便捷性、造价和运行成本的经济性、施工的可行性等方面。保证设计质量，即在满足进度计划的前提下，符合技术规范、法规的规定，并在设计过程中通过一系列措施和机制，协调各单位、各专业，直至个人，统一思路，统一口径，确保设计正确统一，并能在施工中准确体现。

（1）设计质量控制在各阶段中的控制要点及措施

● 投标阶段的质量控制要点及措施

投标阶段的质量控制目标是对其中的两个任务：工作内容范围和任务书的控制。

编制最初要收集、确认设计的资料，了解建设方的需求、项目建筑品质的要求、各专业的分项要求等，设计单位对不清晰的内容尽早与业主或者咨询公司进行沟通与确认。

任务书的编制重点在于首先对资料进行可行性研究。可行性研究是工程建设、工程设计的前期工作，可细分为若干工作阶段：研究任务、基础资料和依据、内容繁简和深度、投资估算的精度要求、商机的研究成果等。这些会作为项目立项决策、编制设计任务、初步设计的依据，各阶段之间是循序渐进的关系，也可适当简化阶段，但都要达到各行业分管部门规定的可行性研究和各工作阶段文件编制深度的要求。设计单位上级部门及相关单位需要加强对调查研究、资料收集、方案设计与比选、经济分析与评价的事先指导，同时专家评审会、设计方领导要对可行性研究各工作阶段工序控制的核心内容进行严格审定。

● 方案设计阶段的质量要点及控制

方案设计在超高层设计中是基础且核心的阶段，在对方案创意进行突破时，需要很好地掌握复杂的技术设计要点，咨询单位和各专业支持需要尽早介入，审查部门按阶段审核方案的可行性及是否符合任务书的要求。在方案设计前期，除了相关咨询及审核单位的介入之外，方案设计方自己应该建立良好而有效率的内部审核制度，对设计各环节进行质量把关。在方案设计后期，需要与施工图方进行沟通，及时查找问题并解决。

● 初步设计阶段和施工图设计阶段的质量控制要点及措施

初步设计阶段是设计项目中的一个中枢点，起着承上启下的重要作用，在设计时，须按照相应的要求，对程序、合同以及委托内容要有一定的了解，并把设计严格化，以求在此阶段少出差错，确保设计具有一定的深度。而施工图设计阶段，则是设计项目的最主要任务，这个阶段的设计是否合理，质量是否合格，直接影响到整个施工的顺利与否。设计人员须严格把关，对设计的成图有一定的前瞻性，对其质量必须严格按照规范来设计，还要了解施工方的能力范围，对施工的要点进行分析。

● 施工配合竣工验收总结阶段的质量控制要点及措施

本阶段工序控制重点抓好设计文件整理归档、设计技术施工交底、竣工验收、设计回访、技术总结。施工图技术交底是设计服务、实现设计目标必不可少的环节。设计院要及时提交图纸，供建设单位、施工单位熟悉图纸。项目组要做好交底准备工作，各专业设计人员都要到场，把全面交底和介绍结合起来，解答各种疑问，并做好记录，形成纪要。在施工过程中，各专业人员分别参加阶段性验收，竣工后参加总验收，此期间，必须以验收规范为标准。在项目完工并开始投产的第二年，设计院要负起相关职责，组织相关人员到项目投产地进行勘察，同时总结经验与不足，提出改进。

（2）设计质量控制的主要措施（表 2.2.2.1）

● 选择好具有与项目同等设计经验的专业设计顾问团队，主设计师的业绩和能力一定要满足项目的要求，并要求其能够自始至终地投入到项目的技术服务中，各专业团队也须明确各自职责并保证高质量、高效地完成。

<table>
<tr><td colspan="2" style="text-align:center">各设计方的控制措施</td><td>表2.2.2.1</td></tr>
<tr><th>控制主体</th><th colspan="2">控制措施</th></tr>
<tr><td>专业咨询公司</td><td colspan="2">对规划思想的落实、功能目标的实现进行监督、审核</td></tr>
<tr><td>专家、学者等"外脑"</td><td colspan="2">对设计的合理性、经济性提供优化建议</td></tr>
<tr><td>总体设计单位</td><td colspan="2">对设计标准、要求进行统一，对接口、界面进行协调</td></tr>
<tr><td>使用单位</td><td colspan="2">提出使用要求和意见，以完善设计</td></tr>
<tr><td>专家咨询会、专家评审会</td><td colspan="2">解决重大难题，对设计阶段性成果进行全面审查和评定</td></tr>
<tr><td>各级领导和管理者</td><td colspan="2">从更高层面或全局角度对设计进行把关</td></tr>
<tr><td>行政主管部门</td><td colspan="2">进行规划、卫生、消防、环保、防雷、抗震、交通、民防等专业审查、审批</td></tr>
</table>

● 建立各阶段设计文件及图纸审查程序，按计划进行设计评阅，做好评审记录；设计评审是质量控制中极为关键的一项任务，要想合理地控制好质量，就必须有相应的评审机制。设计评审的时间与频次的选择很关键，必须选择合理的时间进行评审，对于频次也应该从实际出发，根据实际中的各种因素所集成的建筑产品的复杂性与成熟程度来确定。对于各种变化幅度较大的因素，更要严格抓好设计与评审。对于设计是否合格、是否清晰，必须有明确的论断。设计评审人员在与设计方产生矛盾时，双方应明确指出矛盾所在，就其而协商出解决办法。在建筑产品输出前，也应根据顾客的需要以及规范要求进行设计评审，保证其合格输出。同时，设计产品的施工要求与施工单位的能力能否达到一致、所选用的设备材料是否合适工程、设计软件是否正常等，都是评审所应考虑的因素。

● 建立设计技术总协调组，满足计划控制目标的要求，督促各设计单位建立设计协调程序，确保有关专业之间能及时互提设计条件，协调和控制好各个专业之间的接口关系；包括：

a. 协助审查设计文件深度是否满足编制施工招标文件、主要设备材料订货和编制深化设计的需要；

b. 协助审查施工详图是否满足设备材料采购、制作。施工以及运行的需要；

c. 协助审查设计选用的设备材料是否在设计文件中注明其规格、型号、性能、数量等，其质量要求是否符合现行标准的有关规定。

4. 设计总承包质量控制在超高层城市综合体项目中的应用

超高层城市综合体项目的建设周期长，与设计有关的工作贯穿了建设周期的全过程。在分阶段、分专项进行设计质量跟踪，制定切实可行的统一措施贯彻设计意图，以及通过加强和协调各方面的协作关系，制定协作机制等有效推荐项目的过程中，主要从以下两个阶段列举：

（1）设计过程的质量控制

a. 注重建设方的要求、建筑的品质、设计要求：设计师事先了解各种要求，并随着项目推进，不断更新业主要求。

b. 对法规、规范、相关文件的把控：初期有专业负责人整理出所需规范的详单及其使用范围，阶段批文按照分类、日期归档下发，指导设计。负责人定期整理相关问题并向工作成员传达。

c. 不同阶段侧重点的控制：方案扩初阶段以外方主导，中方作为顾问要及早介入，从规范及施工可行性上控制；施工图由中方设计，外方审核。

d. 设计计划执行的控制：在按照计划进行的同时，常有一些情况的影响，如建设方在建设过程中提出新的要求和建议、设计基础资料未能及时获得等。此时设计方会根据实际情况进行评估，适度调整计划，以不压缩时间为代价损失设计质量，同时要能保证业主的时间点需求。

e. 技术统一措施：超高层城市综合体项目系统复杂、设计人员多，结合质量管理体系的要求，对设计策划、输入、输出、交付、确认、更改等环节，都制定了统一的技术措施，具体包括：设计思路、系统设计、设计文件、计算、协调方式等，保证各子项、各设计人的设计成果一致。

f. 专业内容的梳理：将各个专项结合超高层的特点进行设计优化，针对顾问专家的讨论会意见进行修改。设计组内，针对系统的技术要求，按照事先规定的设计内容，对系统作进一步复核，以确保系统设计无误。

g. 注重各方配合的机制：设计院提供施工图设计、施工图修改，深化单位在此基础上放样深化，经设计确认后，施工单位按照放样图施工。因功能调整、系统优化等引起的修改，均由设计院完成后流转；在深化过程中引起的对原设计的修改，由设计院确认后，深化单位实施修改；在施工现场发现的问题，由深化单位修改，报设计院认可。另外，涉及造价变化的内容，原则上均要由设计院出图，或以其他形式书面认可。

（2）现场施工配合过程中的设计修改的质量控制

a. 坚持的原则：由于现场条件差、施工难度大，现场往往会对原设计进行修改，这时候需要对问题进行全面的分析和思考，避免局部的修改引起其他不必要的修改。同时，施工现场往往希望简单处理、施工方便，在不影响原设计要求的前提下，可以优化处理，但如果对原系统的运行、维护等有较大影响时，设计师应该坚持大原则不能退步。当然，坚持原则不等于死抱规范不放，而是灵活运用规范。

b. 多方协调机制：施工单位在施工中碰到问题，先告知设计总承包单位，由其初步判断问题所在，同时抄送设计单位同步分析，设计单位的意见回复给设计总承包单位，结合三方的现场查看，明确问题的原因并统一解决办法，随后在每周的例会上提出，以会议纪要的形式明确，作为下一步修改的依据。如果问题归类于现场施工的，则由施工单位修改设计单位确认即可；如果是归类于设计的，则由设计单位出修改图，设计总承包单位进一步深化完善。所有的修改，都需要经过设计单位的认可。

c.驻场机制：项目要求各工种设计人员现场配合，现场代表专职于上海中心大厦项目，并由参与设计人员选取骨干担当。现场代表参与现场会议，处理现场应急问题，并及时向设计院反馈。各专业负责人每周定期安排 1 ~ 2 天去现场办公，集中解决现场问题。

5. 设计总承包的其他管理目标

在设计总承包管理体系框架中，除了质量控制，还包含进度控制和投资控制。设计进度必须满足各项目实施进度的工作安排。需要首先制订总计划，再将计划分解至各个分阶段，注意各分阶段的管理接口，进行程序监控，实现全过程的动态管理。

设计阶段的项目造价控制额应符合经业主批准的概算造价。可以首先编写总投资规划，再分解投资控制规划，进行方案技术优化，提出施工图优化建议，对设计变更进行适中控制，审核招标文件，最后注意分包收费总体控制。

2.3　设计内部协调、设计分包、咨询顾问研究

2.3.1　设计内部协调（主体设计内部管理）

设计总承包主体单位承担着设计全过程的组织、协调管理工作。在设计前期、方案招标投标完成后，项目进入工程设计阶段，开始了多专业的协同工作。做好超高层综合体建筑工程主体设计的内部组织协调工作，是设计管理的首要任务，也是工程项目设计顺利进行的基础和保障。

1. 主体设计内部管理流程

建筑工程主体设计一般分为方案设计、初步设计和施工图设计三个设计阶段，包含建筑（含总图）、结构、给排水、暖通、动力、电气、电信等主要专业。要协同多专业开展工作，首先要建立在行之有效的管理流程上，控制好关键节点，尤其是对超高层城市综合体这种复杂的建筑，过程控制更是至关重要。

建筑工程主体设计过程的关键控制节点主要包括：人员策划、时间进度安排、方案论证、互提资料、管道综合与对图、三校两审、图纸会签、设计文件归档、施工配合、运行服务等。

（1）人员策划

应选择设计经验丰富、有主持过大型公共建筑设计经历的资深注册建筑师作为超高层城市综合体建筑项目负责人（设计主持人）。

项目负责人（设计主持人）负责组建项目设计团队，确定项目经理及各专业负责人；各专业负责人负责组织策划各专业团队。

审核、审定人员应在组建设计团队的同时策划确定，审核人一般由具有工作经验和技术管理能力的技术负责人（高级建筑师、主任工及以上岗位人员）承担；审定人由具有更高技术岗位和能力的技术负责人（教授级高级建筑师、副总建筑师及以上岗位人员）承担。

校对人员一般由项目组的设计人员承担，相互校对图纸文件，互为图纸的校对人。

（2）配合进度安排

一般根据项目的复杂程度、人员的配置、外围设计条件以及建设方的项目建设计划等，综合确定设计周期。根据设计周期，各专业商定配合节点以及配合内容（包括建筑专业的作业图及各专业的反提资料等）。

（3）方案论证（评审）

各专业根据各自的专业工作特点，适时进行专业方案论证及评审。

建筑专业的设计论证评审一般在方案设计阶段，论证评审方案设计理念、功能布局、交通组织和内外空间环境关系等。

结构和机电专业的设计论证评审一般在初步设计阶段，论证评审结构专业的结构体系及基础选项、机电专业的系统初步方案及设计指标等。

（4）互提资料

根据制定的设计《配合进度计划表》的时间节点和配合内容（包括建筑专业的作业图及各专业的反提资料等）要求，专业负责人向相关的接收专业提交相应的配合资料。项目经理对整个进度节点的执行情况进行监督和检查，是各时间点的管理责任人，设计主持人是各阶段提交资料深度的管理责任人，各专业工种负责人是本专业所提资料的直接负责人。

（5）管道综合与对图

根据《配合进度计划表》的时间节点，由设计主持人组织各专业进行管线综合和对图工作。对管线进行综合协调，对各专业所提资料和配合过程中协商内容的落实情况进行验证和核对。

（6）三校两审

在设计进度计划的时间段内，各专业应依次开展自校、互校、工种复校、审核、审定工作。

（7）图纸会签

在会签前，各专业再次进行专业间的核对，确定各阶段的配合成果得到完整落实，避免错、漏、碰、缺现象。各专业在核对过的其他专业图纸上进行签字确认。

（8）设计文件归档

对完成的各阶段图纸及文件进行归档、存查。

2. 管理办法及技术措施

管理流程要顺利运行，还需要相应的管理办法和技术措施的支持，因此针对各个控制节点的实施，需要制定相应的规定。

主要管理办法和技术措施包括设置：

● 《项目角色任职标准》：针对关键节点"人员策划"制定针对超高层综合体项目的角色任职标准，尤其对项目负责人和各专业工种负责人的设计资历需设立标准严格考查。

● 《设计方案评审细则（管理规定）》：针对关键节点"方案论证"建立方案评审制度，并通过建筑方案评审细则的制定来指导和规范超高层综合体项目的方案设计评审，保证此类大型复杂项目的方案设计质量。

● 《建筑工程设计项目专业配合规定》：超高层综合体项目规模大、功能全、技术含量高，设计周期相对较为紧张。针对关键节点"互提资料"建立合理的专业配合规定能够有效保障和提高各专业之间的协同度，减少因各专业配合和沟通不足造成的设计缺陷和问题。

- 《建筑工程施工图设计专业间对图、会审要点》：针对关键节点"管道综合与对图"，根据超高层综合体项目各专业间相互关联图纸的重点环节，编制此要点供设计人员在对图、会审中使用，以减少设计图纸中出现错、漏、碰、缺等问题。
- 《校审要点及提纲》：针对关键节点"三校两审"制定校审要点及提纲。
- 《归档管理规定》：针对关键节点"设计文件归档"制定的管理规定。
- 《工地配合手册》：根据超高层综合体建筑的特点，用于指导设计人员在工地配合阶段开展工作，及时解决施工中出现的设计问题，保证设计产品的高完成度。

2.3.2　设计分包

作为设计总包方应负责专项工程设计的招投标工作，对设计分包单位进行甄选和人员审核，在设计过程中做好技术协调和组织管理工作。

1. 设计分包的种类

有工程设计专项资质标准要求的分包主要包括：室内设计（具有建筑装饰工程设计专项资质）、智能化系统设计（具有建筑智能化系统设计专项资质）、幕墙设计（具有建筑幕墙工程设计专项资质）、钢结构设计（具有轻型钢结构工程设计专项资质）、景观设计（具有风景园林工程设计专项资质）、消防设施设计（具有消防设施工程设计专项资质）、环境工程设计（具有环境工程设计专项资质）、照明设计（具有照明工程设计专项资质）等。

其他设计分包还包括舞台设计、厨房工艺设计、体育工艺设计、建筑标识设计等。

2. 设计分包管理流程

● 分包单位的选择

分包单位应具有专项设计相应的企业资质，并提供符合相应资质的项目负责人及参与项目的主要人员名单及业绩简历。

● 签署责任书

被选定的分包设计单位及分包设计项目负责人，在工作开始前，应签署设计及后期服务的质量保证书，对所承担的相应工作负责。

● 配合进度安排

应依据项目整体进度计划控制体系的要求，根据各设计分包工作与整体设计工作及其他相关工作之间时间、次序的逻辑关系，通过合同洽谈向各分包设计单位提出工作要求，确定设计进度控制计划和详细的出图计划，并在计划执行过程中对其进行动态监测，确保设计文件的及时提交。对分包设计进度的管控，是实现项目总工期目标的重要环节。

● 成果认定、评审

应协调并组织各责任方对各阶段设计分包方提交的设计文件进行评审和设计确认，这是保证分包设计质量的重要环节。

● 施工配合

应组织设计分包方在工程各阶段进行技术交底，并要求和督促设计分包方安排其工地代表到现场服务。

3. 咨询顾问

超高层项目规模大，设计复杂，常引入咨询顾问团队协助设计项目的管理、设计问题的解决、设计难点的攻关、设计专项的研究和设计质量的保障等工作。咨询顾问团队可参与自前期策划至施工图设计，乃至施工招标的全过程，针对施工总承包管理、基坑支护工程、地下室工程、建筑主体工程、幕墙工程、机电工程、智能化工程、泛光照明工程、装修工程、室外工程、电梯设备、消防专项设计、节能专项设计等内容，在设计选型、设计优化、设计分析及工程进度、质量、安全、造价、施工技术与工艺等方面提供技术咨询服务。咨询顾问主要包括：项目策划定位顾问、结构顾问、机电顾问、幕墙顾问、电梯顾问、交通顾问、消防顾问等。

2.4 施工图之后的设计服务工作研究

2.4.1 设计服务的必要性

设计文件仅为交付的阶段成果，交付的最终成果应是建筑本身，因此施工图出图之后的设计服务工作至关重要，它也是实行"建筑师终身负责制"的必须工作。

大型城市综合体项目本身复杂、个体差异性较大，不像住宅一类的产品具有一定标准化、趋同性，此外设计本身就是一个大型配合服务工作，设计院承担的部分只是其中的一个重要环节，设计后期服务，是对设计成果的进一步完善和补充。对于一个大型城市综合体项目，施工图设计完成，可能只完成了设计工作的 50% ~ 60%，施工才是设计实施的真正开始。

现阶段经济发展趋势，对于设计工作要求总是面临"时间紧、任务重""希望尽快开工"，不可避免存在一定的错漏碰缺。因此设计施工图出图之后的设计服务工作可以最大限度降低工程遗憾，提升设计质量。良好的后期服务，有利于进一步开拓设计市场，创造良好的社会信誉。

2.4.2 后设计工作分类

参加各设计阶段中，业主或相关部门组织的审查会
包括如下各个阶段：

1. 建设前期准备阶段
参与可行性研究，项目建议书，评估项目建议书的编制等。

2. 方案设计阶段
参加规划审批会，单体方案审批会，地铁、市政、绿化、人防、消防、环保等咨询会。

3. 初步设计阶段

参加结构超限审批会，消防审批会，政府初设审批会，人防初设审批会等。

4. 施工图设计阶段

参加施工图图纸会审，人防审批会，消防审批会等。

5. 工程施工阶段

配合施工图预算编制，参与工程施工招标答疑及部分专项设计的深化配合工作，例如：幕墙、屋面、电梯、夜景照明、精装修、景观标识、机电工艺设备调试配合等。

参加设计交底会，编制设计变更单及参加工地例会，参与处理现场施工技术问题及质量成本控制工作，参与工程验收，包括地基验槽、基础验收、主体验收、竣工验收及重要分部分项的验收。

6. 投产使用阶段

配合物业交接，工程回访，工程使用有效期内的一些技术咨询，到期提示等。

2.4.3 重点工作详述

常见专项设计的深化工作：幕墙、屋面、精装修等设计深化过程，是校核原施工图设计得以真正实施的过程。控制与造型外观相关的内外部空间、节点处理，关注防火、保温、防水、防结露、隔声、气密性、构造厚度与建筑面积之间的关系等技术要求。

施工过程中，大量专项工程的招标工作配合：严格把控招标文件中的技术部分，做好招标答疑，深化设计。

施工配合：充分利用现代网络优势，加强与业主、监理方、施工方的密切配合。重视设计交底，加强设计变更与投资预算的关系。树立"工地无小事"的服务理念，加强内部协调，第一时间解决工地发现的技术问题，将损失降低到最低极限。

工程回访：通过业主使用，校核原设计是否符合实际需求；项目运营经验教训；提升设计质量。

2.4.4 发展方向（国内外工作范围差异及今后发展预测）

1. 国内一般工程建设流程

业主、设计院、施工单位、各承包商、建造商之间的常规模式。

2. 国外工程建设流程

以建筑师为工程设计、造价控制等的主要载体。甲方通过委托建筑师，建筑师再自行组织与其他专业工程师的商务合作模式，完成工程设计及施工阶段。

3. 中外设计院设计师承担工作的差异分析

国内多年来形成的建设模式是以甲方为主体的控制模式，同时建筑市场划分较细碎。尤其是室内装修、室外景观等设计及施工部分，基本都是单独委托实施的。一般国内设计院的设计范围不包括室内设计、室外景观的建筑主体设计；主要施工单位也是土建结构，含基本机电的总包方施工模式。在设计深化、施工深化中，需要大量其他专项团队配合完成。在方案设计阶段，室内、室外景观作为概念方案提交甲方，后期设计中主体设计院会建议甲方尽快确定这些配合设计单位，进行深入配合，反复校核修正主体设计。

但在实际工程中，甲方往往会忽略此部分进程，造成后期设计的一定返工量或者缺憾。补救方式一般采用设计总承包形式较好，从而使主体设计单位能尽早开展相互配合工作。

而国外设计团队一般包含室内设计的全过程设计或者提供较完善的概念、初步设计。从而能最大限度地保证建筑师对工程的整体效果、完成度的控制把握。

4. 发展预测

随着近期建筑师终身负责制的贯彻，一定会对固有的建筑市场、模式形成一定的改变。

中国建筑设计领域在整体水平上同国外的差距主要有如下三个方面的差距：

（1）设计政策上和设计体制上的差距。多年以来，建筑设计还停留在只抓设计院的管理上。像设计标准的制定、设计理论的充实、设计教育的提高这样有层次、有规划的国际先进设计体系管理还远未实现。

（2）设计体制上，人们偏重具体的设计操作，而忽略了设计对象的调研、设计理念的确定和设计体系的建立。

（3）设计技术中对建筑材料的研发、人性化设计和市场针对性等方面，都同欧美发达国家存在差距。

中国建筑设计水平的提高是一个综合的系统工程，必须从多个方面共同推进。要努力建立起科学合理的建筑设计评价机制。在这个机制中，不是由少数人拍板决策，而是要让方方面面的利益相关者都能够参与到这个建筑设计的评价中去，以杜绝不合理的设计产生。

2.5　本章小结

建设开发与设计管理、运行在超高层城市综合体项目建设过程中从始至终处于主导和关键地位，直接关系到项目的安全、进度、费用以及质量控制的水平。本章主要对超高层城市综合体建筑的设计前期策划、设计总承包（合同、周期）、设计总承包（流程、质量控制）以及设计内部协调、分包、咨询顾问等方面进行了阐述与研究。

由于超高层城市综合体项目在城市建设中承担重要的角色，应充分考虑城市职能的转化、土地集约利用以及功能复合的城市需求。下一章具体阐述了超高层城市综合体项目的相关政策导向、开发策略及规划原则。

第3章
相关政策导向及规划原则研究

3.1 相关规划政策解读

宏观政策导向决定城市发展定位，由此判断城市空间主体建设方向。超高层在城市建设中承担着重要的角色，应充分考虑城市职能的转化、土地集约利用以及功能复合的城市需求。

3.1.1 中央推进城镇化的战略思想

2012 年，中共十八大报告将"城镇化质量明显提高"纳入 2020 年全面建成小康社会的战略目标。2013 年，中共十八届三中全会提出"增强城市综合承载能力"，"提高城市土地利用率"。同年，12 月 12 日至 13 日，中央城镇化工作会议在北京举行。中共中央总书记、国家主席、中央军委主席习近平发表重要讲话，分析城镇化发展趋势，明确推进城镇化的指导思想、主要目标、基本原则、重点任务。其中，会议提出了推进城镇化的主要任务中的第二项，提高城镇建设用地利用效率。要按照严守底线、调整结构、深化改革的思路，控增量，盘活存量，优化结构，提升效率，切实提高城镇建设用地集约化程度；第四项，优化城镇化布局和形态。推进城镇化，既要优化宏观布局，也要搞好城市微观空间治理。全国主体功能区规划对城镇化总体布局做了安排，提出了"两横三纵"的城市化战略格局，要一张蓝图干到底。我国已经形成京津冀、长三角、珠三角三大城市群，同时要在中西部和东北部有条件的地区，依靠市场力量和国家规划引导，逐步发展形成若干城市群，成为带动中西部和东北地区发展的重要增长极，推动国土空间均衡开发。根据区域自然条件，科学设置开发强度，尽快把每个城市特别是特大城市开发边界划定，把城市放在大自然中，把绿水青山保留给城市居民。城镇化由增量扩张转入存量挖潜，城市规划理念亟待全面更新。

3.1.2 城镇化

城镇化空间格局面临新的调整与升级。2014 年 3 月 16 日，《国家新型城镇化规划（2014 ~ 2020 年）》正式发布，规划中再次明确和强调了作为新型城镇化主体形态的城市群是推进新型城镇化国家战略的重要抓手，同时提出要"发展集聚效率高、辐射作用大、城镇体系优、功能互补强的城市群，使之成为支撑全国经济增长、促进区域协调发展、参与国际竞争合作的重要平台"。根据相关研究成果表明，同为国家新型城镇化规划中提出重点建设的我国三个世界级城市群，长三角、珠三角地区的城镇化发育水平较高，城镇化地区已经连绵成带，高密度城镇化单元的空间分布也较为均匀。而京津冀地区的人口密度分布则主要呈现围绕京津两个巨型城市区的环状递减态势，城镇化地区的连绵程度相对较低，在京津都市区以外的区域主要呈散点状分布。京津冀地区城镇化进程仍在继续并加快。

2000 年以来的中国常住人口流动呈现两方面的显著特征。在人口密集、人口自然增长率较低的中东部地区，呈现出乡镇向城市流动的"城乡二元效应"，以及欠发达的城市群外围区向经济发达的城市群核心区流动的"核心外围效应"。前者体现在部分中心城市的人口增长尤其明显，如京津冀地区、山东和黑龙江；而后者则表现在两广北部、苏北、浙南等珠三角、长三角的外围地区，常住人口密度大多显著降低。

3.1.3　增量时代跨入存量时代

城市规划与建设进入精细化管理时期，存量管理与土地紧缩成为规划管理的工作重点。习总书记在 2014 年提出了北京城市定位为政治中心、文化中心、国际交往中心、科技创新中心，以及建设国际一流的和谐宜居之都的新目标。目前，北京的总体规划修编基本思路确定北京划定城市增长边界，界外不再上大型建设项目。人口与建设用地总量减量，致使北京中心城区土地向更集约的方向发展。盘活存量，严控增量，从增量时代跨入存量时代。而伴随北京城市定位提出的新目标，北京现有建设用地尤其是区位资源优势更加明显的地区必须通过功能复合集约利用的方式达到减量规划的目标。

后"土地财政"时期，城市土地集约利用、功能复合的趋势愈加明显。新区开发减缓，城市核心区的土地价值上升，城市管理的品质将提升。房产税的征收是为了让各级政府摆脱对土地财政的依赖，所以城市新区的建设将减缓，城市管理的水平将提升。新区减少，经济发展，城市空间需求增加，因此城市土地集约利用，功能复合的趋势将更加明显。

3.1.4　"全球城市"的战略指引

科尼尔管理咨询公司（A.T.Kearney）与芝加哥全球事务委员会共同完成的 2012 年全球城市排名（The Global Cities Index，CGI）认为，未来 20 年，上海和北京将跻身顶级全球城市的行列；外交政策杂志（*Foreign Policy*）则根据 GDP 增长率将上海、北京分别列为 2025 年全球最具活力城市的首位和第二位。一些研究成果和评价显示以北京、上海为首的我国内地一些特大城市已经在世界体系中承担起越来越多的组织职能。在此背景下，上海、北京等城市纷纷将"全球城市"或"世界城市"作为下一阶段发展的战略目标，并将其纳入城市发展战略或城市总体规划编制指引，在"十三五"规划的制定中同样有所体现。然而有研究表明城市排名和发展现实不很相符，中国内地城市在世界城市体系中实际具有的控制力并不乐观。配置全球资源的职能与全球顶尖城市仍存在相当距离。北京在强调融入世界经济体的同时，需协调城镇群以及全国经济发展，承担国家职能和发挥区域中心的双重作用。

3.2　相关政策导向分析

3.2.1　大都市城市人口密度与超高层数量分析

统计国内城市：北京、上海、深圳、广州、香港、台北，国际城市：东京、新加坡、吉隆坡、首尔、纽约、芝加哥的建成区面积、人口密度以及高度在 100 ~ 300m、300 ~ 500m、500m 以上的超高层单体数量，根据统计结果，北京建成区面积位于首位，人口密度居于后列，超高层集中在 100 ~ 300m 之间，超高层总数处于后位。

300m 以上超高层数量较多的城市，主要集中于深圳 15 座、广州 10 座、吉隆坡 12 座及纽约 29 座。其次，上海 5 座、中国香港 7 座及芝加哥 8 座较为相近，属于中间水平。而东京 0 座、新加坡 0 座、首尔 3 座、中国台北 2 座，300m 以上超高层数量偏低。但在这四个城市中，100 ~ 300m 的超高层数量分别为 120 座、699 座、657 座、342 座。

在同等人口密度的城市，如北京、新加坡、吉隆坡、中国台北。北京 100m 以上超高层数量偏少，300m 以上超高层仅 3 座。由此可以明显看出北京在同其他人口密度较高的国际化大都市相比，300m 以上超高层处于平均水平，100 ~ 300m 超高层数量相对偏少；与纽约、中国香港、东京等国际经济中心相比，超高层整体数量相差较大。综合分析得出，超高层与人口密度并没有显著的逻辑关系，城市超高层建设更多与地方政策导向、经济发展、社会认知相关。（表 3.2.1.1）

大都市城市人口密度与超高层数量　　　　　　表3.2.1.1

城市	建成区面积（km²）	人口密度（人/km²）	超高层数量（栋）			
			100 ~ 300m	300 ~ 500m	500m以上	总计
北京	1227	8786	120	2	1	123
上海	1145	12716	699	4	1	704
深圳	664	15497	181	14	1	186
广州	936	11549	199	9	1	209
中国香港	180	27109	657	7	0	664
东京	622	14711	432	0	0	432
新加坡	716	7640	195	0	0	195
吉隆坡	243	6708	208	10	2	220
首尔	606	17244	228	1	2	231
中国台北	272	9853	104	1	1	106
纽约	789	10566	844	27	2	873
芝加哥	606	4686	342	8	0	350

表格来源：作者自绘；数据来源：https://cadmapper.com/

3.2.2　国际城市超高层聚集区密度比较分析

选定亚洲的北京、香港、东京、首尔、新加坡，以及北美的纽约、芝加哥作为研究对象，计算城市建成区中超高层密集区的超高层密度以及建筑高度的平均范围，综合对比北京超高层建设现状与国际城市间的差距。其中，北京地区计算 CBD 核心商务区、金融街商务区以及三元桥片区超高层密度，东京选定东京站商务区，首尔为江南轨道站周边 TOD 大型商业购物中心，香港为中环—金钟—湾仔金融总部集中商务区，新加坡为金融中心，纽约为曼哈顿下城区，芝加哥为卢普区中央商务区。（图 3.2.2.1 ～图 3.2.2.4）

北京——首都，政治、经济、文化中心

CBD 地区为北京超高层核心聚集区，超高层密度为 10.8 栋 /km²。金融街商务区是除去 CBD 地区外超高层相对聚集的商务办公区，密度为 4.2 栋 /km²，三元桥片区多以居住建筑为主，同时存在商务办公建筑，超高层密度为 1.7 栋 /km²。

相较于其他世界城市，北京 10.8 栋 /km² 的超高层密度远没有达到世界平均水平。土地相对不集约、城市空间形态不够丰满成为北京超高层空间典型特征。依照世界城市超高层建设空间形态对比，北京现状超高层建设地区应适量提高土地使用效率，增强空间形态管控力度，不仅在土地集约、功能复合上为城市作出贡献，更应在城市形态塑造上作为核心设计手段，形成城市品牌特色，修复城市形象。划定超高层核心控制范围，避免出现盲目选择超高层建设地块，确定超高层集中发展区域以及空间布局原则成为本次研究的重点。

3.2.3　超高层经济基础分析与研究

超高层建筑产生和发展的源动力是经济发展和城市化程度的提高。城市人口急剧增加，土地供应紧张，价格上扬，促使人们向高空发展，拓展生存空间，在极为有限的土地上建造更大面积的建筑。而科学技术的发展，高强轻质材料的出现以及机械化、电气化在建筑中的实现等，为超高层建筑的发展提供了技术条件和物质基础，再加上强大的经济实力，使得超高层建筑的条件进一步得到了满足。

CBD
面积：约 4km²
超高层数量：43 栋
超高层密度：10.8 栋 /km²
建筑高度：100 ～ 530m

金融街商务区
面积：约 1.2km²
超高层数量：5 栋
超高层密度：4.2 栋 /km²
建筑高度：100 ～ 110m

三元桥片区
面积：约 8.7km²
超高层数量：15 栋
超高层密度：1.7 栋 /km²
建筑高度：100 ～ 160m

图 3.2.2.1　北京超高层聚集区密度

东京站商务区

面积：约 1.5km²
超高层数量：51 栋
超高层密度：34 栋 /km²
建筑高度：100 ~ 250m

江南轨道站周边

面积：约 0.42km²
超高层数量：约 10 栋
超高层密度：23.8 栋 /km²
建筑高度：100 ~ 250m

图 3.2.2.2　东京 / 首尔超高层聚集区密度

东京——大型轨道站点，商业金融中心
东京站商务区紧邻银座，为东京核心超高层聚集区，超高层密度为 34 栋 /km²。
首尔——TOD，大型商业购物中心
江南地区作为首尔的主要商业商务核心区，大量超高层林立，密度达 23.8 栋 /km²。

中环—金钟—湾仔金融商务区

面积：约 2.2km²
超高层数量：约 160 栋
超高层密度：72.7 栋 /km²
建筑高度：100 ~ 420m

新加坡金融中心

面积：约 0.8km²
超高层数量：约 70 栋
超高层密度：87.5 栋 /km²
建筑高度：100 ~ 300m

图 3.2.2.3　中国香港 / 新加坡超高层聚集区密度

香港——填海造陆，金融总部集中区，TOD
香港地区因土地稀缺，超高层林立，在中环核心商务区的超高层密度已达 72.7 栋 /km²。
新加坡——金融总部聚集区，旅游中心
新加坡的人口密度与北京最为接近，在新加坡的金融中心占地仅 0.8km²，但超高层密度已达 87.5 栋 /km²。

曼哈顿下城区

面积：约 3.5km²
超高层数量：180 栋
超高层密度：51.4 栋 /km²
建筑高度：100 ~ 530m

卢普区中央商务区

面积：约 4km²
超高层数量：约 230 栋
超高层密度：57.5 栋 /km²
建筑高度：100 ~ 450m

图 3.2.2.4　纽约 / 芝加哥超高层聚集区密度

纽约——国际金融中心，娱乐中心，商业中心
曼哈顿下城区是公认的国际金融中心，人口密度略高于北京。下城区面积约 3.5km²，北京 CBD 占地面积为 4km²，但曼哈顿下城区超高层密度达 51.4 栋 /km²。
芝加哥——金融中心，制造业总部
芝加哥卢普区同样作为金融中心，同时也是制造业总部聚集区，建成区面积及人口密度均为北京的二分之一，但中央商务区占地面积约 4km² 与北京 CBD 地区相同，且超高层密度达 57.5 栋 /km²。

1. 国外超高层建设与经济的相关性分析

超高层建筑往往是一个国家或地区经济实力的展现，例如哈利法塔造价约 15 亿美元，麦加皇家钟塔饭店造价约 30 亿美元，台北 101 大厦总投资 580 亿新台币（约合 19.3 亿美元），南京紫峰大厦造价约 40 亿元人民币，京基 100 总投资超过 40 亿元人民币，广州西塔总投资约 60 亿元人民币，吉隆坡石油双塔造价约 6 亿美元，英国碎片大厦造价约 22.5 亿美元。超高层建筑作为城市新地标出现的同时都需要强大的财力，都与地区经济发展有着紧密关系。

美国是最早兴建超高层建筑的国家，1930 年建成克莱斯勒大厦（319m），1931 年建成帝国大厦（381m），38 年之后才诞生第 3 座超高层大厦，1969 年以后进入平稳发展时期，1969 ~ 2009 年间每 10 年就会建成 2 ~ 3 座超高层建筑，但 2010 年以后超高层建筑发展基本进入停滞状态，美国的超高层建筑发展如图 3.2.3.1 所示。

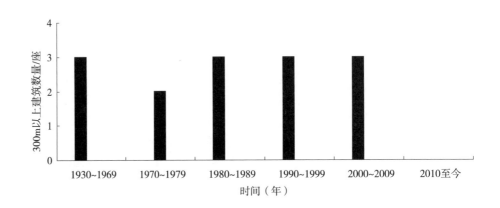

图 3.2.3.1　美国的超高层建筑发展

直至 2011 年美国经济发展一直处于较为平稳增长的状态（如图 3.2.3.2），在美国经济平稳增长的近 50 年中（1963 ~ 2011 年），美国超高层建筑也得到了较快发展。

但是 2010 年以后美国持续多年没有兴建 300m 以上建筑，目前在建的世界 100 座超高层建筑中，美国仅有 3 座，最高仅为 541m。

虽然美国超高层建筑在近 40 年间快速发展，但超高层建筑大多集中在经济高度发

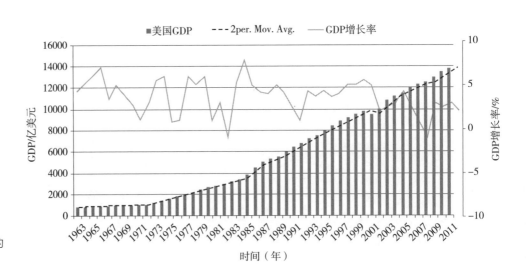

图 3.2.3.2　美国近 50 年的 GDP 变化

达、人口密集的几个地区：芝加哥、纽约、休斯敦、洛杉矶和亚特兰大。纽约是美国人口最多的城市，在商业和金融方面发挥着巨大的全球影响力。洛杉矶人口排名美国第二，是世界中心之一，拥有世界知名的各种专业与文化领域机构。芝加哥是美国仅次于纽约市和洛杉矶的第三大都会区，拥有全国最多的超高层建筑，基本上以 10 年竣工一座的速度发展。亚特兰大是历史文化名城，同时也是新兴的商业、文化、医疗卫生中心。休斯敦是墨西哥湾沿岸最大的经济中心、世界第六大港口。

从图 3.2.3.3 可以看出，经济发展实力突出的芝加哥，其超高层建筑名列第一，其次是人口最多、经济发达的纽约。从美国各大城市超高层建筑来看，经济发展因素决定了超高层建筑的发展状况。这一点同样可以从中东地区阿联酋的超高层建筑发展看出。

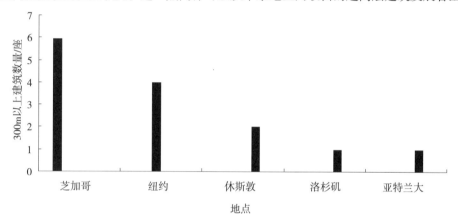

图 3.2.3.3　美国超高层建筑分布

阿联酋 1969 年建国至今，不到 40 年时间取得了举世瞩目的成就。据统计，阿联酋 1970 ~ 1975 年年均增长率为 25%；20 世纪 70 年代后期年均增长率为 13%，1980 年，阿联酋 GDP 增长率提高到 26.1%，人均收入约 26000 美元，居世界第一。

1969 ~ 2000 年间，阿联酋完成了原始财富的积累，国民生活水平得到大幅提高，到 2000 年，阿联酋超高层建筑进入了高速发展时期，仅 2008 年间建有超高层建筑 9 座。2008 年经济危机以后，2010 ~ 2013 年短短 4 年时间，竣工的超高层建筑 14 座，在建超高层建筑 7 座，如图 3.2.3.4。阿联酋的经济始终保持增长的态势。

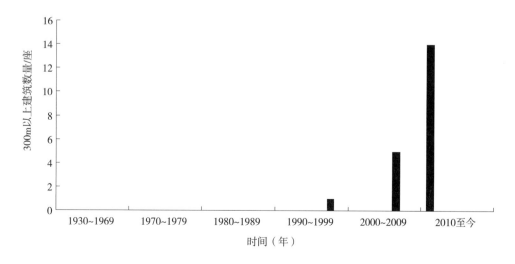

图 3.2.3.4　阿联酋的超高层建筑发展

2. 国内超高层建设与经济的相关性分析

　　1990 年开始国家经济大发展之后，超高层建筑发展也开始提速，1990 年建成了首座 300m 以上建筑——香港中银大厦（367m），比美国第一座超高层建筑晚了 60 年，但在 1999 ~ 2010 年短短的 11 年内竣工 6 座 300m 以上的建筑，尤其是 2010 年至今，中国的超高层建筑出现了空前的发展势头，短短的 4 年时间，中国出现了 14 座 300m 以上的建筑，与阿联酋超高层建筑发展类似，同是当今世界经济高速发展的热门地区，如图 3.2.3.5 和图 3.2.3.6 所示。

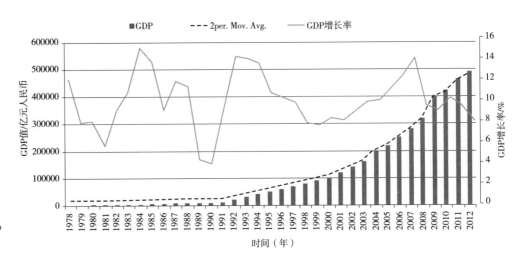

图 3.2.3.5　中国历年 GDP 变化

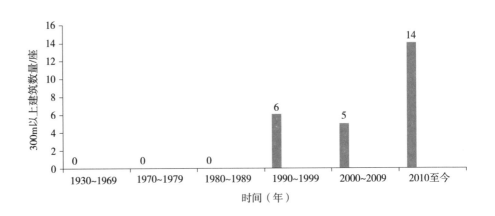

图 3.2.3.6　中国超高层建筑发展

　　超高层建筑的发展不仅与国民生产总值息息相关。只有 GDP 总值积累到一定程度，且经济增长保持稳定上升势头，超高层建筑才能快速发展。例如，2010 年后的美国国民生产总值平均每年达到 1.5 万亿美元，但经济增长速度保持在 2% 左右，因此从 2010 年后超高层建筑为 0。相反，中国和中东地区经济增长率分别达到 9% 和 3.5%，在短短的 4 年时间内，这两个地区的超高层建筑均达到了 14 座。

　　目前我国超高层建筑大多主要集中在经济发达的省、市、自治区，如香港、广东、江苏、上海、重庆、天津、武汉等，如图 3.2.3.7。

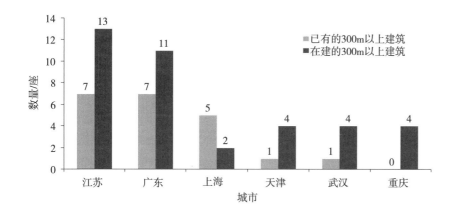

图 3.2.3.7　省（直辖市）
超高层建筑发展情况

3. 超高层建造的经济风险分析

随着超高层建筑越建越高，其建造及维护成本大幅提高，运营压力加剧，回报周期拉长，风险变高。美国纽约市的双子塔在建成后的好多年里空置一半，需要州政府施以援手才不至于破产倒闭。

分析超高层造价高昂的原因，从结构角度看，它材料的消耗比普通高层要大很多。另外，由于消防需要，每隔 15 层或 50m 必须设一个避难层，因而消耗面积很大，建筑面积占比较大。同时由于超高层写字楼电梯数量多、吨位大、速度高，因而日常运行费用很高。

如上海金茂大厦的年总收入超过约 3 亿元，然而整个金茂大厦每天的运营成本支出近 100 万元，一年的运营成本高达 3.6 亿元。除此之外，金茂大厦每年还要支付银行庞大的还贷利息。综合各项费用，在收入与成本支出相抵之后，每日的运营都会造成巨大的经济负担。

3.2.4　社会需求分析

虽然有以上的担忧，但超高层之所以得到发展，有以下原因：

1. 对政府而言，超高层建筑因其地标的概念不仅可以提高城市影响力，拉动旅游收入，同时也抬高周边的土地价值，从而使得超高层地标周边的土地开发变得更顺畅。但盲目追求过高体量的巨型建筑过于简单粗暴，对城市风貌、人文环境亦造成破坏。综合考虑经济风险和城市发展诉求，合理开发 100 ~ 300m 超高层建筑应作为超高层建设的主力军。

2. 对开发商而言，因城市化进程，功能复合的城市综合体成为地产新宠，融合商业零售、商务办公、酒店餐饮、公寓住宅、综合娱乐等核心功能于一体的城市综合体逐渐成为地标式建筑，城市活力的新载体。超高层由盲目追高逐渐转化为丰富产业内核，成为城市商业地产良性发展的新模式。

3. 品牌企业如果需要快速扩张，就必须首先考虑入驻超高层地标，因为超高层建筑通常位于城市的核心地段，在这样的区域内，企业在交易、推广、核心业务机会生成就会增大，企业在整体战略布局、开拓集团业务、提升企业能级才易取得成功。

4. 超高层通常具有良好的形象展示，可以一览城市天际线，同时吸引这座城市的许多目光。入驻超高层地标往往能为企业或项目带来极大的昭示价值，使其知名度国际化，影响力深远化，企业品牌具象化。

3.3 开发策划及技术方法

3.3.1 交通可行性分析与研究的技术方法

超高层往往位于城市核心区，对城市交通的压力直接影响区域交通的运行情况。同时超高层因其较大的体量，往往作为城市综合体占据城市核心位置。在进行超高层建设时，需要对宏观交通以及主体人群及产业类型进行综合研究。通过交通承载力模拟，判断可承载的建设量，同时提出交通解决方案。

介绍超高层项目在前期交通可行性分析与研究中是较为合理有效的交通分析路径。

以北京 CBD 为例，基于北京 CBD 现状及未来交通运行状况的判断（道路网容量分析法），在目前北京 CBD 总建筑规模和北京 CBD 全部建成总建筑规模两种情况下，以北京中心城区控规的路网为交通承载体，建立交通模型。分析判断项目研究范围区域路网交通容量是否饱和，如未饱和计算道路交通剩余容量，推算新增建设项目规模。如已饱和，则难以通过挖潜道路基础设施能力测算新增建设项目规模；需要充分挖掘轨道交通潜能，以加载不同新增建筑项目的规模进行测算（轨道承载负荷分析法），一直加载到轨道站点不能疏解为止，此时轨道所能承担的新增建设规模即为轨道承载最大负荷量。

根据交通预测及项目承载力分析结果，在整合项目周边路网规划及轨道交通建设规划的基础上，提出交通系统调整方案。其中包括：轨道交通方案建议、项目周边道路断面设计建议、项目内部道路设计以及停车设施建议。

注：宏观交通模型

交通模型是用来支持交通规划师进行规划和评价交通方案以及决策制定的辅助工具。交通模型根据交通调查的数据通过数学建模模拟交通系统的特性和出行者的交通行为，预测未来交通特性并对未来规划方案进行评价。

交通需求预测是基于现状交通调查数据、建模范围内的地块控规资料，以"四阶段法"为基础。需求生成：基于总量控制的生成率法；交通方式划分：根据交通供需平衡分析结果，确定规划年各种交通方式的分担比例；交通分布：以重力模型分布结果为基础，根据项目用地规划，调整分布结果；交通分配：采用 SUE 分配方法，作为后续规划和工程措施的依据。

3.3.2 容积率可行性分析与研究的技术方法

容积率：统计现有及规划超高层及周边地段的容积率，计算项目所在区域的平均容积率，总结规律。

目前国内 CBD 的容积率在 4.0 以上，百米以上的超高层的容积率在 6.0 以上。

3.3.3　空间布局分析与研究的技术方法

对不同影响因子进行独立研究，明确不同因子与超高层分布之间的逻辑关系，从而制定超高层空间布局原则。其中，城市核心功能区因子，明确不同的北京中心城区核心功能对应的常规空间密度；人口就业聚集度因子，分析高就业区与空间容量的正比例关系；道路容量因子，将北京中心城区道路网密度分区量化，划定路网密度较高的区域作为超高层建筑群集中布局的基础条件；轨道交通因子，将轨道交通站点的土地价值增量与空间容量的等价对应，尊重土地集约利用的原则，将超高层建筑群密集区叠加在轨道交通密度较高的区域；城市水系因子，寻找滨水空间天际线与空间层次变化逻辑；景观视廊因子，明确城市观景点与视线廊道中城市空间塑造的逻辑，对城市天际线进行竖向规划；文保单位及历史街区因子，提出城市特色风貌区周边建筑高差变化逻辑；现状超高层分布因子，作为超高层空间布局的基础，并明确现状超高层聚集区内超高层密度与高差变化逻辑。

在多个逻辑建立的基础上综合叠加，形成超高层建筑群空间布局的基本原则与指导手段，明确超高层建筑群空间布局的目标。以目标为导向，指出可行的超高层空间发展策略，包括超高层聚集区分布，高度容量变化指导意见以及超高层聚集区空间规划原则。

3.4　超高层规划研究——以北京市为例

分析北京超高层的发展问题，综合运用城市规划与城市设计中对空间认知的分析手段，将核心区高度引导、人口就业密度、交通道路网密度、轨道交通站点密度、水体开敞空间控制、观景视廊控制、历史街区周边建筑控制、现状超高层分布作为单一影响要素，建立不同要素对超高层空间分布的城市设计规律。

3.4.1　北京超高层的发展问题

超高层在城市中不仅是城市经济职能的集中展现，更成为城市风貌展现的一个重要节点。对于北京来说，城市风貌的塑造关系到首都形象的打造以及民族精神的延伸。北京对于超高层建设具有严格的管制，超高层所在位置对城市形态的影响需放在整个北京城中考虑，包含对历史文化名城以及整个城市天际线的影响。所以某种程度上，北京对于超高层建设的管制相对于其他城市（如上海）更加严格，且北京人民对于超高层的认同感往往因为地域空间文化的原因显得相对弱一些。

北京该不该限制超高层建筑的建设是几十年来争论不休的问题。一方面北京是有三千年建城史和千年古都的历史文化名城，必须要保护好历史文化遗产，如北京市人民政府 1994 年发布了 89 号令《关于严格控制高层楼房住宅建设的规定》；另一方面北京又是多年来全国政治、文化和国际交往的中心，城市发展很快，人口不断膨胀，建设用地紧张，不能不向空间和地下发展。

根据统计结果显示，北京已建及在建超高层建筑总数为 127 座，其中 100 ~ 200m 超高层数量为 112 座，200 ~ 300m 为 9 座，300 ~ 500m 为 5 座，500m 以上为 1 座。超高层主要集中在 100 ~ 200m，且 100m 左右居多，布局分散。而北京高层居住建筑广泛分布，且高度均接近 100m。所以超高层在杂乱无章的高层住宅中未能体现天际线的高低变化，开敞空间以及标志建筑同样埋没在高度缺乏控制的城市空间中。

北京城市规划与管理工作中对高度控制进行过多轮论证与调整，然而往往出现就高度论高度的局面，对超高层的限制条件更为严格，缺乏高度控制的内在逻辑以及城市空间美学的研究，出现该高的地方不高，该低的地方不低的城市风貌印象。

目前北京高度 200m 以上的项目主要分布在东三环中路，具体有中国尊 528m、北京国贸大厦三期 330m、北京财富中心三期 260m，北京电视台 BTV 258m、北京银泰中心 249m、中央电视台新址 234m、北京京广中心 209m。2012 年，北京市城市规划部门表示，今后将不再批准超高层建筑设计，所有高层建筑设计都必须要经过北京市超限高层审查机构的严格审查，一是历史文化保护问题，二是出于政治和安全上的考虑，另外，北京市区地震设防烈度为 8 度，在这个标准下，超高层设计和建造起来非常困难，成本非常高昂。

3.4.2　城市核心功能区对超高层地区高度的影响分析

根据《北京城市总体规划（2004 ~ 2020 年）》中城市空间布局中提出，在北京市域范围内，构建"两轴—两带—多中心"的城市空间结构。两轴：指沿长安街的东西轴和传统中轴线的南北轴。两带：指包括通州、顺义、亦庄、怀柔、密云、平谷的"东部发展带"和包括大兴、房山、昌平、延庆、门头沟的"西部发展带"。多中心：指在市域范围内建设多个服务全国、面向世界的城市职能中心，提高城市的核心功能和综合竞争力，包括中关村高科技园区核心区、奥林匹克中心区、中央商务区（CBD）、海淀山后地区科技创新中心、顺义现代制造业基地、通州综合服务中心、亦庄高新技术产业发展中心和石景山综合服务中心等。

中心城区中，旧城作为文化核心建筑高度严格遵从历史街区保护相关规范，对高度进行严格控制。中央商务区自内而外应形成高度逐渐递减的空间形态，在长安街中轴线中形成由旧城方向到中央商务区逐级递增的天际线，在现状建设的基础上缝补城市（图 3.4.2.1）。奥林匹克中心区由奥体公园作为核心，有周边高内向低的围合空间形

图 3.4.2.1　CBD 天际线设
计示意：缝补城市

态构成。中关村高科技园区核心区产业密集，建筑密度较高且应适度集中。石景山综
合服务中心位于长安街西沿线，天际线应以东西向曲线变化为核心，西山作为背景，
有内部高外部低的空间形态构成。南苑新区位于南北中轴线南端，以南北向天际线变
化作为空间逻辑，同样为内部高外部低的空间形态，功能聚集，用地集约。

3.4.3　就业人口密度对超高层地区高度影响分析

就业人口信息量化在城乡
用地尺度上，是研究就业人口
空间分布规律和实现空间模拟
的一种有效尝试。根据相关论
文的研究成果（图 3.4.3.1）可
获得北京市第二次全国经济普
查就业人口聚集度分析内容，
利用大数据反映就业人口空间
分布的真实情况。根据研究结
果显示，绝大部分就业还是集
中在中心城，外围新城也逐步
形成就业集聚核，但其集聚程
度远不如中心城。中心城内东

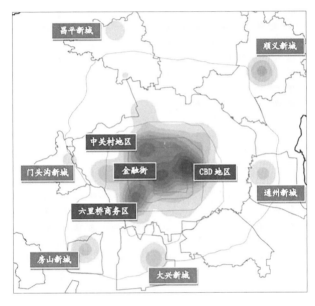

图 3.4.3.1　北京市第二次
全国经济普查就业人口集聚
度分析图
图片来源：cityif 微信公众号

二环与东三环间的区域，包括三里屯、CBD 等地区形成的就业集聚核强度最高，其次
是金融街、中关村和六里桥商务区。

根据就业人口聚集度分析空间容量，CBD 地区超高层数量与金融街、中关村及六
里桥地区相比较为集中，但覆盖范围较广，应适度增加空间人口容量，提高 CBD 地区
就业聚集度，减少对旧城的干预。金融街位于旧城内，需适当控制就业人口密度。中
关村地区有向北扩展的趋势，应适度集中，强度增加，减少摊大饼的做法。六里桥商
务区由丰台科技园区及丽泽商务区共同构成新的次级金融中心，应为城市空间竖向设
计提供可能性，塑造聚集度较高，空间韵律丰富的城市形态。

3.4.4　城市道路网密度对超高层空间布局的影响分析

超高层聚集区对城市交通的压力直接影响区域交通的运行环境。而良好的城市交
通同样能够有效支持超高层建设。通过交通承载力分析判断，有利于超高层建设的区
域，可作为超高层空间布局的基础之一。根据北京市现状道路网密度以 km/km² 为单位
（数据来源不完整，仅提供部分参考），按照控规街区划分形成道路网密度分布图（图
3.4.4.1），同时分别筛选一级道路网密度、二级道路网密度、三级道路网密度。其中一
级道路网密度对超高层建筑群提供区域运输力，二级、三级道路网密度决定超高层周
边核心范围内的交通承载力。由分析结果可以看出中心城区东三、四环，东北区机场
方向，西北昌平方向的路网密度最高。二级路网密度显示中心城区西侧交通承载力较

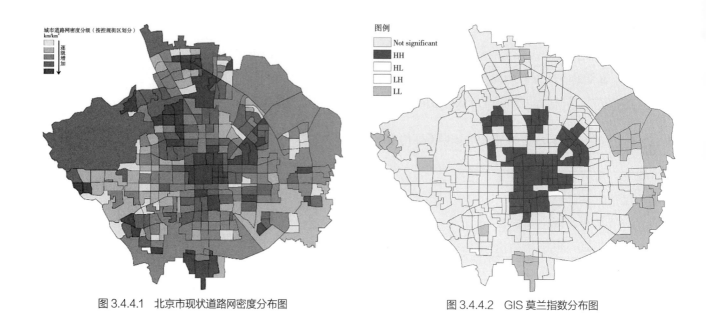

图 3.4.4.1　北京市现状道路网密度分布图　　　　　　　　图 3.4.4.2　GIS 莫兰指数分布图

东侧高。三级路网密度显示老城区及北侧密度较高。

　　利用 GIS 莫兰指数测量空间自相关性，即区分道路网密度在空间上的集聚度。按照控规街区划分范围形成莫兰指数空间分布图（图 3.4.4.2），其中红色区域为空间正相关，意味着该区域的交通密度高于平均水平。黄色区域为平均值，灰色区域为低于平均水平的区域。由此，可以判断红色区域道路交通承载力较高，可作为超高层布局的重要依据。

3.4.5　轨道交通对超高层空间布局的影响分析

　　以北京 CBD 为例，基于北京 CBD 现状及未来交通运行状况的判断（道路网容量分析法），对现况北京 CBD 总建筑规模和北京 CBD 全部建成总建筑规模两种情况下，按北京中心城区控规的路网为交通承载体，建立交通模型。分析判断项目研究范围区域路网交通容量是否饱和，假定在 CBD 区域增加建设量，未来将出现道路交通剩余容量无法满足建设开发规模的情况，难以通过挖潜道路基础设施能力测算新增建设项目规模，需要充分挖掘轨道交通潜能，轨道站点所能承担的新增建设规模即为轨道承载最大负荷量。

　　根据《北京城市总体规划（2004～2020 年）》轨道交通规划图，确定轨道交通站点区域。在整合轨道交通建设规划的线网密度基础上，设定交通承载级别。其中换乘站的承载力高于单一站点承载力。换乘站密度集中区域地面建设开发强度相应增加，可成为超高层空间布局的重要依据。将轨道换乘站点周边半径 500m、单一站点半径 200m 确定为轨道交通影响辐射范围，由中心向外围影响力减弱，形成轨道交通影响力分布图（图 3.4.5.1）。分析结果显示西城区轨道交通密度与聚集度高于朝阳区，朝阳区轨道交通南北向运载力较强。

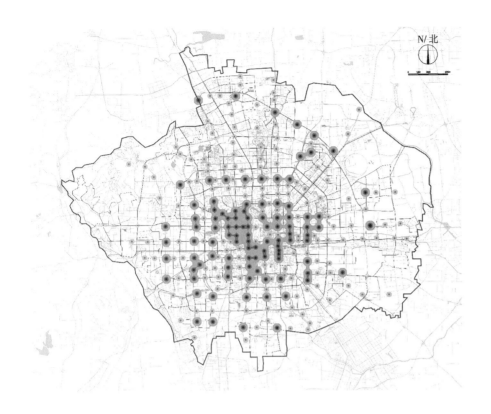

图 3.4.5.1 轨道交通影响力分布图

3.4.6 历史街区及历史建筑对超高层空间布局的影响分析

根据《北京城市总体规划（2004 ~ 2020 年）》中市域文物保护单位及历史文化保护区规划中确定的文保单位及保护区范围，明确指出旧城整体保护中应保护重要景观线和街道对景。景观线和街道对景保护范围内的建设，应通过城市设计提出高度、体量和建筑形态控制要求，严禁插建对景观保护有影响的建筑。对文物保护单位划定历史文化遗产缓冲区，制定明确的管理和控制措施，逐步整治、改建或拆除不符合保护控制要求的建筑物和构筑物。

根据总规确定内容将文保单位及旧城区周边划定为超高层控制建设区（图 3.4.6.1），中心城区西北部文保单位密集区不适宜设置超高层建筑组群。

3.4.7 城市滨水区对超高层空间布局的影响分析

城市滨水区作为城市开放空间的重要载体，是人与自然良好互动的空间。对于滨水界面的设计是城市形象打造的重点。滨水界面中水体、绿化与建设用地之间的空间组合存在基础的逻辑关系。

控制中心城区水体与城市关系，以人的体验为标准对沿河景观资源的周边建筑高度进行梯级控制。按照视线纵向清晰区域为 20° 的科学论断，以开敞空间边界树木高度 9m 为基准计算，得出岸线与绿化边界宽度为 25m。建设用地应至少在 25m 外划定范围，且逐级递增（图 3.4.7.1）。

按照以上逻辑，将北京中心城区滨水区向两侧扩展，同时将滨水密集区影响范围扩大形成连片区域，最终形成滨水区高度控制区域（图 3.4.7.2）。该区域内不建议设置超高层，作为超高层空间布局的原则之一。

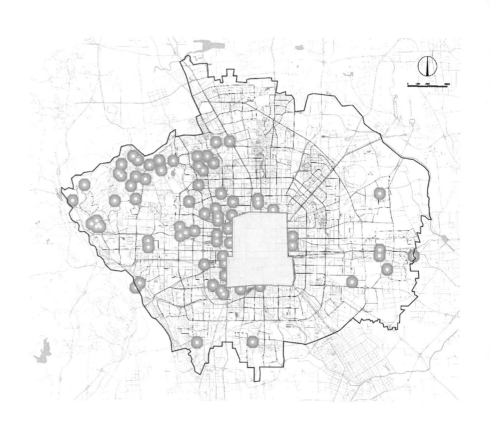

图 3.4.6.1　中心城区文保单位及旧城超高层控制建设分区

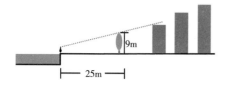

图 3.4.7.1　滨水区空间组合模式示意图

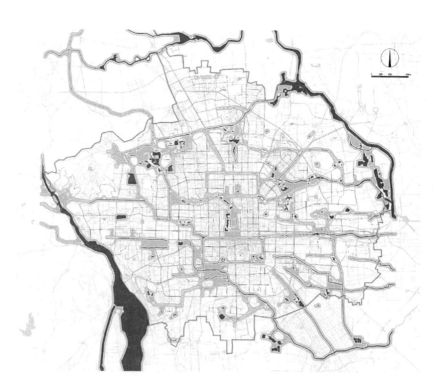

图 3.4.7.2　滨水区高度控制区域分析图

3.4.8 城市景观视线对超高层空间布局的影响分析

营造城市意象的重要载体是建立特征明显的视觉中心，建立看与被看之间的城市形态秩序，提出建筑高度控制的逻辑与规则，使高度的秩序更有逻辑和层次。将北京中心城区中山体与标志性建筑作为典型的视线观景点（图 3.4.8.1）。对视野范围内超高层区域设置空间形态逻辑，强化背景与城市超高层建设区之间的天际线协调，将设计原则转化为超高层空间布局的重要依据。

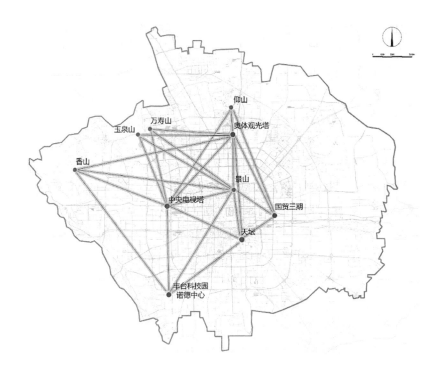

图 3.4.8.1　山体与标志性建筑之间的视线联系

以国贸三期、奥体观光塔，中央电视塔、丰台科技园诺德中心为观景点，形成以西北侧山体为天际线背景，形成具有韵律变化的城市建设区纵向立面。从香山、玉泉山、万寿山、仰山向奥体中心、景山、天坛等中心绿化区域观景，核心区域以开敞空间为中心，城市天际线由内至外逐级递增。由西部山区高点向东部看城市建设区，形成以 CBD 区域统领天际线、高低起伏的城市界面。

在现状建设基础上缝补城市，适度提高超高层密聚区建设高度与密度，改变目前高度缺乏变化与逻辑的视觉印象。

3.4.9 超高层布局现状研究

对北京中心城区中现状已建及在建超高层进行分级统计，划定 100 ~ 200m、200 ~ 300m、300 ~ 500m、500m 以上四挡。其中 100 ~ 200m 超高层数量为 112 座，集中在 CBD、三元桥、金融街三个区域，CBD 区域沿东西长安街两侧分布较为密集，三元桥片区沿机场线两侧分布，金融街则呈现南北向均匀分布的特点。200 ~ 300m 有 9 座，300 ~ 500m 有 5 座，均位于 CBD 区域。500m 以上有 1 座，位于 CBD 核心区。

除 CBD、望京、金融街区域外，朝阳公园东侧、地坛公园北侧形成小规模超高层建筑群。整体超高层空间形态较为杂乱，布局分散，缺乏单体之间的空间逻辑性。众多超高层单体无法构成区域天际线统领，多数埋没在高度均接近 100m 的建筑群中。

3.4.10　北京市超高层空间布局及密度建议

综合叠加城市核心功能区、人口就业密度、交通道路网密度、轨道交通站点密度、水体开敞空间控制、观景视廊控制、历史街区周边建筑控制、目前超高层分布多个超高层布局影响要素，初步建议北京中心城区形成五个超高层聚集区（图 3.4.10.1），分别以 CBD、望京、丽泽、通州副中心核心区为核心，形成高度由内而外逐级递减的空间形态。

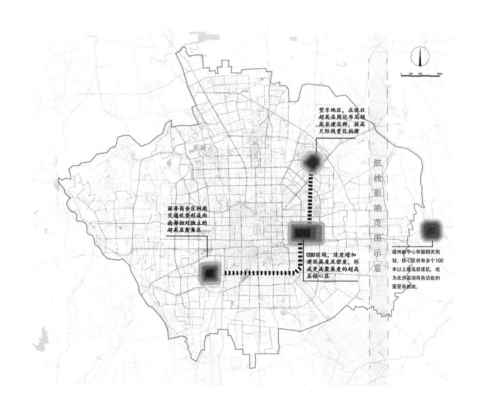

图 3.4.10.1　超高层空间布局分区规划图

其中 CBD 区域现状核心区内仍有光华里社区及东大桥东侧总计约 40 公顷的建设用地可置换，建议布局与周边协调的超高层建筑组群，缝补现状 CBD 地区超高层建筑群形态单薄的空间特征。同时 CBD 东扩区可适量增加建筑高度及密度，东扩区内减少 100m 以下建筑单体，增加建筑密度。

望京地区集中 100 ～ 200m 超高层，可增加 200 ～ 500m 超高层建筑单体，将城市空间纵向层次感加强，提高天际线变化韵律。

丽泽商务区伴随规划管理的有效推进，同时交通网络提供了有效支撑，超高层聚集区得以推进。

通州副中心依据相关规划，核心区将有多个 100m 以上超高层建筑，成为北京高端商务功能的重要承载地。超高层建筑聚集区的风貌引导相较于 CBD 地区，更加关注建筑空间与城市蓝绿空间相结合，以系统的规划设计手段有效避免混乱的城市形态。

CBD 区域、望京地区共同组成东部城市天际线起伏高点，形成具有韵律变化、高低起伏的纵向城市界面。丽泽区、通州核心区形成相对独立的城市天际线起伏高点，与 CBD 区相呼应，形成横向城市新界面，丰富城市意象，激发城市活力。

3.5　本章小结

本章主要对超高层城市综合体的相关政策导向分析、开发策划及技术方法以及超高层规划等方面进行了阐述与研究，并以北京市为例，通过对城市核心功能区、就业人口密度、城市道路网密度、轨道交通、历史街区及历史建筑、城市滨水区、城市景观视线、对北京市的超高层规划空间布局的现状及建议作出了深入的分析。

下一章将从设计的角度出发，阐述影响并控制超高层城市综合体建筑设计的各项策略。

第4章
建筑设计策略研究

在高层城市综合体的设计中，包括城市和建筑两个不同方向的设计策略。虽然两者策略应用范围和应用手段不尽相同，但具有统一的设计方向和目标，执行策略的过程中体现了共同的时代背景和设计理念。

4.1 超高层城市综合体原则型设计策略

4.1.1 综合性原则

综合性原则体现的是以个体与整体有机关系的设计整体，要求设计既满足个体的需求和发展，又要实现与设计整体间的整体适用、相互补充、相互促进以及可持续的关系。（表4.1.1.1）

综合性的原则体现在具体设计中，表现为功能的叠合、空间的整合以及设计意象的融合三个方面：

①功能的叠合是建筑本身功能复合化和城市高密度发展的需要；

②空间的整合是实现提高空间使用效率、减少空间设计浪费的做法，在突破传统建筑空间形态与内涵的同时，提供给人们新型的城市空间体验；

③设计意象的融合更多地体现在设计整体的视觉效果，社会内涵、功能需要、技术支持、个人审美等共同决定超高层城市综合体展现出来的效果。

超高层城市综合体综合性原则的要素及内容　　　　表4.1.1.1

	要素	原则
城市方面的综合性	土地利用方式	①有利于补充城市更新发展所需功能； ②有利于整合区域周边城市条件； ③有利于城市环境活力的培养
	城市空间和城市职能	①有利于给城市提供一个新颖、安全的城市空间； ②有助于城市原有空间和功能的改善； ③有助于城市生活、文化、知名度等附加值的提升

	要素	原则
城市方面的综合性	城市视觉特色	①有利于提高城市的整体认知度； ②有利于地域特色、环境性格以及民族性格的表达； ③有利于城市视觉环境品质的提升，指引未来的发展
	城市人文内涵	①有利于反映城市形体环境的组织方式； ②有利于延续人们的行为习惯和生活方式； ③有利于体现历史记忆和环境精神
建筑方面的综合性	建筑功能	①有利于商业部分的营销目的，吸引顾客长时间逗留； ②有利于促进城市日常生活健康、有活力，改善城市生活环境； ③有利于功能之间联系方便，以及顺畅的信息交换
	建筑造型	①有利于真实地体现内部功能的使用方式，符合生成逻辑； ②有利于表现建筑的艺术和美感，表现相应文化； ③有利于突破已有建筑造型样式，实现造型上的创新
	建筑公共空间	①有利于体现建筑独特的公共性； ②有利于与功能性空间形成互补； ③有利于促进使用者的互动
	建筑可持续	①有利于降低能耗； ②有利于节约能源

4.1.2　多样性原则

超高层城市综合体设计具有很强的城市性特点，加上其在城市中的重要角色，设计时应尽量符合城市发展的要求。在城市自然发展的过程中，城市功能与城市空间混合多样化，给城市生活带来了丰富的社会价值、经济价值以及文化价值。美国城市规划师简·雅各布斯在其《美国大城市的死与生》一书中，通过考察城市结构与基本组成元素在城市生活中发挥的功效，反思传统的城市规划和建设理论，表达了城市多样性对于城市活力与市民生活的重要意义。她在书中写道："建筑以及其他用途间的融合是城市地区获得成功的必要条件。"（表4.1.2.1）

超高层城市综合体为充分发挥地块的优势和价值，多样性的原则贯穿始终，主要表现为功能的多样性和空间多样性两个方面。这既符合城市对高效利用土地的要求，又丰富了建筑的内涵和空间活力。

超高层城市综合体多样性的原则内容　　　　表4.1.2.1

	设计原则
服务主体的多样性	①满足服务主体的利益要求，保证功能性和使用的方便性； ②增加服务主体使用过程中选择的灵活度； ③促进多种服务主体在一定程度上沟通的可能性
设计内涵的多样性	①设计具有集约可持续的潜力，有利于维护自然与城市的生存发展； ②体现人类的文明和精神，视设计为人类文明发展过程中的一个环节以及延续人类文明的责任； ③服务于人，在人的行为模式、风俗习惯、心理感受上实现设计的亲切性、舒适度以及安全感； ④具有视觉上美的艺术享受

续表

	设计原则
组成功能的多样性	①满足多种不同功能使用需求； ②提供主体多样的选择可能； ③实现功能价值的互补和交叉，多功能集合化的效果
整体空间的多样性	①发挥建筑的城市性能，实现多种城市空间的有效介入； ②丰富功能空间的内容，给单调空间带来活力； ③提升建筑整体的空间环境品质

4.1.3　人本性原则

超高层城市综合体的功能、空间、环境具有复杂性，面对多个业主和多种使用者，设计者需要坚持人本性的原则，充分考虑建筑与人的关系问题。为了实现建筑在功能、空间、环境的综合效应，设计中人本性原则有着丰富的含义（表4.1.3.1）：

超高层城市综合体人本性的原则内容　　　　　表4.1.3.1

	设计原则
功能上的人本性	①提供安全、健康室内外环境； ②具有符合功能使用的交通结构，保证必要功能之间联系的方便； ③划分功能的位置与设置功能的尺度，满足使用者活动的需求
空间上的人本性	①提高视觉舒适度，注重光线质量与空间信息和空间氛围，避免视线的阻碍与干扰、视觉的冲突与污染； ②空间具有可识别度和方向感，注重视线引导在空间中的应用； ③注重在空间艺术氛围和空间语汇上的创意，创造积极、富有活力的空间
环境上的人本性	①在位置、尺度、密集度及材料等方面上改善生活环境的质量； ②增加环境中的自然元素，尽可能地实现人们亲近自然、感受自然的愿望； ③提高环境与人之间的联系，通过人的行为体现环境的价值和通过参与互动实现环境的意义

4.1.4　可持续原则

超高层城市综合体需要大量的能源支撑其运行，在当今人类可用能源减少、地球资源紧缺的背景下，生存环境的可持续需要社会中各方力量的共同参与。超高层城市综合体的设计师作为物质环境的主要参与者，在设计过程中需要树立生态、节能、可持续的观念，在此指导下提出符合实际情况的可持续设计策略，实现高效节能的目的。（表4.1.4.1）

为了解决发展与可持续之间的矛盾，降低能耗、使用清洁能源、延长建筑寿命成为现时代首要需要思考的建筑问题。在设计中，适宜的可持续方案是实现自然、经济、社会、文化健康发展的前提条件。体现在设计可持续原则策略上，包括减少对生态圈破坏、减少对资源的消耗、创造健康舒适环境三个部分。

超高层城市综合体可持续的原则内容 表4.1.4.1

	设计原则
减少对生态圈破坏	① 控制塔楼体型，融合周边环境，控制城市风、光、声、热环境影响； ② 控制建筑构件，通过维护结构的综合处理，使建筑与外环境进行能量传递； ③ 通过合理的环境设计资源利用，注重旧建筑利用、地下利用。
减少对资源的消耗	① 核心筒内，垂直交通、暖通、照明、用电等设备的高效运作，促进超高层中建筑能源的有效利用； ② 功能空间内，立体分布综合体的能源中心，适应超高层建筑不同时期的利用率； ③ 未来运营中，加强太阳能、热能、雨水回收利用等可持续性方面。
创造健康舒适环境	① 建筑室内的舒适环境，保证室内光环境、热环境、风环境的舒适度； ② 垂直交通系统的舒适环境，电梯系统最大可能提高建筑利用率和空间布局的高效； ③ 建筑表皮集成技术应用的舒适性提升，垂直绿化、双层幕墙等。

4.2 超高层城市综合体控制型设计策略

控制型策略是为了帮助设计师更确切地把握设计的发展方向，评估策略执行的连续性和效果。所谓设计策略的控制方法，指的是当一项策略行动所导向的结果被认定存在价值后，此策略才可以继续存在，否则需要加以更正或果断舍弃。

设计策略的效果体现在设计成果上，设计理念的实现度、设计策路的执行力、设计成果的完成度都是保证成果质量的重要环节。超高层城市综合体的设计中具有大量重叠交叉的内容，控制型策略正是对这些矛盾的调整。在设计中，表现为统一相似的内容、协调矛盾的内容，在多个选择内容前进行取舍，确保设计的方向正确与顺利进行。

控制型设计策略出现在设计的各个阶段，涉及有理念控制、意向控制和操作控制等多个方面。在具体执行控制的过程中，设计师注重所控制内容的完整性和内容表达上的直观性，以期达到完整、高效、理性地实现设计目标的结果。

4.2.1 理念控制

在当今超高层城市综合体设计中，场所理念和人文理念被使用得最多，下面对其控制内容进行说明。

1. 场所理念

关于场所理念的控制型策略，主要体现在空间内容的丰富、元素的多样、舒适度、体验感等方面。例如日本难波城综合体，便是在这一理念控制下进行的设计。项目在垂直动线上思考建筑的构成，通过增加绿地和公共空间，改变人们的生活和居住模式。除了保留新城已经存在的水系和绿化，还整合了项目周边的公园和广场空间，实现城市户外开放空间的存在。再比如杭州万象城系列的商业地产项目，波浪式的立面、错落的阳台、铺地、自然植物、屋顶花园，呼应钱塘江环境，在材料、颜色、质感、图案上体现"气"这个整体的概念，建筑内部由流动空间和集中空间共同展现商业气氛，使交通模式、景观、照明、图案、标识设计整体得以综合体现。

2. 人文理念

关于人文理念的控制型策略，主要体现在人使用建筑时的通行性、便捷度、管理，以及建筑的公共性、文化性、交往性方面的内容。人文理念的设计控制主要体现在对设计内涵的把握。时代需求、城市文脉，还有积极健康向上的建筑体验等方面，共同构成设计的文化。在对项目文化内容的控制中，通过控制文化的内容、文化的比例以及文化体现的方式，达到综合体所能实现的综合效果。

4.2.2　意向控制

1. 体型控制

设计意向体现建筑设计目的和城市精神，最终通过建筑的体型空间实现。然而很多因素都有会影响到体型的产生，为保证设计意向的完整和明确，避免结果的重复与冗杂，需要对设计体型进行整体的意向控制。

在建筑体型的象征方面，注重建筑"势"上的控制。比如体型上的运动感、力量、速度、复杂、端正、大气等。不同的"势"需要不同的体型控制，例如塔楼部分往往利用垂直线控制室内外的形象和气氛，利用体型上统一的方向性，达到突出建筑力量与速度的目的。

在建筑体型的美观方面，注重对建筑"形"上的控制。利用尺度、比例、组合及美感等方法控制体型的肌理、边界和空间。进而实现设计意向与设计概念。

另外，还有建筑体型的细部控制方面，细部控制的好坏往往决定了设计最终的意向效果。是否强调丰富性，引导可变、混沌的设计思路，是否可以通过增减元素、消解突变局部、透明与反射等原理，作为造型抽象演绎的方式，是否需要对城市文化、城市特色进行含蓄的表达等，这些影响体型的细部思考，通常能够决定设计最终的面貌。

2. 主题设想控制

传统意向，即在项目中反应传统的城市结构、城市面貌、城市文化的建筑表达；

现代意向，即在项目中反映当今时代的城市结构、城市面貌、城市文化、城市生活特征的建筑表达；

未来意向，即在项目中反映未来的城市可能、城市面貌、城市文化的建筑表达。

4.2.3　操作控制

在超高层城市综合体设计中，操作控制多种多样。比如工业化、尺度、韵律等设计控制工具的运用，还有整合与分散、精确与模糊、丰富与简洁等设计控制方法的应用。这些都对项目完整表达设计概念、体现设计原则具有重要意义。

具体操作的控制是指设计中通过对信息、位置、关系等方面的设计操作，建立起项目与人，与城市以及与自身其他因素之间的关系。

下面分别从设计生成方式与设计步骤两方面的控制，说明操作控制策略在项目中的应用方式：

1. 生成方式控制

超高层城市综合体的生成方式，同时包含城市设计和建筑设计中的方法。经常使用的有几何法、模块法等。

几何法：在超高层城市综合体的设计中，高层建筑往往表现出了极强的几何控制规律性，设计师通过对空间截面与空间节点的控制，实现设计理想和概念。例如金茂大厦具有塔的模数的控制，通过定义角点和其相邻两个角点的距离比例，得到高层形体的生成规律，形成整体造型及其内在的逻辑；

模块法：除了几何法控制设计生成之外，还有基于基本模块单元组合的做法，通过控制模块实现设计整体的视觉联系。

例如在 MVRDV 设计的天空村（如图 4.2.3.1）以及阿德里安·史密斯设计的矩阵之门综合体中，都是以基础网格来对巨型立方体空间进行控制。前者为了实现实用混合化的结果；后者则是在这个 180m、42 层高的建筑内部体现绿色可持续的设计理念，大量绿化和生态技术穿插布置在巨型网格之中，同时还包含了综合型建筑所需的酒店、会议、零售和办公等功能，成为独具意义的城市之门和城中城。

其他：在计算机技术的辅助下，数字建构逐渐成为行之有效的设计控制方法。这种控制方法有利于表现自身结构逻辑及材料构造逻辑，并根据形体生体的内部逻辑在设计结构和构造中反映出来。设计师在直观的评估、比较之后，进行最优的选择。这种方法符合超高层城市综合体对复杂设计内容进行筛选、管理、创新的需要。

2. 设计步骤的控制

设计步骤体现了一个设计思考问题的角度和分析问题的方法。面对一个项目，设

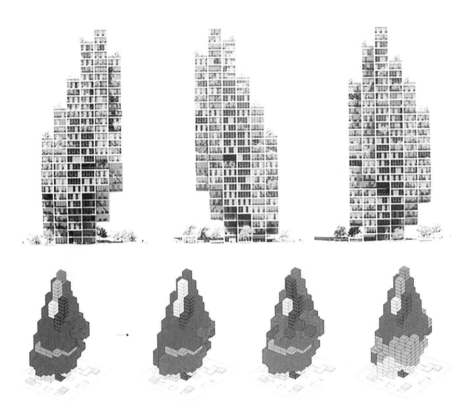

图 4.2.3.1 MVRDV 设计的天空村与网格控制

计师通过对设计步骤的安排和控制，有计划地实现综合全面的设计构想。如项目与城市的呼应、项目容纳的人群及人群的行为方式、项目给人的个性和感受等。

针对具体控制时，设计师往往频繁运用多维思考的方法进行设计。例如由理查德·罗杰斯合伙人事务所设计的兰特荷（Leadenhall）大厦便是从剖面上开始分析，通过对建筑内部功能组合、空间布置、结构关系以及装置、设备等其他内容的具体位置的综合考虑，使得设计更好地与环境结合，得到更有效的建筑空间利用、更多样的空间体验方式的设计结果。

4.3　超高层城市综合体设计中的概念型设计策略

概念型设计策略，是指设计师根据原则型设计策略的内容，在具体项目中提出一定的设计方向和设计目标。在控制型设计策略的设计方法下，通过操作型设计策略实现概念型设计策略中的内容。

4.3.1　空间设计方面的概念

概念型设计策略在超高层城市综合体的空间设计中，主要体现为空间组合（空间层次、空间秩序、空间连续、有机开放等）、空间形态（简洁大气、整体环境、一体化、共享空间等）、空间元素（艺术空间、场所体验、创造性、自然元素等）、空间品质（空间气氛、开放性、可见度、自由度、灵活性、智能化等）等方面。

通过寻求某种空间与场所的体验，并探求根植于这种体验背后的设计内容，发挥想象力、主动设计，是这一概念型策略的主要实现方法。此概念注重人对空间的感知，在设计中关心人对某空间场所的心理感受和行为习惯，是对体验方式、体验内容和一定感知心理方面的综合，主要表现为交往和体验两个方面：

1. 公共交往的概念

交往既是人们生活中的基本需求，也是项目在城市性方面的主要体现。市民交流与公共交往强调场所的"事件性"，超高层城市综合体各种内容复合交叉，各种活动自由产生。例如在北京 SOHO 现代城中，设计师将建筑的可能性（建筑的静态空间）与人的行为方式（行为的活动空间）作为设计的研究对象，在建筑的垂直方向上每四层布置一个 8m×12m 的阳光四合院提高公共交往的可能性，庭院设计有不同特点的绿化和雕塑，用于改善公共交往空间的使用环境。

2. 公共体验的概念

体验则更关注空间"参与性"，市民在超高层城市综合体的场所中是"临时参与"还是"长久参与"、是"被动参与"还是"主动参与"，都是城市设计师关心的问题。有的设计师采用场所布景上的抽象与模拟的办法，让使用者体验传统空间的延续（上海的老城记忆、日本的现代摩登搭建，以及多种欧美式风情小镇的重现等）；也有的通过场所内容的组织设计带动思考，体现使用者对空间场所在思想或者行为上的回应（拉维莱特公园设计的"文化活动发生器"这一积极的保护策略、西雅图公共图书馆也将建筑变成融合事件的容器进行思考设计）。体现在超高层城市综合体的设计上，例如韩国天安百货商场（Galleria Centercity）中，设计师将博物馆、艺术馆中的空间概念借用到商业类建筑的空间设计当中，通过互换购物中心与艺术馆的概念，用艺术的方式处理空间内容，提高空间品质，进而达到提高商场内部社交能力的目的。购物中心借鉴博物馆的手法，在丰富建筑内空间体验和含义的同时，也具有提高社会认同感的意义。

4.3.2　城市设计方面概念

城市设计方面的概念型策略体现在城市精神、城市肌理、城市生活等"城市文化"的多个方面。这里提出的城市文化是指城市物质环境中各种知识的结合，是一个开放的含义。城市中物质环境或者知识组成上的变化都会带来"城市文化"的一些改变。超高层城市综合体作为城市发展中特殊的物质形态，在城市文化方面扮演着越来越重要的角色。

在超高层城市综合体的设计中，城市文化方面的概念型策略的提出，建立在人文设计理念的基础之上，体现了设计中人与环境的关系。阿摩斯·拉普卜特在《城市形态的人文视角》一书中认为，城市形式的塑造应该依据心理的、行为的、社会文化的以及其他类似的准则，强调心理学的作用以及综合信息设计。因此，设计开始时就应对文化进行构想，在设计过程中随时关注文化内容对设计结果的影响。

随着文化传播内容和传播方式的发达，社会中的主流文化快速传播。这无疑会给社会带来朝向单一文化演变的危险。因此，在对城市物质环境的设计中，只有批判与质疑文化、大众与小众文化、主流与次流文化、传统与现代文化和平共存，才会带来真正的多元文化交织的发展。下面就超高层城市综合体设计中主要包括的延续文化、再造文化两个方面进行阐述：

1. 延续

延续的策略，注重对城市已有知识、历史积存与社会文化方面内涵的延续。关注人这一设计主体的行为活动习惯，强调城市文化内容的保存，注重城市文脉结构的延续。这一策略建立在对真实世界理解的基础之上，而非走向乌托邦与未来主义的理想化的城市设计。在设计中，例如北京银泰中心，整个设计以山水和灯笼作为基本主题，体现项目的东方特性和中国文化主题。设计师在所有的公共活动区域设置有充满东方意蕴的山水和绿化主题，自然景观遍布建筑的室内、室外；尤其是在凸显灯笼主题上，整体文化意向取意于中国传统宫灯这样一种具有鲜明特色的建筑文化标志，在节庆日时，灯笼呈现黄、蓝、红三种颜色，活跃城市环境。

2. 再造

再造的策略关注改善已有环境，提高建成环境的吸引力。在超高层城市综合体中策略执行过程中，普遍采用的方式是，通过合理地附加文化功能，形成群体内部独立的文化区域。比如在六本木大厦中的2000座的古典音乐厅、惠比寿花园的摄影美术馆及内部雕塑画廊等。除了功能文化设置，在超高层城市综合体中还有场所文化与造型文化等方面，之前的案例也存在着再造文化的概念。

4.3.3　建筑设计方面的概念

形象设计方面的概念策略，如体量内涵的雕塑感、标志性、现代感、运动感等，体量组成的差异化、品质化、可见度、精细度等，都对设计结果产生直接的影响。

城市是大自然的一部分，城市的发展需要符合自然发展的规律。面对城市组织方式、生活内容、发展压力共存的现实条件，超高层城市综合体的形象设计应运用丰富的概念型策略加以体现：

1. 功能关系

垂直城市的概念：注重从垂直动线的角度思考建筑的形态构成。通过增加更多的绿地和公共空间，改变人们的居住和生活模式。如摩西·金畅想的未来都市那样，城市以垂直体的景象出现，城市的形态由关联的结构组成，多层次的道路、多层次的建筑空间，整个城市在三维垂直的空间中展开。

复合结构的概念：随着交通、通信、经济、商业的急剧发展，城市功能逐渐扩大。城市复合体面对城市经济、空间和平面城市结构上的对立现象，呈现出更加阶层化、功能化和立体化的城市结构（图 4.3.3.1）。

对这两个批判性的理念的设计，都在外形上表现出超人的尺度。表现在已有的建筑设计中，如阿基哥瑞姆学派与巨型结构理论中对未来城市

图 4.3.3.1　未来世界都市
摩西·金（1925 年）
图片来源：*Tall Buildings Image The Skyscraper*

复合化的畅想。以丹下健三的日本新陈代谢派为代表的巨型结构的城市规划理论，主张规模巨大的高速公路、桥梁、联络通道等水平构件和高耸的巨型结构构架的垂直构件，组成现代都市的基础结构。它可制成和服务各种各样的、不断变换的住宅、办公和其他用途的单元体，解决现代人类生活的短周期和长周期的矛盾性，是一种具有弹性和可变性的城市构成法。

2. 组织关系

组织关系反映出项目与环境、项目内部构成上面的一些特点，这些经过思考形成的概念直接作用于建筑形象。

在设计元素的组织关系上具有多种概念，如整体性、组群式、有机开放等。例如北京金融街 F3 大楼的设计中，在建筑的组织关系上提出建筑融入城市环境，形成景观序列与空间呼应的概念。在设计中完善城市的场所空间，表达和延续场所的特征。形象设计上，通过与环境的组成关系有机展开，把建筑的单体设计放大到更大的城市空间范畴中，与地块原小体量建筑用消减的方法进行呼应。另外，将石材、玻璃的方直

体量、铝合金杆件的弧线幕墙形成的线性肌理的体量等细部和整体体块的变化形成设计的亮点，在内敛的形象中形成标志性。梳理组织关系的时候，往往将以定量、理性分析的规划师的工作与以直观、定性分析的建筑师的工作进行综合，在理性和感性的共同作用下思考城市功能、城市空间、城市生活的组合方式。

另外，以组织关系为主的形象设计概念还有一系列未来派的畅想。超高层城市综合体作为城市综合多种因素的物质形态，在发展研究过程中具有思想的开放性，经常出现极富想象力的结构组织的设计概念作品。早期如起源于 20 世纪 60 年代，致力于各种类型轻松自由发展的阿基格瑞姆学派，便是这批概念性方案的代表，旨在反对那些形式上的窠臼。他们的城市思想导向消费，导向当时流行于西方的波普文化。同时，乐观地吸收新技术，以创造更多的选择性来消除传统城市的"专制性"。其富有想象力的方案，有插入式城市（Plug-in City，1964 ~ 1966 年）、行走城市（Walking City，1964 年）（图 4.3.3.2）、即时城市（Instant City，1968 年）等。现今随着计算机辅助设计技术的增强，设计师的思维方式和思考工具都有了突飞猛进的提升。在美国著名建筑杂志 eVolo 主办的摩天楼设计竞赛（图 4.3.3.3），自 2006 年以来始终以摩天楼作为竞

赛永恒的题目，具有实验性和先锋性。比如在 2011 年的竞赛中获奖的设计方案，包括可以清理油污染并淡化海水的水上大楼、翻转可作为浮动的奥林匹克别墅的摩天大厦、回收自循环塔、收集闪电能量的研究型摩天大厦、竖向墓地、游乐场、体育用摩天大楼、渔场和沙漠气候中生长的山脉摩天大厦等。

图 4.3.3.2　行走城市——
阿基格瑞姆学派

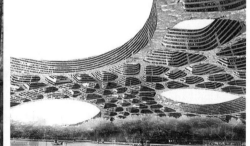

图 4.3.3.3　eVolo 竞赛设
计方案

4.4　超高层城市综合体的操作设计策略（城市方面）

操作型策略在形成设计结果的过程中，往往经历了修改、弥补、完善的过程。设

计师在某个概念型策略的指导下，操作型设计策略往往呈现一种多元素控制的设计体系。

现实城市是人的行为与物质环境在时空中整合的结果，其中同时存在积累的稳定性和变化的不稳定性。这表明在城市综合体的设计中，城市方面的考虑需要一种更符合城市运行的构成模式进行。

下面将分层次总结操作型设计策略在城市设计方面的应用。

4.4.1　城市空间策略

一方面超高层城市综合体主要存在于城市中心区、新城发展区以及历史街区三个主要位置，每个区域都有各自不同的城市规划要求和特点，这需要设计师在设计时研究原有城市空间的构成与特点，保证空间操作策略符合总体规划中土地利用、城市功能布局以及交通系统的规范和要求。另一方面还要发挥设计师的能动性，提出新型城市空间的设想，表达新型城市空间内涵，实现新型城市空间活力。

1. 城市空间布局策略

（1）整合序列：在布局上，通过空间上的整合，形成序列式的空间布局。

如成都仁恒置地广场采用退让式融入法，即整个建筑群两栋主楼以近 60° 的角度斜向面对十字路口，对十字路口两侧的其他超高层建筑组群主动退让错动，缓解紧张的城市空间，并使建筑获得开阔的视野和良好的朝向；在功能上，通过整合实现城市的社会效应、基础设施利用以及经济效益的结果。

（2）形成中心：空间上的整合，挖掘潜力、打造集群。如鹿特丹集市综合体项目，它是由住宅改建而成的公共建筑，完整的市场大厅形成一体式的可持续综合体，加强和充分利用不同功能组合的效用。

（3）集中联系（紧邻型城市理念）：体现了城市景观和人流交通等多个方面。

在城市景观中，重点关注原有城市和新城市空间之间的关系的研究；人流交通、出入口的有效连接等方面。通过地面广场、地下通道或高架天桥的方式进入，保证使用者顺畅、方便、灵活、安全地到达各个功能区。

2. 城市空间要素策略

（1）凸现城市空间特色：城市原有社会资源、自然条件、人文元素，都是一个有"城中之城"称呼的超高层城市综合体的特色源泉。设计策略可以在对这些源泉的挖掘中发现并完善，例如中日合资的项目——北京长富宫设计，设计突出了空间园林化的特色。通过将几个建筑体量采用周边式的布局方式，内庭院形成了安静、私密的自然环境。健身房向北做成台阶状，实现了庭院空间的扩大，阳光进入庭院，加以小瀑布、水池，成为庭院内的有机组成部分。

（2）形成空间主题要素：空间元素的主体化处理有助于增强人们对一个超高层城市综合体项目的认知，进而达到提升知名度和吸引力的目的。在三里屯 SOHO 的设计中，设计师就采用了这样一种方式，基地内从场地到建筑全部在一种有机的形态下生成，延续了设计师隈研吾"负建筑"的设计理念。

（3）塑造标志：这一点是大多数超高层城市综合体存在的主要贡献，体现在城市空间中以城市天际线最为明显。

3. 空间产生方式的策略

（1）包容开放：这主要体现在共享空间的营建。通过空间的共享，使得空间成为一个开放的、共有的资源。创造人流空间的亮点和目的地，形成对社会的开放性。如理查德·迈耶设计的美国盖蒂中心。

（2）生成地景：这一策略符合城市综合体物质存在的特点和发展要求，在设计中应用得越来越多。例如前面提到的银河 SOHO，独特的曲面交融的形体成为北京城中的"异来飞物"，代表了城市发展的期冀。建外 SOHO 也是这一策略的典型案例，这样的设计过程就是为了使整个区域在理性的引导下生成，消除建筑与建筑间的差异，呈现建筑群独特却不张扬的城市景观。

4.4.2　历史街区的策略

在特殊的基地中会面临这样的特殊问题，保护中兼顾发展往往是这类项目的开发设计方向。旧区更新，持续发展。

1. 新旧共存，简化和整合的策略

在日本中之岛西部地区，希望通过环境整治，利用国际文化地域优势及 VIP 级的商业环境，促使该区域称为具有高级商务和商业设施、文化设施、高档住宅的综合区域。改造后区域内形成回转式步行街，成为大阪风貌和生机的代表街区。

尤其是在改造过程中对大阪古城公园和文化古迹天守阁的保护。整体规划中以突出古城堡为主，其他中心建筑群体在取向上依存的策略。在单体风格上，做了大胆的现代处理，绿化作大块面的整体处理，这些措施取得保护和发展协调并存的效果。

2. 以新衬旧，升级的策略

快速城市化带来的商业短见与城市真正诉求的文化长远效益形成矛盾。升级的策略正视这些矛盾，在尊重区域文脉与空间的基础上，通过对城市遗产创造性的使用，逐步提高区域知名度，为城市提供丰富的创意文化空间。

遗产建筑升级模式与积极的保护模式是相互配合的，在关注建筑与区域遗产研究的同时，还应关注建筑与区域升级的当代意义。如伯纳德·屈米 798 厂（图 4.4.2.2）改造项目中有意既保留园区内工业建筑时代遗产，又营造前卫的现代空间；再如多米尼克·佩罗的深圳 B10 艺术馆竞赛中（图 4.4.2.1），以强调实践价值和真实的建设性为原则，将艺术馆嵌入原有的建筑外壳，形成艺术与建筑的全新关系。

图 4.4.2.1　多米尼克·佩罗"以新衬旧"的深圳 B10 艺术馆竞赛方案

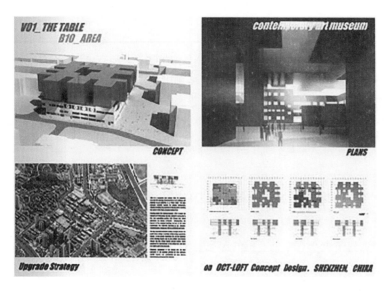

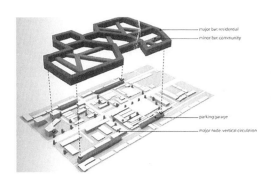 

图 4.4.2.2 伯纳德屈米"新旧共存"的 798 厂改造方案

4.4.3 城市景观策略

这里提到的景观包含自然环境、造景元素、城市天际线、开放空间等，是一个广泛意义上的景观概念。设计师通过分析不同视域和视点，对自然和人工环境进行综合评价后提出相应的设计策略。对区域内的景观进行整理和塑造，起到诸如创造、更新、修补景观的多重作用。

1. 天际线

城市天际线作为城市整体形象的重要组成部分，好似城市名片让市民与游客认识城市、发现魅力。因为天际线的外显特征，城市天际线成为公共活力和可识别的突出展现因素。

城市空间不仅具有物质性，重要的是还具有文化性、象征性的内涵。在这种城市建设的背景下，超高层城市综合体设计过程中对天际线的设计策略，可以概括为以下两个方面：

①简洁轮廓的策略。在超高层城市综合体中，塔楼轮廓线是一个项目天际线的主要组成部分。城市轮廓的特征是增加城市印象的重要显性因素。例如美国"9·11"事件之前的世界贸易中心，错位并置的两个方形盒体，曾一度是纽约城轮廓线的标志；同样，对高层建筑的故乡芝加哥的识别，多是来自城市轮廓线西尔斯大厦上升的束筒状造型与汉考克大厦顶端收分的锥形体量；

②顶端空间化的策略。高层建筑的顶端由于其可用面积的减少与观景的优势，常常吸引建筑的决策者将其朝着大空间化的方向设计。同时，城市建筑的标志性与象征意义附加到这些独具特点的顶部空间当中。例如北京银泰中心的"灯笼"的空间化策略与伦敦的伦敦桥塔的端部"收束"策略都是对城市天际线景观的突出贡献。

2. 视觉焦点

塑造形象、彰显个性，增加项目的可识别性。视觉焦点的位置往往因需要而设定。如在柏林索尼中心，技术精湛的"屋盖"成为整个设计的焦点；北京世贸天阶与澳门威尼斯人酒店则采用数字化多媒体屋盖的设置，结合印象和灯光，打造出独具魅力的视觉空间；另外，还有像蓬皮杜艺术文化中心那样对整个建筑进行富有视觉冲击力的处理方式，通透蜿蜒的扶梯筒悬挂于"开膛破肚"的实验性的建筑之外，构成了广场上一道独具活力和艺术性的视觉焦点。

3. 景观

景观带为超高层城市综合体中的使用者提供切身体验的场所领域，其多元、丰富、可参与性强的特点为城市综合体提供了有效的人文关怀和场所活力。在景观中往往加入了生态学的参考。通过设计中将公共空间与动态环境紧密相连，创造出和谐自然的气氛。例如 MAD "城市森林" 的设计案例中，就用这样的景观策略挖掘了城市生活与自然存在的可能性。

4. 开放空间与广场

形成场地与周围环境的自然联系。如建外 SOHO 中利用商业街作为用地东西联系的纽带；由南向北形成疏密过渡的商业布置，一方面解决道路交通和公共空间之间关系，另一方面在其间设置公园和商业街，增添区域整体活力；西单文化广场则是通过地表调整的策略，使广场绿地和道路自然延伸至公交车站的顶部，在宏观上把握城市形态，形成空间丰富、使用方便、造型精美的城市开放空间；城市场所的营建，如 "城市绿洲" 的设计策略，就是以花园、底层公共广场、城市公园等场所给区域内的设计注入活力。

4.4.4 城市交通策略

交通组织往往被设计师视为首先要解决的问题，城市综合体与城市交通如何结合、结合策略和方式如何保证其整体活力等成为设计的重要因素。考虑地块周边原有城市道路情况，对城市中的多种交通手段进行综合分析（地铁、公交、私家车、自行车、步行），面对现代的城市交通被 "大马路" 与机动车充斥、城市发展目标与环境改善需求矛盾突出的现状，设计师提出一系列改善超高层城市综合体区域环境交通及内部使用交通的设计策略。

1. 水平交通方面

在城市综合体的水平交通处理上，为了满足项目本身对公共性的要求，步行策略得到最多的应用。具体操作中包括有人车分流、机动车快速疏导、商业步行环线、步行体验等多个方面。

人车分流和机动车快速疏导有利于提高机动车通过的效率，减少机动车在步行穿过区域的停靠位置和停留时间，给城市步行提供一个舒适、方便的环境。如北京西单文化广场通过功能转换空间的设置，提高场地与城市交通的接驳率，尽可能地疏导各种人流，以缓解地面交通的压力，再通过设置二层步行的交通系统，建立广场与商业区的联系，发挥人车分流的效果；北京华茂中心采用根据不同需要引流、地块内部快速车道设置的方式，疏解地面机动车的交通压力，形成场地内部大片步行空间存在的前提。

2. 垂直交通方面

垂直交通建立在竖向车道和垂直运输工具两方面的基础之上。竖向车道连接不同综合体内的不同停车位置，具体表现为如图所示的三种方式（如图 4.4.4.1）。

而垂直运输工具则主要体现在楼梯、电梯、自动扶梯三种现有的垂直联系方式。

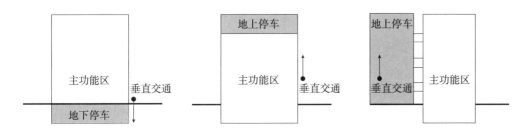

图 4.4.4.1　竖向车道连接不同综合体内的不同停车位置

超高层城市综合体的效益体现在物质空间叠加的方式之上，物质叠加需要设计中垂直交通的构成，进而实现城市空间高效节约与城市功能利用的立体化的结果。垂直交通往往结合城市公共空间进行设置，体现了通达性和观景性的双重特点。直达自动扶梯、直达穿梭电梯是实现连接城市垂直空间的重要工具。

4.5　超高层城市综合体的操作设计策略（建筑方面）

超高层城市综合体通常由多个建筑甚至多组建筑组成，在城市空间、建筑空间、景观空间复合发展的时代，一个项目承担着多重作用。其设计在功能、空间、体量、形象以及环境等多方面的因素同时考虑，一方面满足城市中的各种功能需求；另一方面实现建筑内部的高效组织。在设计中，设计师分别对项目的功能组合、建筑造型、空间营建、建筑景观及节能生态等多方面进行有目的的设计操作。

4.5.1　建筑功能策略

复合功能策略是超高层城市综合体应用最多的建筑功能操作型策略。通过此策略，建筑功能和城市功能、私人空间和公共空间界限得到突破，实现了使用空间和公共空间的统一。

1. 垂直功能策略

弗兰克·盖里（Frank Gehry）在纽约曼哈顿的建筑作品比克曼大楼（Beekman Tower）是垂直功能复合设计的典型代表。在其 76 层的塔楼中，城市功能与建筑功能得到有效地结合。其中不仅布置有各种规模的公寓，而且还将多种城市功能布置在建筑空间中，实现了垂直社区的新型生活方式。

建筑功能包括大厦内共有 903 套居住单元，位于建筑的 7 ～ 75 层的区域。这些居住单元提供了多样化的居住选择，其中包括有 45m² 的工作室、60m² 的独居、100m² 的两室以及 150m² 的三室。城市功能上，纽约市中心护理中心布置在大厦的五层。公立学校占据大厦 1 ～ 4 层的空间，并在五层屋顶设置有学校的室外活动场地，以此缓解城市使用空间不足的情况。另外，建筑中还提供有一系列服务和便利设施，比如，健身房、泳池、日浴平台、商务会议中心、儿童游乐场以及休闲中心等。

2. 平面功能策略

在墨菲·杨的德国索尼中心的功能设计中，以营建真正的城市生活和活动的场所为目的，注重平面上的功能复合设计。办公楼布置在基地的角部，建立起与城市环境之间的联系，呼应城市原有功能。内部以围合开放的形式建立起的"电影中心"，包括了展厅、图书馆、剧院以及电影学院的功能，加上富有标志性的特色穹顶覆盖于所围合出的公共区域，构成了项目的焦点。

3. 综合功能策略

矶崎新的上海证大喜玛拉雅中心（图4.5.1.1），在垂直与平面三维空间中进行功能的复合设计，总建筑面积约16万 m^2。包括有艺术展览、多功能演艺中心、酒店、办公、商业等主要功能的设计中，建筑功能之间混合的同时也实现了城市功能与必要建筑的功能混合。当代艺术展览中心位于建筑群的中心位置，连接了城市文化广场、酒店、办公以及下层商业的功能。在这个建筑中，设计师还通过将艺术展览造型空间异质化的处理方式，强化整体的艺术性。在突出设计中心的同时，从视觉上强化了建筑中功能的混合的设计策略。

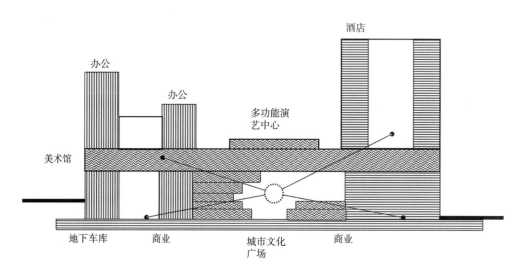

图4.5.1.1 上海证大喜玛拉雅中心功能关系图

4.5.2 建筑造型策略

建筑造型通常是设计的重点，加上设计观念的发展以及设计工具的强大，导致建筑造型多元化的局面。面对众多建筑造型设计方面的操作策略，下面从涉及最多的材料和造型两个角度进行阐述。

1. 材料方面

对于材料，设计师既关注其防火、保温、隔热等物理特性，还注重材料所具有的色彩、肌理、质感等视觉特色。建筑材料就像绘画所用的颜料一般，是设计师表现建筑造型的重要工具。

超高层城市综合体往往担负着城市环境改善、品质提升、经济带动的多重作用。其造型设计中通常追求高效、现代以及简洁的设计方向，标志性、品质化、文化性通常依附在造型设计中同时产生。这些因素反映到材料的运用上，表现为材料运用的精简策略。材料使用的精简，有益于保证项目的可识性、完整性、简洁性以及时代感。

根据材料的物理特性进行选择。如盖里在比克曼大楼中，用他擅长的富有表现力的钛金属作为表皮材料，表现了建筑的流动性；北京万达广场则主要采用石材和玻璃作为建筑的主体材料。通过统一石材形式的不同组合方式，实现建筑形体的整体感和丰富性；再比如北京光华长安大厦，为了表达其既是写字楼又区别于普通办公楼，包含长安剧场在内的特点，采用玻璃幕墙覆盖，有别于其他面砖、涂料的做法，玻璃的轻质透明有别于周边的空间压迫，显示建筑的独特性。

2. 造型设计方面

建筑造型既体现了建筑的精神和性格，同时也是城市的特色标志和视觉财富。它是设计的综合体现，在造型上一方面延续城市历史积淀下来的空间记忆；另一方面承载着城市发展、城市进步所需要的进步性和时代感的寄托。

在处理造型和规模间矛盾时，采用最多的为母题重复、化零为整（化整为零）以及矛盾平衡的设计策略。

（1）母题重复，体现建筑的个性和统一性。项目中应用过的母题的种类很多，如上海金茂中心以 8 边形作为平面母题，逐层消减变化，形成统一；以曲线为母题的建筑很多，梦露大厦就是其中的典型，从平面到形体有机统一；海淀文化中心的曲线母题、以三角形为基本网格，六角形为母题派生的建筑中，在此策略的控制下，产生出一系列富有韵律和序列的建筑空间场所。

（2）化零为整与化整为零，前者目的在于一方面符合城市建设的法规规定，另一方面为了打破巨大建筑体量的压抑感，丰富城市空间、延续城市文脉、改善建筑内环境。如在北京长富宫的设计中，设计地块因场地环境与场地规划上要求，对设计的体量、造型都有限定。因此，设计师将地块内将要建造的办公楼与饭店主楼共同组成建筑群，整体设计成一个周边式的建筑布局，形成 2500m² 的内庭院给人以安静、私密的自然环境。

（3）矛盾平衡策略：矛盾既是设计的难点也是设计的突破点，设计师通常善于运用一定的设计方法化不利为有利。

● 隐喻和比拟：这是具有很强烈物质性的超高层城市综合体上附加精神性内涵的做法，隐喻和比拟都是这种提高精神性的具体做法。

● 差异和对比：用冲突显示造型的动势，打破平淡。造型中对比的方面有很多，体量的大与小、空间的动与静、自然与人工、简洁与繁密等都是构成对比的方面。CCTV 新台址的设计者库哈斯，在设计一系列的建筑中都表现出了这样一种设计策略，CCTV 新台址就是其中的典型一例，这个复杂的建筑由其环形功能构思产生，带着批判传统高层建筑的思想进行设计，最终建筑以绝无仅有的形式从稳定的环境背景中脱离开来，时刻显示出建筑的运动感和不稳定性。如银泰中心以对称布局和秩序感，以良好的环境设计、优雅的形象和简洁形式与周围建筑区别开来。

● 刚柔相济：这是感性与理性相结合的设计策略，丰富建筑的设计面孔。高层建筑在诞生地芝加哥便以方盒子示人，之后"现代主义方盒子"塔楼遍及世界，在强调多样化、开放性的今天，人们越来越希望高层建筑突破方盒子冰冷、无聊的禁锢，形成感性与理性交织的全新的造型设计。伴随计算机辅助作图技术以及社会施工技术配合上的发展，表现建筑感性、运动的"柔性"的设计越来越多。比如英国设计师扎哈·哈迪德的设计，就将刚柔相济的策略发挥了到极致；还有很多设计师采用刚柔并存的策略，比如北京国贸一期，以及之后的大多数建筑，都是通过消减方形体型、添加"人文设计元素"的方式实现；再如丹麦的积云大厦，在其外观与造型中以云朵状的外观为建筑领域开创一全新的类型——开放的一楼、坚实厚重的二楼、海绵状的锥形顶层，创造建筑的漂浮感，探讨高层建筑新的可能性。

4.5.3　建筑空间策略

超高层城市综合体内的建筑空间是以提供使用功能、服务使用环境、提升使用品质为设计目标。其空间设计具有特殊性，比如空间复合化、空间大型化、室内空间室外化等等特点。这些特点决定了建筑空间的丰富，"城市"与"建筑"、"内部"与"外部"相互交织、关联。

1. 空间布置方式的策略

超高层城市综合体的空间布置策略中，集中、分散、混合是最为常见的三种类型，下面对这三点进行阐述：

（1）集中布置

这种布置方式适用于使用人群多样，使用方式复杂的空间内，如项目中零售商业、休闲娱乐、会议文化以及交通节点等。其优点在于将空间效果最大化，满足对公共空间使用的明确，达到空间高效利用的结果。但是集中布置需要在场地和规划条件允许的情况下才可能实现。

在公共空间集中布置的案例中，最为典型的当属美国建筑师波特曼带领设计的一系列城市综合体项目，这些项目反映了波特曼设计方法中"共享空间"的概念。这个概念以人们要求从闭关的环境中解放出来为依据。在他的设计中，不断完善这种共享空间细节。从而让人既对大空间感到振奋，也对小空间感到舒适。在具体的设计手法上，波特曼倾向将共享空间通过楼层的不同在楼层间实现，因为他认为单独分开的空间体积更为壮观。比如，洛克菲勒中心的市民活动区域，有效地将公共效益与地下空间使用的使用效益进行结合。

从商业部分的内部构成图可以看出其作为项目内部功能联系的作用。在设计时，往往采用集中化的布置方式，通过这样的设置实现销售功能的生产效率和服务功能的有效组织。从杭州来福士广场的设计中，会发现设计团队 UNstudio 采用多个环形流线，建立以商业功能为中心的整体，实现了整个项目空间集中，使用效率加强。

（2）分散布置

这种布置方式符合超高层城市综合体内的密集空间和垂直功能，公共空间根据不同高度的功能使用要求分层布置。从中可以看出综合体项目中公共空间叠加的不同方式（图 4.5.3.1 和图 4.5.3.2）。

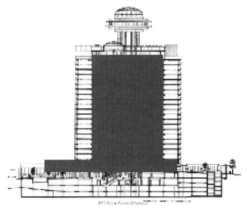

图 4.5.3.1 集中布置的空间

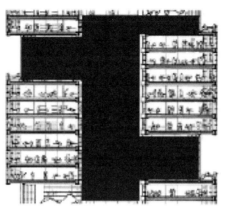

图 4.5.3.2 分散布置的空间

分层布置公共空间适宜于使用人数和使用方式相对稳定的功能，如项目中办公、酒店、公寓及部分公共功能等。这种布置方式有以下几方面的优点：丰富相同功能的空间活力；建立不同功能的空间联系；改善建筑内空间的舒适度。

（3）混合布置

这种布置方式是对混合布置和集中布置的综合，是对城市复合生长、有机构成的回应。汤姆·梅恩曾这样描述："城市从来不是静止的，而是动态的、不稳定的，很难线性描述。"社会发展所带来了问题的多样性，城市综合体中的参与者也由单一走向多元。这越来越要求设计者用一种混合的公共空间设计方式来面对问题，用一种综合的设计方法处理问题。建筑内混合布置的方式更符合城市的特性，体现空间的包容和灵活（图 4.5.3.3）。

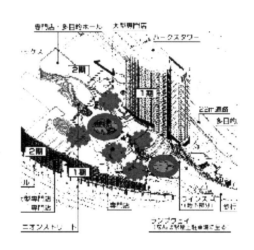

图 4.5.3.3 混合布置的空间

另外，在空间布置上还有两种应用较多的设计策略，即空间内信息叠加的方式与主题并置的方式：

①信息叠加。在空间设计中，除了大部分满足提供功能服务这样一元、易于理解的信息外，越来越多的建筑开始朝着向使用者提供复杂、神秘的多元信息空间的方向探索。不同信息之间的叠加碰撞不仅实现了使用主体多样化的要求，也给建筑空间带来了全新的感受与体验。信息化主要体现在功能之间的个性化、文化性以及可识别等方面。例如，上海的某城市综合体受用地狭长的限制，功能空间因势利导，进行横向布置，同时在空间尺度和场所要素中引入上海传统街道的信息，在新建筑中体现城市地域性和文化性的空间内涵（图 4.5.3.4）。

②主题并置。在大量典型的案例中，除了功能空间的营建外，通常还赋予空间一定的主题并抽象演绎。这种功能与主题并置的方式，使得设计内容丰富而且统一。日

本难波城峡谷景观的场所；新加坡爱雍·乌节（ION Orchard）路综合体趣味性的策略便包含其中。

2. 空间使用方式的策略

人是空间的使用主体，在空间中大体包括共享、参与、互利这样三种空间使用方式：

（1）共享。共享为主的公共空间主要是指绿化、水面、雕塑、表演等。它们在公共空间中共享具有普遍性的意义。在以共享为主的公共空间中，人群具有最多的多样性，包括稳定使用者、短期使用者和临时使用者，华茂中心过厅就属于空间共享的案例（图 4.5.3.5）。

图 4.5.3.4 信息叠加的空间（左）
来自建筑学报
图 4.5.3.5 信息叠加的空间（右）
图片来源：KPF 官网

（2）参与。参与为主的公共空间主要是指在公共空间中布置的画廊、展场以及其他大众参与的活动。如朝阳大悦城内的艺术主题展示活动（几米）和 T 台展销、新天体内的展销活动。这种空间具有使用时间偶然性、使用人数不确定性以及使用过程临时性的特点。

（3）互利。互利为主的公共空间主要是指有具体使用要求和使用目的的功能性的设置，如功能型的中转点、局部空间放大的公共领域等。

3. 空间内涵的策略

（1）弹性空间策略，在设计中给建筑空间留有余地，用以应对以后环境、人口及生活方式的变化。如 SOHO 现代城采用模块式与活动隔墙的方法，通过分析人的行为特点，每四层设置一个 8m×12m 的阳光四合院，庭院内布置不同特点的绿化和雕塑，形成建筑空间的丰富性和灵活性。

（2）立体空间策略，注重从三维经营空间的内容。例如柏林索尼中心广场意在创造具有活力的城市公共空间与建筑"群落"。在立体空间的设计中，注重自然光与人工光的运用。利用动态空间和序列安排的方式，在设计中形成空间的连续性和整体性，形成半透明、全景式的空间体验，降低能耗的同时追求最大的舒适度。

（3）中介空间策略，或者成为"灰空间"，介于室内外之间的过渡空间。通过将建筑空间定义范围的扩大化，消除了建筑内外分别，更好地实现有机、共生的效果。例如新加坡海滨路大厦，设计延续花园城市的理念，使用巨大的"环保过滤"天棚形成城市休憩场所，构成中介空间的形态，MRT 站出口、旧建筑、街区活动等都被囊括其中，形成独具特色的城市区域。

（4）补偿空间策略，这是超高层城市综合体应对高密度环境现状的主要处理方法。面对高容积率建筑缺乏公共空间的现象，希望在设计中通过尽可能地将地面用作城市开放空间和公共空间，将这部分的面积通过在空中创造"次级地面"的方式进行补偿，以此获得地面公共环境的品质与地上的建筑使用面积的结果。例如北京银泰中心将裙房顶层设计成屋顶花园，连接起三座塔楼。在这个次级地面上通过配置水景和绿化，形成独特的空间体验模式。

4.5.4　建筑景观策略

提到超高层城市综合体中的景观策略，大致可以从"造景"和"赏景"两个角度研究应用其中的设计策略。

在"造景"中包括有借用和创造两个含义。借用的造景策略使建筑与场地周边环境建立联系，在中国古典园林中，"巧于因借"的借景方式有很多精彩表现。超高层城市综合体虽然面对复杂的城市环境，但巧妙借景的做法同样适用。这样一来，在很大程度上增加了设计对城市环境的回应，建立起城市中新老建筑环境之间的视觉联系。

创造的景观是指对场地内部物质环境的设计。造景的优差因人而异，优秀的"造景"确实可以提高一个项目的视觉质量、趣味性和可识别度。建筑造景的策略是设计框架中设计前期的组成部分，它需要设计师在明确一种空间环境意向后，进行一系列积极设计和营建的活动。

下面分别这两个主要方面阐述设计中主要运用的设计策略：

1. 造人工景的设计策略

（1）标志：用一种鲜明的设计主题，营建标志性的建筑环境。

（2）整体景观：超高层城市综合体巨大体量赋予了它城市地景的潜质，设计师提出多种制造建筑景观的策略。

（3）局部景观：如柏林索尼中心广场以上空极具视觉吸引力的张拉膜屋盖为标志。覆盖于屋盖之下的区域，在城市中充满戏剧性和吸引力。

（4）照明艺术设计：

随着城市规模的增长和经济的繁荣，夜间照明设计受到重视，它逐渐城市塑造城市形象、提高城市知名度以及促进城市经济繁荣和发展的重要载体。

超高层城市综合体以其固有的多样性和公共性，毋庸置疑地成为城市夜间照明设计的重点场所之一。设计者利用照明艺术叙述城市故事，彰显着城市的文化内涵和底蕴。

　　例如，在强调运用光的柏林索尼中心设计中，照明的空间配合及颜色的更替在夜间的城市环境中产生突出的效果，给白天和夜间空间带来盎然的生命力。

2. 造自然景的设计策略

　　（1）附加自然：自然环境附加的策略在超高层城市综合体中大量运用。

　　（2）融合自然：超高层城市综合体的屋顶往往作为建筑的第五立面、空中地面来看待，这里融合自然的策略主要指的是屋顶景观设计。例如，日本难波城的屋顶便进行了精心的设计，分别赋予这片城市空间花卉、林木、剧场、游乐等不同的场所主题；新加坡爱雍·乌节路综合体则是通过巨大天幕笼罩制造景观，$3000m^2$ 的市民广场提供开展多样城市活动的交往空间，形成城市极具活力的场所。

　　"赏景"主要包括视点、视距、视域三方面的问题。虽然从建筑底层到顶层都存在景观视点的可能，但在高层城市综合体中，"赏景"的位置主要集中在建筑的顶端，充分发挥高层建筑的顶端优势。

　　另外，对于视域的选择依据项目所处环境而不同，如前面提到的北京华茂中心，通过利用直线转折的体形处理方式控制了建筑整体的视域；而在像中钢大厦、银河SOHO、梦露大厦等曲面形体的建筑中，视域范围环视一周，并无固定的方向性。

4.5.5　可持续策略

　　可持续操作型设计策略是可持续原则型设计策略中内容的体现，主要包括减少对生态圈破坏、较少对资源的消耗以及创造健康舒适环境等几个方面，下面从这三个角度简略说明：

1. 高效利用有限资源，能源消耗较少

　　空间利用、功能利用，从剖面的角度设计。例如在法兰克福商业银行总部的设计中，设计师通过反复的风洞试验和双层表皮系统实现舒适的自然采光和通风，降低机械通风和人工照明的能耗。螺旋上升的空中花园给健康办公环境创造了实现条件。

2. 达到效益最佳

　　通过立体花园和屋顶绿化充分利用建筑高度的潜力，促进用地的综合化，减少热岛效应。自然通风、采光、热舒适性。在英国瑞士再保险总部大厦时尚、前卫的外表之下，保持了建筑本质上的保守风格。建筑建立在合理使用能源的生态策略之下，体现了建筑的可持续利用能源的思想。

　　在设计中为实现自给自足的节能式建筑，设计策略的提出集中体现在以下三个方面：①建筑外形不会引起迎风面的空气回流，不加重向下的气流，因而能保护周围环境；②建筑周围空气气流较为平稳，减少了其表面的热损失；③建筑表面所承受的压力变小。正是在这几个策略的共同控制下，建筑得以生成最终合理的流线型外形，确保了大楼每年40%的时间里可以自然通风。

3. 创造健康舒适城市环境

　　例如福斯特的零能耗摩天楼方案（Future System），在设计主体间安装风力发电设备，

提供清洁能源。设计注重高技术，借鉴仿生学原理，合理使用太阳能，强化自然通风，形成高层建筑新形象。

4.6　高层部分的操作设计策略

高层建筑是超高层城市综合体的特殊建筑形态，在其设计对象、设计内容和设计影响方面都具有特殊性。虽然上面的操作型设计策略对其已有所论述，但并不全面。下面就其功能策略、造型策略、结构策略以及环境策略四项高层建筑典型方面依次加以说明。

4.6.1　高层部分的功能策略

高层建筑中的功能设置通常涵盖办公、酒店、公寓、商业、休闲几种类型，根据项目不同的实际情况，反映相应的功能位置和配比情况。随着城市复合土地开发与混合功能使用的发展，高层建筑在保证人性化和多样化的前提下越来越注重功能空间的优化组合，不同功能相互独立的同时又相互联系，形成优化配置、复合而有机。

垂直交通：在垂直方向上分区设置电梯，根据分区情况设置电梯，在各区的连接层直接换乘或通过空中大厅换乘到其他区域。

4.6.2　高层部分的造型策略

一方面高层建筑在不断突破一个又一个人类建筑高度的极限；另一方面也受到了来自城市文化以及场地环境等多个方面的影响。

总的说来，高层建筑设计表现出以下几方面的造型策略：

（1）象征化的策略。这一策略注重高层建筑在造型中"意义"与"美"的表达，通过建筑体型，建立起与审美主体——人之间思想精神或视觉感受的某种联系。

表现的内容有时代精神、城市特色、场所环境、生成逻辑等。

（2）空间化的策略。建筑垂直方向上的发展，受到社会、经济、自然、技术等多个方面的共同影响，这一方面导致造型的程式化，形体空间相对固定；另一方面为建筑师团队提供了造型突破的方向。

形体的空间化是现代高层建筑的突出表现，设计师通过对"方盒子"的悬挑、扭曲、拉伸、削减，形成一个个空间新颖、形象突出的建筑造型。在伦佐·皮亚诺设计的伦敦桥塔中，设计师对传统"方盒子"大厦进行顶端削减，形成三角锥体的形状，由此实现建筑巨大体量对周围环境的遮蔽和压迫感。

（3）表皮化的策略。高层建筑主体悬置空中，并不与人的行为直接接触，建筑表皮作为建筑重要的视觉传达要素，在建筑造型中被予以重视。

在表皮处理上，存在三种设计倾向：纯净化、复杂化、消隐化。

4.6.3 高层部分的结构策略

　　高层建筑的结构体系大体分为以下几种类型，设计师往往根据规划指标、空间形式、经济造价以及施工技术水平等因素，决定最终结构形式的采用。高层建筑发展至今主要包括了以下五种结构形式：核心式、管筒式、悬臂梁式、巨型结构式、束筒式。下面用图示表示各种结构形式。

　　伴随设计技术与施工技术的演变，高层建筑结构也出现了一些创新的做法。比如轻质结构的使用，使得高层建筑快速装配、高效节能、减少建筑废弃物成为可能。设计师福斯特和罗杰斯都被称为这个新型结构领域的探索者。（图 4.6.3.1 ~ 图 4.6.3.2）

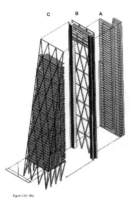

图 4.6.3.1　伦敦桥塔的结构形式　　　　图 4.6.3.2　兰特荷大厦的结构形式
图片来源：*Tall Buildings Image The Skyscraper*　　图片来源：罗杰斯展览

高层部分的环境策略

　　高层建筑具有多重的环境设计的体现，从城市位置、环境特色到街区空间、界面实体都充分体现着建筑所处环境的风俗、特色和文化。"如何与地面相接""如何与天空相接"伴随前面几个策略的提出逐渐显现，高层建筑在环境设计方面要"彻头彻尾"，既要保证"头部"的城市视觉连贯性，还要仔细地处理"尾部"与街道的关系和行人出行的感受。

　　例如，在伦敦兰特荷大厦的设计中，针对城市环境的影响因素做了一系列的协调措施。从城市中不同的视点观察基地位置高层建筑与环境的关系。上部体量的削减用以呼应城市周围已有空间环境；下部扩大的公共空间则是在建筑室内融入街道，建立起新老建筑之间的视觉联系。

4.7　本章小结

　　本章主要从方法论角度对超高层城市综合体建筑设计策略进行了多方面、多角度的研究。

　　从第 5 章到第 11 章，将会从功能复合组织模式和设计、交通组织的空间模式和设计、空间形态设计、安全技术措施、四节一环保技术措施，以及材料与构造、细部及其表现力、发展趋势等几个方面阐述超高层城市综合体项目建筑设计中需要解决的关键问题。

第 5 章
功能复合组织模式和设计研究

5.1 超高层城市综合体的功能组成

5.1.1 研究超高层城市综合体功能组合的意义

按照惯例，超高层城市综合体功能组合的确定是建筑策划阶段的任务。对于国内的建筑师来说，建筑策划是相对陌生的工作环节，通常会同专业策划公司完成，以确定设计任务书。但随着当前市场形势的不断发展，不少建筑设计企业试图向上下游延伸产业链，其咨询业务也逐渐包含了建筑策划内容；同时部分业主也要求设计方提供一定的建筑策划服务。在这种情况下，项目功能组合的研究与设计人员的联系就非常明显了。

另外，超高层城市综合体的功能组合决定了主导功能和附属功能，进而决定了功能类型；每种功能类型的超高层城市综合体都有相应的功能组织模式。掌握各种类型超高层城市综合体的功能组合对设计人员的工作有很大的帮助。

5.2 超高层城市综合体功能组成要素

5.2.1 超高层城市综合体功能组成概述

在房地产开发领域，经常将城市综合体称为 HOPSCA，表示其所包含的酒店（H，Hotel）、办公（O，Office）、商业（S，Shopping Mall）、居住（A，Apartment）等基本功能；对于 P 和 C 所代表的功能，文献中尚存在不同理解：P 代表公园（Park）或停车系统（Parking）；C 代表会所（Club）、会议会展（Convention）或文化娱乐（Culture & Recreation）等。实际上，HOPSCA 的概念主要强调城市综合体功能和业态复合特性，以上功能在超高层城市综合体中的出现都非常普遍，对缩写原意无需过分探究。

一般认为，超高层城市综合体包含商业、办公、酒店、居住和停车等主要功能，以及文化设施、会展设施、公共交通设施等出现概率略小的功能。超高层城市综合体的功能尚应包含两种重要的分类：后勤服务功能和公共活动功能。

后勤服务为综合体顺利运转提供支持，与使用者交互较少。

公共活动功能是承载城市活动的重要载体，是超高层城市综合体重要的功能组成部分。超高层城市综合体不同功能之间的联系与互动实际上是通过使用者的交通和交流活动实现的，因此公共活动功能是超高层城市综合体各功能之间相互支持的组织者。此外，超高层城市综合体与城市的互动，很大程度上也是通过引入综合体内部的公共活动空间实现的。公共活动功能可以分为外向公共活动功能和内向公共活动功能，外向公共活动功能主要为城市和综合体项目之间的互动提供支持，而内向公共活动功能主要为超高层城市综合体内部各功能的互动提供支持。

超高层城市综合体中主要的功能包括：

（1）商业功能

商业活动是城市起源的重要原因，也是城市形象的重要载体，人们对城市最直接的印象就是其熙熙攘攘的商业氛围。商业活动至今仍是城市居民最主要的社会交往活动之一和重要的休闲方式。缺少商业活动的超高层城市综合体，很难聚集足够的人气，形成地区活动中心，无法发挥"缩微城市"的作用，对项目整体的投资回报不利。因此几乎任何一个超高层城市综合体都含有商业内容。

商业空间在整个超高层城市综合体中发挥重要作用：为其他功能提供服务与支持；为超高层城市综合体聚集人气，保持综合体项目整体的活力；由于商业活动的开放度和参与度都很高，在一些项目中商业空间还起到联系其他各功能子系统的作用，成为整个综合体的公共中心。同时，超高层城市综合体也为商业子系统提供了可观的固定客流。

（2）餐饮、娱乐功能

餐饮店、酒吧、电影院、电子游艺、美容美发、洗浴、健身等属于一类特殊的商业设施，能够完善商业环境，也为综合体内其他功能部分提供配套服务；部分娱乐设施如酒吧、电影院等经营时间较长，能够延长综合体项目的活跃时段；另外，有特色的设施能够吸引顾客反复光顾，对综合体的整体经营非常有利。由于经营特点和区位分布与狭义商业有较大不同，本书将餐饮休闲、娱乐休闲设施列为单独的功能子系统进行研究。

（3）办公功能

办公是超高层城市综合体的重要功能之一，提供了大量的固定使用人群，为其他各功能创造潜在的客户资源，对项目顺利运作形成有力的保障。从开发角度来看，办公设施能提供大量可供租赁和销售的建筑面积，分摊了土地成本，降低开发风险。

办公子系统的使用者对综合体内其他功能的利用多集中在餐饮、休闲娱乐等方面，且时间和人流量较为固定。办公人群的活动多在工作日，一定程度上能够平衡工作日和节假日客流。

另外，由于办公空间以高层塔楼居多，具有视觉标志性，能够提高超高层城市综合体的知名度和影响力，办公功能也从超高层城市综合体的其他功能中得到补充和完善，提供更便利的办公环境，从而获得更大的收益。资料显示，混合使用环境能够获得更高的办公租金。

（4）旅馆功能

旅馆在超高层城市综合体中的分布非常普遍。高级别的酒店可以提升项目的整体形象，连接高端市场，创造独特的场所氛围，有利于项目的整体冠名或运作；旅馆给项目带来 24 小时的活力，全天候地吸引各种人流；旅馆的餐饮、娱乐、休闲等功能不仅可以服务旅客，还能够为办公和居住人群共享，且档次较普通的独立商业和餐饮休闲娱乐更高。与办公楼相比，旅馆城市规模和经济水平的限制较小，在地理区位上有更为广泛的分布空间。另外，旅馆子系统也能从综合体中的其他功能获得支持，比如零售和餐饮休闲娱乐能够补充其服务项目，居住和办公功能能够为提供潜在顾客。

（5）居住功能

居住是城市最主要的功能之一，在超高层城市综合体中也广泛地存在。

居住是超高层城市综合体中平衡商业、办公、酒店等功能的重要功能，能够提供大量稳定的使用者，提高设施的使用效率，延长整个项目的活跃时段。另外，超高层城市综合体所提供的便利的生活环境也能够提高居住空间的售价或租金，对改善投资回报率起到很大作用。

居住功能包括住宅和公寓两个次级功能。

与住宅相比，公寓的主要特点有：公寓使用者以临时居住为主，看重公寓的商务功能，要求对外联络便利，靠近商务设施，对小区环境等方面要求相对较低；公寓为住户统一提供一定的服务，服务范围和标准一般超过住宅小区；公寓租期灵活，可以作为酒店的补充。另外，公寓可出售变现，也可以出租为主。

密度较高的城市中心区，超高层城市综合体的居住子系统以公寓居多，一些布局在离商业中心较远或新开发地区的案例中也会出现住宅。例如华贸中心、太古城中心、西九龙中心等案例，开发初期属于城市边缘地带，都设置了相当比例的住宅。

（6）会议展览功能

会展是会议、展览等大型集体活动的简称，包括各种类型的博览会、展览展销活动、大型会议、体育竞技活动、文化活动、节庆活动等。超高层城市综合体中的会展功能能够在特定时段内吸引大量人流，对整个超高层城市综合体项目的酒店出租率、消费者停留时间、平均花费、经济收入等都有非常明显的正面效应。

超高层城市综合体中的会展子系统有三种形式：①作为核心功能，形成会展专业综合体，通常由政府投资或部分投资兴建，并配套有大型旅馆设施，例如国家会议中心、郑州国际会展中心、香港国际会议展览中心等；②规模较小的会展设施，例如北京国贸中心的国贸展厅、上海环球金融中心的会议设施等；③附属于酒店的会议设施，本书不做重点研究。

（7）文化功能

文化设施包括演艺设施、艺术馆、博物馆、宗教设施等，如东京六本木新城项目中含有一座艺术博物馆。通过调研发现，目前中国大陆地区建成的超高层城市综合体中，文化设施分布尚不多。大型演艺设施主要通过商业运营来盈利，能够提高超高层城市综合体项目的整体形象和档次，例如金茂大厦裙房一层的音乐厅；而小型和非正式的设施则基本上不具备营利能力，但它能够为综合体增添特色，例如西九龙中心裙房顶部，有一处室外表演场地，为各种艺术表演活动提供场所；部分超高层城市综合体还包含宗教设施，能够为使用人群提供强烈的文化认同感，例如纽约的花旗集团中心包含一个基督教堂，而马来西亚的吉隆坡石油双塔则带有一个清真寺。

（8）停车功能

超高层城市综合体中的停车功能是对其他功能支持和便利，如果车位有富余，还可以对外出租获得利润。一般情况下，超高层城市综合体项目中都会包含有停车设施，其主要形式包括地下车库和地上停车楼。但从城市角度看，周边交通基础设施的承载能力有限，停车设施的规模应加以节制。例如在清华科技园的设计中，如果依据北京市商业商务用房每万平方米配建 65 个车位的规定，早高峰时段的交通模拟显示需要 4.5 小时左右才能完成全部停车活动，这对周边城市交通显然会产生很大的压力，且给使用带来了不便，因此策划方削减了车位总数，并对运营方案加以调整。

（9）公共交通功能

以轨道交通站点和换乘站为代表的公共交通设施，能够吸引大量人流，并为超高层城市综合体提供优越的地理位置，大幅度提高商业、办公、酒店等其他功能的交通便利程度，有利于提高租金、增加收益。例如位于北京东直门的东华广场，以地铁 2 号线、13 号线、机场线和多路公共汽车的换乘枢纽大厅为核心，组织了大型商业设施和办公设施，形成了一个总建筑面积 50 万 m² 的紧凑超高层城市综合体，从交通枢纽能够便捷地通过室内通道到达综合体其他功能空间。

（10）公共活动功能

超高层城市综合体每个功能都是一个城市要素的缩影，其顺利运转依赖于其他功能的支持。不同功能之间的联系与互动实际上是通过使用者的交通和交流活动实现的，因此公共活动功能是超高层城市综合体各功能之间相互支持的组织者。此外，超高层城市综合体与城市的互动，很大程度上也是通过引入综合体内部的公共活动空间实现的。

公共活动空间有两种分类方式：根据其物理条件的不同可分为室内公共活动空间和室外公共活动空间；根据主要功能的不同则分为外向公共活动空间和内向公共活动空间，外向公共空间主要为城市和综合体之间的互动提供支持，内向公共空间主要为超高层城市综合体内部各功能的互动提供支持。本书讨论的重点是超高层城市综合体的功能组织，因此公共活动功能以主要功能为依据分为两个次级功能：

①外向公共活动空间：密切联系超高层城市综合体与周边城市环境，将城市空间延伸到综合体内部，有时也兼作内向公共空间，支持综合体内部的功能交流。如世贸天阶的中央商业广场，吸引了大量人流，将城市活动引入综合体内部。

②联系综合体内部的各功能子系统，为其间的功能交流创造便利条件，由于与外界联系较弱，一般还能提供幽雅的环境和良好的景观。如香港太古广场的裙房顶部与地形巧妙结合，形成了一个以绿化为主的开放空间，为酒店、公寓和办公提供了室外

交流和活动场所。

在有些超高层城市综合体中，通过开放性和参与度都很高的商业空间来代替公共活动空间联系城市和综合体的各功能部分，或由公共活动空间和商业空间紧密结合，形成密不可分的统一整体来实现这一功能。如北京国贸中心，其商场中设置的交通环廊与周边地铁出入口及人行地道等设施联系紧密，全天 24 小时开放，形成了该地区重要的公共活动中心，并结合商业空间布置，借商业活动汇集的人流加强公共活动的强度，其自身频繁的公共活动进一步促进了商业的活跃程度，两者形成了密不可分的整体，具备公共活动空间子系统和商业子系统的双重特性，并联系综合体中其他各功能，形成整个项目的活力中心。

（11）后勤功能

超高层城市综合体中汇集的各种城市功能的正常运转，离不开各类机电设备、物业管理等后勤部门的支持，因此这是所有超高层城市综合体中都必须包含的一个功能子系统。由于其特殊的后勤服务性质，公共性与开放性较低，多分布在地下室等位置，且分布受工艺条件和规范规定等技术性因素影响较大，本书对其布局和与其他功能子系统的互动不做深入研究。

（12）其他功能

超高层城市综合体所包含的功能类别非常丰富，除上述提到的常见功能，还有很多一般案例中不常见的，如北京环贸中心和香港中环中心含有政府办事机构，太古城中心包括学校和幼儿园等。由于建设条件和使用状况千差万别，特殊功能的出现也是很正常的。

将上述各种功能总结见表 5.2.1.1。

各功能及次级功能分类　　　　　　　　　表5.2.1.1

功能子系统	次级功能	代码
商业子系统	便利性商业	C1
	比较类零售	C2
餐饮休闲娱乐休闲子系统		RE
办公子系统		O
旅馆子系统	高端酒店	H1
	中低端酒店	H2
居住子系统	公寓	R1
	住宅	R2
文化功能子系统		C
会议展览子系统		E
停车设施子系统		P
公共交通设施子系统		T
公共活动子系统	外向公共活动	EX
	内向公共活动	IN
后勤服务功能子系统		S

5.2.2　超高层城市综合体的核心功能

本章对 42 个超高层城市综合体案例进行了调查，各功能的出现频率见表 5.2.2.1。

各功能在案例调查中出现的频率统计　　　　　　　　表5.2.2.1

编号	C1	C2	RE	O	H1	H2	R1	R2	C	E	P	T	EX	IN	S
A1 国贸中心	√	√	√	√	√	√	√		√	√	√				√
A2 华贸中心	√	√	√	√	√			√			√			√	√
A3 财富中心	√	√	√	√			√				√				√
A4 银泰中心		√	√	√	√		√				√				√
A5 光华国际	√	√	√	√			√				√		√		√
A6 世贸天阶	√	√	√	√					√		√		√		√
A7 环贸中心	√	√	√	√	√						√				√
A8 平安国际		√	√	√							√				√
A9 燕莎中心	√	√	√	√			√				√			√	√
A10 三里屯 SOHO		√	√	√			√				√				√
A11 来福士广场		√	√	√			√				√				√
A12 大悦城		√	√	√							√				√
A13 恒基中心		√	√	√	√	√					√				√
A14 国瑞城	√					√	√				√				√
A15 新世界中心		√	√	√			√				√				√
A16 东方广场	√	√	√	√	√		√				√			√	√
A17 嘉里中心	√	√	√	√			√				√				√
A18 万达广场	√	√	√	√				√			√				√
A19 招商局大厦	√			√		√	√				√			√	√
A20 建外 SOHO	√	√	√	√			√				√	√			√
A21 欧美汇广场			√	√							√				√
A22 大成国际中心	√	√	√	√			√				√				√
A23 悠唐国际		√	√	√	√		√				√				√
A24 昆泰国际	√	√	√	√		√					√		√		√
A25 东方银座		√	√	√			√				√				√
A26 新中关中心		√	√	√		√					√				√
B1 上海商城	√	√	√	√			√		√		√	√			√
B2 国金中心		√	√	√							√				√
B3 金茂大厦		√	√	√					√		√			√	√
B4 环球金融中心		√	√	√						√	√				√
B5 港汇广场	√	√	√	√		√	√				√	√	√		√
B6 时代广场		√	√	√				√			√				√
B7 香港广场		√	√	√		√									√

续表

编号	C1	C2	RE	O	H1	H2	R1	R2	C	E	P	T	EX	IN	S
C1 香港国金中心		✓	✓	✓	✓						✓	✓			✓
C2 太古广场		✓	✓	✓	✓		✓				✓	✓	✓	✓	✓
C3 西九龙中心	✓	✓	✓	✓			✓	✓			✓	✓	✓		✓
C4 香港时代广场	✓	✓	✓	✓							✓	✓	✓		✓
C5 中环中心		✓	✓	✓							✓	✓	✓		✓
C6 朗豪坊	✓	✓	✓	✓	✓						✓	✓	✓		✓
C7 新世纪中心		✓	✓	✓	✓						✓	✓			✓
C8 太古城中心	✓	✓	✓	✓		✓		✓			✓				✓
C9 香港会展中心		✓	✓	✓	✓		✓			✓	✓				✓
频率	21	41	40	42	23	6	25	7	3	3	42	7	15	10	42
比例	50	98	96	100	54	14	58	16	7	7	100	16	36	24	100
频率（按子系统）	42		40	42	28		29		3	3	42	7	21		42
比例（按子系统）	100		96	100	67		69		7	7	100	16	50		100

　　图 5.2.2.1 和图 5.2.2.2 显示，在超高层城市综合体中，含有商业、餐饮休闲娱乐、办公、酒店、居住、停车、公共活动以及后勤服务八大功能子系统的案例分别占全部案例的 100%、96%、100%、67%、69%、100%、50% 和 100%，均超过二分之一，明显高于其他各功能子系统。停车和后勤服务在超高层城市综合体项目中是必需的支持功能，其存在不受外部条件和市场的影响，因此在功能组合的研究中不考虑这两者。另外在实际项目中，餐饮休闲娱乐和零售业的结合非常紧密，且存在相互转化的可能，因此本节将餐饮休闲娱乐与商业两个功能子系统合并研究。于是得到超高层城市综合体项目中可供组合的五类主要城市功能：商业（含餐饮休闲娱乐）、办公、酒店、居住和公共活动。我们将以上五大功能子系统作为超高层城市综合体的核心功能，超高层城市综合体应含有不少于其中三项。具有这五大核心功能的组合称为基本组合。受各种内部和外部条件的影响，一些案例的功能组合在基本组合的基础上会有所增减。

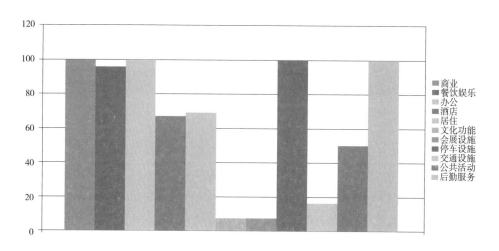

图 5.2.2.1　调查中各功能子系统出线频率直方图

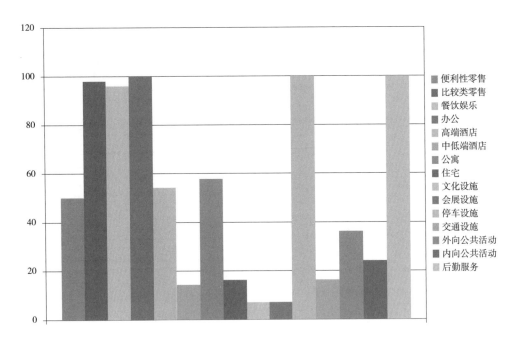

图 5.2.2.2　调查中各次级功能出现频率直方图

5.3　超高层城市综合体的功能组合

5.3.1　各核心功能在超高层城市综合体中所占的比重

从理论上来说，超高层城市综合体各功能之间的相互支持程度是一定的，存在相应的比例关系；但这种比例关系受多种其他因素的影响，比如项目周围的城市环境、与周边项目的互动关系、项目本身的主体特色功能等。因此，超高层城市综合体项目案例中各功能子系统的比重变化范围很大。

办公、酒店和居住四大主要功能子系统的面积配比关系及停车位数量简表　　　表5.3.1.1

	商业子系统	办公子系统	旅馆子系统	居住子系统	停车设施
A1 国贸易中心	0.18	0.34	0.18	0.09	53.57
A2 华贸中心	0.23	0.25	0.08	0.25	62.50
A3 财富中心	0.08	0.38	0.12	0.25	65.38
A4 银泰中心	0.11	0.43	0.11	0.17	45.70
A5 光华国际	0.10	0.52		0.14	46.43
A6 世贸天阶	0.38	0.38			61.90
A7 环球贸易中心	0.06	0.56	0.20		70.00
A8 平安国际	0.14	0.41	0.32		31.90
A9 燕莎中心	0.30	0.12	0.24		不详
A10 三里屯 SOHO	0.27	0.27		0.18	88.89
A11 来福士广场	0.28	0.26		0.19	42.92

续表

	商业 子系统	办公 子系统	旅馆 子系统	居住 子系统	停车 设施
A12 西单大悦城	0.54	0.07		0.15	48.78
A13 恒基中心	0.25	0.27	0.12	0.17	26.67
A14 国瑞城	0.16	0.19		0.44	37.50
A15 北京新世界中心	0.35	0.20	0.13	0.15	25.00
A16 东方广场	0.15	0.46	0.11	0.08	22.50
A17 嘉里中心	0.06	0.37	0.20	0.15	29.13
A18 万达广场	资料不详				
A19 招商局大厦	资料不详				
A20 建外 SOHO	资料不详				
A21 中关村欧美汇	0.27	0.18	0.23		32.59
A22 大成国际中心	0.40	0.25	0.15		57.10
A23 悠唐国际	0.24	0.15	0.09	0.32	50.00
A24 昆泰国际中心	0.10	0.35	0.18	0.15	55.00
A25 北京东方银座	0.19	0.38		0.44	50.00
A26 新中关中心	0.39	0.28	0.20		33.33
B1 上海商城	资料不详				
B2 上海国金中心	0.30	0.19	0.22		51.35
B3 上海金茂大厦	0.05	0.48	0.19		27.59
B4 上海环球金融中心	0.04	0.59	0.10		28.80
B5 港汇广场	0.33	0.34		0.21	35.00
B6 上海时代广场	0.36	0.27		0.23	27.27
B7 上海香港广场	0.27	0.29		0.32	10.71
C1 香港国金中心	0.18	0.57	0.11		41.28
C2 太古广场	0.13	0.28	0.20	0.12	30.00
C3 环球贸易中心	资料不详				
C4 香港时代广场	资料不详				
C5 中环中心	资料不详				
C6 朗豪坊	0.30	0.35	0.20		12.50
C7 新世纪广场	资料不详				
C8 太古城中心	资料不详				
C9 香港会展中心	资料不详				

注：1. 各功能子系统在综合体项目中所占比重为该子系统面积与项目总建筑面积之比；

　　2. 停车设施为停车位总数与项目总建筑面积（万平方米）之比；

　　3. 表中红色数字表示在一般比例区间以外。

资料来源：作者调研，部分数据来源于互联网。

　　四个主要功能子系统在超高层城市综合体中所占比例的频率分布直方图及正态分布曲线，如图 5.3.1.1。

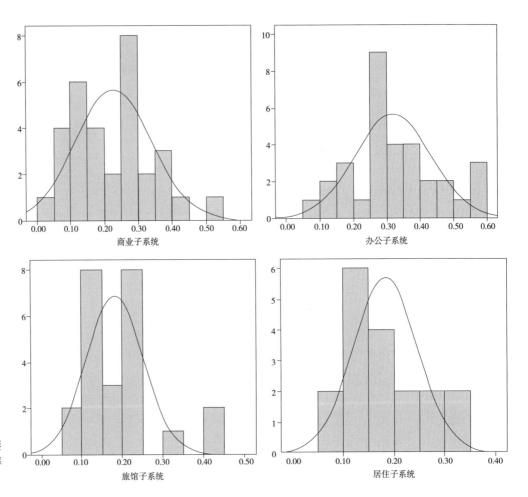

图 5.3.1.1 各案例中主要功能子系统所占比例的频率分布直方图及正态分布曲线

5.3.2 核心功能的一般比例区间

案例调研中各超高层城市综合体项目主要功能子系统所占面积比重的数据统计摘要见表 5.3.2.1。表中均值一栏代表不同的功能子系统在各案例中所占面积比例的均值。第 15 百分位数和第 85 百分位数之间的区间分布着 70% 的案例数据，我们将这个范围定义为各功能子系统的一般比例区间。例如，从表中可以得知，在 70% 的案例中，商业子系统所占的比重在 0.079 ~ 0.321 之间，这个范围就定义为商业子系统在超高层城市综合体中的一般比例区间。本研究案例数量有限，所得数据与实际状况可能有一定差异，因此在项目的策划和设计中，应根据具体情况进行调整。

各主要功能子系统的面积比重数据汇总摘要 表5.3.2.1

		商业子系统	办公子系统	旅馆子系统	居住子系统	停车设施
均值		0.2243	0.3254	0.1895	0.1844	41.9770
百分位数	15	0.0790	0.1886	0.1045	0.1230	26.3360
	85	0.3210	0.4820	0.2237	0.3200	62.0200

注：停车设施的配备情况与当地建设相关部门的规定、综合体设计建造时期的社会经济发展水平、城市用地紧张程度有较大关系，本表相应数值仅供参考。

5.3.3　超高层城市综合体的主导功能和功能类型

从上节的讨论中可以看出，虽然各功能子系统之间并不存在确定的比例关系，但各基本功能的配比仍有主要分布区间。

各主要功能子系统占项目总面积的比重均在一般比例区间内的称为一般超高层城市综合体；当某功能子系统超过一般区间上限时，我们定义其为该超高层城市综合体的主导功能。如商业子系统在综合体项目中所占比例的一般区间为 0.0790 ~ 0.3210，低于 0.0790 的不认为其为主要功能，超过 0.3210 的则认为是该项目的主导功能之一。

根据上节的数据报告，本次调研中得到有效面积数据的 32 个综合体分类情况见表 5.3.3.1。

部分调研案例分类　　　　　　　　　　　表5.3.3.1

类型	一般综合体	商业主导	办公主导	酒店主导	居住主导
案例	A1 国贸中心 A2 华贸中心 A3 财富中心 A4 银泰中心 A10 三里屯SOHO A11 来福士广场 A13 恒基中心 A16 东方广场 A17 嘉里中心 A21 欧美汇广场 A23 悠唐国际 A24 昆泰国际 B2 上海国金中心 B7 上海香港广场 C2 太古广场 C6 朗豪坊	A6 世贸天阶 A12 西单大悦城 A15 北京新世界中心 A22 大成国际 A26 新中关中心 B5 港汇广场 B6 上海时代广场	A5 光华国际 A7 环球贸易中心 B3 上海金茂大厦 B4 上海环球金融中心 C1 香港国金中心	A8 平安国际 A9 燕莎中心	A14 国瑞城 A25 东方银座中心

在本次研究中，没有出现两种或两种以上功能主导的超高层城市综合体。当一个项目以某种功能为主导时，该功能会占用大量资源，很难再产生其他主导功能。但这种情况在理论上是存在的，个别实际项目中亦有可能出现。

除以上五种类型的综合体外，还有一些超高层城市综合体以四大主要功能子系统以外的功能子系统为主导，形成其他类型的超高层城市综合体。如香港会展中心以会展功能为核心，上海虹桥交通枢纽以交通功能为核心，等等。目前较多的是以会展、交通为核心功能，也逐渐出现了以医疗、教育、体育、娱乐、文化等功能为主导的超高层城市综合体。

5.4　超高层城市综合体各功能区位分布的影响因素

超高层城市综合体中各功能的空间区位存在较强的立体差异性，这是其集约化形态基础。要研究各种城市功能的组织方式，必须对其各自的区位要求和影响因素进行分析。影响各功能子系统区位分布的因素很多，从功能组织的角度来说，主要是各功能的外向度及其租金承受能力和各功能之间的互动交流强度。另外，自然和文化背景、微观城市条件、超高层城市综合体的主体功能类型等因素，也都会对各功能的空间布局产生影响。

5.4.1　各功能的外向度和租金水平

功能的外向度是指该功能正常运转所需要的对城市空间的开放程度，反映了其与城市关联的密切性。从理论上说，任何依靠商业经营的功能都希望占据最优的位置，比如位于首层或面向主要的城市界面，拥有最佳的展示机会，最大限度地扩大影响，提高经营效益；但在实际的商业操作中，最优区位的租金最高，并不是所有功能都有足够的租金支付能力。外向度和不同功能的租金承受能力决定了该功能在超高层城市综合体项目中的适当区位，不同的区位要求使不同功能的三维组合成为可能。

5.4.2　经营特点和使用者行为心理角度的分析

1. 商业功能

便利性商业：便利性商业的主要经营内容是为周边居民提供日用品和服务，消费者行为具有较强的目的性，滞留时间较短。资料表明，消费者在大型超市的平均停留时间为 1.75 ~ 2.07 小时，在音像店、照片冲印店等日常服务店停留的时间更短。与带有更多休闲、娱乐和社交特点的比较类零售相比，便利性商业的消费活动属于日常行为，顾客通常希望尽快完成；另外，有时便利性商业的消费行为是顺便进行而不是专程进行，对便捷性的要求就更高。因此这一功能具有较高的外向度，其区位应该具备便利的对外联系条件；同时，考虑到项目整体的形象和档次要求以及超市和日常服务的营利能力，一般不会将其布置在最优的区位。强烈的目的性以及短暂的停留时间意味着该功能的顾客交叉使用其他功能的可能性较小。

比较类零售：比较类零售是城市商业的重要类型，是各种购物中心、商业街、综合型商业建筑的商业核心，是综合体中商业部分的主要利润来源。

由于比较类零售业的经营范围多属于耐用品、贵重物品和奢侈品，购买和选择的过程往往较长，一般都是专程购买，因此对区位的要求不如便利性商业敏感；但商业活动又是一种城市公共活动，过于封闭将削弱其对顾客的吸引力，造成经营困难。因此比较类零售具有较高的外向度。超高层城市综合体的开发和经营实践中，经营方往往希望百货公司、连锁电器商场等比较类零售业的商户的楼层尽量高一些，以带动人流，但实际上这类零售业对客流的拉动作用有限，一般不宜超过 5 层，否则不仅达不到吸引顾客的效果，其自身的经营状况也不容乐观。但在一些土地资源紧张的城市和地区，布局在 5 层以上的比较类零售很常见。如香港旺角的朗豪坊，比较类零售分布在 1 ~ 16 层，上海五角场的又一城购物中心、人民广场的新世界中心等也有 10 层左右的商场。

2．餐饮娱乐功能

超高层城市综合体中餐饮休闲娱乐部分的主要功能包括：①为消费者和综合体其他功能的使用者提供服务，完善整个综合体项目的配套，提高项目整体的品质和便利性；②依靠自身经营特色比如特色餐饮、影城、大型电子游艺设施等吸引固定人群，为其他功能带来一定的顾客。

因此，餐饮休闲娱乐作为超高层城市综合体重要的配套功能，需要与其他部分功能有密切便捷的联系；同时，其部分顾客具有很强的目的性，很多消费者专程前来消费或享受服务，因此对开放程度不敏感，外向度较低。在超高层城市综合体项目中，一般将餐饮休闲娱乐功能布置在商业系统中的次要位置，但从其他功能部分尤其是比较类零售能够方便地到达，目前较多见的是布置在裙房的顶部或地下室，从商业空间可以通过扶梯或垂直电梯到达。

3．办公功能

仅就功能来说，办公子系统相对独立，使用者多为长期工作人员，对周边环境很熟悉，外向度较低。但是，如果能充分融入超高层城市综合体，办公子系统将为办公人员提供完善的配套设施，成为自身的特色，更有利于租售。这就要求办公子系统对城市和其他功能子系统具有较高的开放程度。调研结果显示，目前大陆地区的超高层城市综合体案例中，办公功能主入口多独立布置，与商业等其他子系统联系较弱；而香港地区的超高层城市综合体则习惯于将办公子系统与商业环境充分结合，很多案例将办公主入口设置在商业空间内，如西九龙中心等。

4．旅馆功能

旅馆子系统主要包括高端酒店和中档酒店，其经营范围除一般的旅客住宿业务，有时还包括餐饮、会议、休闲娱乐等内容。现代酒店的住宿业务一般采用预订方式，餐饮会议休闲等项目的消费者也多为专程前来，因此酒店部分的外向度不需要太高；同时，酒店客房有一定的私密性和景观要求，对超高层城市综合体中的旅馆子系统适宜布置在基地内较为安静、景观朝向良好的位置，或超高层塔楼的上部。

对不同等级的酒店来说，高档酒店可能布置在外向度较高的区位，以提高项目整体的档次和形象；或超高层塔楼的上部，便于获得良好的景观。而中档酒店多位于能够满足其功能需要的、较隐蔽的位置。例如北京国贸中心项目含有三家酒店，其中中国大饭店是五星级旅游酒店，位于面向长安街的平台上，位置突出；四星级的中档酒店国贸饭店位于用地中部，主入口开向基地内道路，外向度相对较低；即将开业的国贸大酒店是超五星级酒店，位于国贸三期的上部，拥有全市最好的都市景观。

5．居住功能

与普通住宅相比，超高层城市综合体项目中的住宅配套设施更完善，居民生活更便利。居住功能要求较强的私密性，且住宅档次越高，私密性要求也越高。另外，为了避免与城市空间联系过分密切产生的噪声干扰、用地拥挤、难以管理等问题，综合体项目中的住宅部分一般位于用地中比较僻静的位置，外向度最低。

虽然公寓属于居住子系统的二级功能之一，但其经营特点和物业形态确与酒店更加接近，这必然导致公寓与住宅在区位要求上的差异：作为居住功能的一部分，公寓对私密性也有较高要求，但低于住宅；同时，公寓对环境和开发密度的要求较低，而对使用商务配套设施便利性的要求较高，外向度介于酒店和住宅之间。

6. 会议展览功能

会展功能能够为超高层城市综合体吸引大量人流，有力地支持综合体中的其他功能。会展活动期间人流量很大，为了便于人流集散并减小对周围城市基础设施的压力，一般在会展部分前设置连接外向公共空间的广场；而且会展活动本身具有高度的开放性和参与性，其热烈的气氛也有利于表现超高层城市综合体的活力。因此，会议展览子系统应具有较高的外向度。

在以会议展览为核心功能的大型会展综合体中，会展功能部分的规模和体量都非常庞大，一般布置在最显著的位置，具有很高的外向度，其他各功能均围绕会展功能展开，其功能组织形式与一般超高层城市综合体中的会议展览子系统有很大不同。

7. 文化功能

超高层城市综合体中的文化设施能够为综合体项目提供鲜明的特色，主要分为两类，大型文化设施和小型、非正式文化设施。

大型文化设施主要包括各种演艺设施、大型展览设施和博物馆等，依靠商业运营，大量人流定期或不定期聚集，行为方式与会展设施接近，外向度也较高。但文化活动的持续时间相对会展活动较短，因此与综合体中其他功能交互的机会也较少。

小型非正式的文化设施主要是室外演出场地等，由使用者自发组织利用，通常与公共活动子系统联系紧密，外向度较高；若仅为内部人员提供一处交流场所，则外向度较低。如西九龙中心，其裙房屋面上布置了一个演艺广场，主要为综合体使用者和居民提供服务，同时还可以通过花园联系办公、酒店和公寓住宅等其他功能子系统。

8. 停车功能

机动交通是现代城市交通的重要组成部分。超高层城市综合体高密度地容纳了各种城市活动，必然使机动交通大量集中，综合体项目必须考虑到这一实际情况，为机动交通安排好空间和流线，停车设计是其中的重要内容。

机动交通对距离不敏感，所以停车设施的外向度很低，只要机动车能够从外部城市空间顺利到达即可，距离长短并不重要。因此其入口可以设置在相对远离城市空间的位置。

虽然停车设施与外部城市空间的联系较弱，但其与综合体内部各功能之间是由步行和竖向交通联系的，因此应该保证停车设施子系统与其他各功能之间有便捷的联系。所以，一般超高层城市综合体项目都将停车设施布置在地下，人们到达地下车库后，再通过垂直交通较为便捷地去往目的地，而独立的停车楼则难以实现这一要求，并且占用宝贵的地上空间，对其他功能造成干扰，因此在超高层城市综合体项目中较少采用。

9. 公共设施功能

超高层城市综合体中的公共交通设施一般是轨道交通车站或公共汽车枢纽站，有大量的人流集散，实际上已经是城市空间的一部分；而本节研究的是各功能与城市空间的关系，因此不对其进行讨论。

10. 公共空间功能

超高层城市综合体中的公共活动子系统是综合体中各项功能的组织者，为保证综合体内各功能的正常运转，公共活动子系统中外向公共空间应该与城市空间充分对接和交流，其外向度应该是最高的；内向公共空间的主要职能是为综合体各功能子系统之间的交流提供支持，且有一定私密性要求，外向度相对较低。

11. 后勤功能

后勤服务主要为综合体的顺利运转提供支持，并不直接服务于城市，与其发生直接接触的一般仅为内部工作人员，因此其外向度是所有功能子系统中最低的。

5.5　超高层城市综合体功能组织模式及其空间布局

5.5.1　超高层城市综合体功能中枢的概念

超高层城市综合体高密度集合了众多城市功能，形成不同的人流、物资流和信息流进出，其间存在一定的交叉与互动。在超高层城市综合体中，我们将能够为不同功能子系统之间人员、物资和信息提供交流平台的部分定义为超高层城市综合体的功能中枢。

功能中枢要求与各功能子系统都能够紧密便捷地联系，至少应该能与大部分主要功能便利地交流。在超高层城市综合体中，功能中枢通常是由商业子系统或公共活动子系统承担的，因为这两类子系统与各子系统的联系都较为密切。明确超高层城市综合体功能中枢的定义为：若超高层城市综合体中某功能（除停车设施外）与不少于 3 个（当项目中仅包含 3 个主要功能子系统时为 2 个）主要功能子系统之间存在紧密的关联，则可称之为该超高层城市综合体的功能中枢。

功能中枢在超高层城市综合体项目中发挥了重要的作用，能够促进各功能之间的互动，充分发挥各功能对其他功能的支持作用，实现超高层城市综合体功能集约化和效益最大化。

5.5.2　超高层城市综合体功能组织模式

根据功能中枢与功能组织的关系，超高层城市综合体的功能组织可以概括为三种模式：无中枢模式，单中枢模式和双中枢模式。

1. 无中枢模式（图 5.5.2.1）

无中枢的功能组织模式充分利用允许的开发强度指标，在项目初期实现利益的最大化。一般来说，无中枢组织模式多应用于以下几种情况：

（1）用地狭小，功能较为简单的超高层城市综合体。

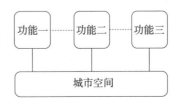

图 5.5.2.1　无中枢模式功能组织简图

例如上海香港广场，上海时代广场等，在这类项目由于包含的主要功能子系统较少，各功能交流联系比较简单，一般通过简单连通即可满足需要，无需专门设置功能中枢。研究显示采用这种功能组织模式的超高层城市综合体功能子系统一般不超过 4 个，且大部分都在商业、办公、旅馆和居住四个主要功能子系统范围内。

（2）以商业为主导功能的超高层城市综合体。如西单大悦城，其商业子系统本身就是一个结合了多种功能并含有自身中枢空间的系统，而写字楼、公寓等附属设施在项目中所占比重较小，功能子系统之间的交流强度和需求不大。

除以上几种情况，无中枢的功能组织模式用于大型超高层城市综合体将削弱综合体各功能的交流，对资源综合利用有一定的不利影响。

以无中枢模式组织的超高层城市综合体，各功能子系统都有明显的出入口，均可与城市直接联系。其中，商业的外向性最强，一般分布在面向主要城市空间的方向，朝向主要商业街或人行广场。办公根据其公共性的不同，可以与商业主入口并置，如北京来福士广场、上海香港广场等，或布置在公共性稍弱的地方，如银泰中心，也有的布置在公共性很弱的次要城市空间，如西单大悦城。酒店和公寓的入口一般分布在公共性最弱的部分，如北京新世界中心，酒店和公寓的入口就位于基地西侧的城市支路上，只有很少量的城市活动发生。

2. 单中枢模式

在超高层城市综合体中，功能中枢一般由商业或公共空间承载。据此可以将单中枢功能组织模式分为两类：商业空间中枢和公共空间中枢。

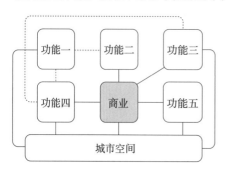

图 5.5.2.2　商业空间中枢模式功能组织简图

（1）商业空间中枢（图 5.5.2.2）

商业是城市居民主要的公共活动之一，我国城市居民的社交途径较少，商业行为在公共活动中所占比重更大，因此商业子系统是体现超高层城市综合体城市性的重要方面，往往是综合体项目中活动最密集、最频繁的区域之一。商业子系统作为综合体的功能中枢，能够较好地联系其他各功能子系统，同时，功能中枢与商业空间相互重合，可以节省投资，而交流和互动的效果几乎不受影响。而且商业活动对声、光等物理条件不敏感，布局灵活，几乎可以任何形式与其他功能子系统结合，联系方便。

商业空间中枢的组织方式适应性很强，应用范围较大。在这种组织方式中，商业空间处于各功能子系统联络的中心地位，一般通过强节点与城市空间及其他功能直接联系，如北京国贸中心，其裙房内的国贸商城可以通过周边城市人行道、过街地道、地铁等不同方位和标高的出入口便捷地到达，并与中国大饭店、国贸饭店、国贸写字楼和国贸展厅有直接而便捷的室内联系，充分发挥了功能中枢的作用。一般来说，这类综合体中的其他功能子系统也分别拥有各自独立的出入口，依据各功能子系统对私密性的不同要求结合实际情况决定。

（2）公共空间中枢根据公共空间性质不同，可以分为外向公共空间中枢和内向公共空间中枢两种。

a. 外向公共空间中枢（图5.5.2.3）与商业子系统类似，综合体中的外向公共空间是城市活动集中的区域，但与商业空间相比，其活动内容更加休闲化和随意化。在我国的大城市中，容积率奖励制度尚不普及，超高层城市综合体开发中主动为城市提供公共活动空间并不多见。

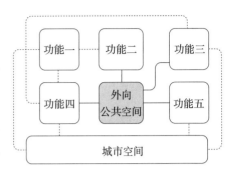

图5.5.2.3 外向公共空间中枢模式功能组织简图

以外向公共空间作为综合体功能中枢的设计方法能够使各主要功能获得充分的交流，任意两个围绕该公共空间布置的功能之间都能够便利地相互联系，如果设计得当，公共空间具有很强的吸引力和城市活性，将使超高层城市综合体的公共性大大增强。但是与此同时，部分功能子系统的私密性会受到一定的影响，需要通过加强管理等非建筑手段加以解决。

公共空间中枢组织的超高层城市综合体，其功能子系统的分布具有明显特点。外向公共空间的外向型很强，是综合体中与城市联系最密切的，而其他各功能子系统都通过该公共空间与城市发生联系。因此在这种类型的超高层城市综合体中，各功能子系统的外向性差异不大，布局也非常灵活，能够有效地改善基地中离城市较远的部位的经营条件，如北京的三里屯SOHO，其基地南北狭长，北端接临工体北路，而南侧离城市空间较远，通过设置南北向的公共活动区域，基地南端也得到了有效利用。

b. 内向公共空间中枢（图5.5.2.4）部分超高层城市综合体案例的公共活动主要由商业或外向公共空间承担，而各功能子系统的交流中枢则由综合体的内向公共空间承担，活动中心与功能中枢不重合。内向公共空间受城市影响小，公共活动相对较弱，能够满足酒店、公寓等设施对私密性的要求。

内向公共空间中枢的组织方式既能够满足各功能的交流，又能保证一定私密性，但总体上看，与城市的结合不够紧密。招商局大厦是应用内向公共空间中枢模式的代表案例，各功能围绕中心庭院进行布置，中心庭院主要为各功能内部交流提供方便，对城市的开放程度较低，承载的城市活动也相对较少。

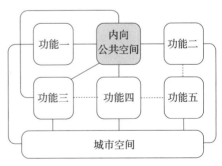

图5.5.2.4 内向公共空间中枢模式功能组织简图

3. 双中枢模式（图5.5.2.5）

从上节的分析可以看出，单中枢模式容易进入两难的困境：商业或外向公共空间中枢联系方便，活动频繁，城市感很强，但不能满足一些对私密性要求较高的功能子系统之间的交流需要；内向公共空间中枢能够保证私密性，但有时过于冷清，缺乏生气。

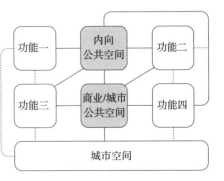

图5.5.2.5 双中枢模式功能组织简图

如前所述，超高层城市综合体中，可以承担功能中枢的功能有商业空间、外向公共空间和内向公共空间，其中商业空间和外向公共空间的活动性、开放性和城市性较强，而内向公共空间则具有一定的私密性。如果一个超高层城市综合体的功能联系由一个外向型功能中枢和一个内向型功能中枢共同组织，那么我们可以称这种功能组织模式为双中枢模式。

在双中枢模式组织的超高层城市综合体中，办公等公共性较强的功能子系统可以由外向型中枢组织，而公寓等公共性较弱的功能子系统则由内向型中枢组织，一些对公共性和私密性都有要求的功能子系统则可以通过不同的方式与两个中枢都发生一定的联系，例如酒店的公共部分可与外向型中枢联系，以方便使用，提高人气，而客房部分与内向型中枢联系，能够获得较好的私密性和良好的景观。

双中枢的布局方式分为水平并置和垂直叠加两种，以上案例均为垂直叠加。其中太古广场巧妙地利用了高达5层的自然高差，将裙房屋面与基地后方道路结合，为公寓、酒店和办公子系统提供了一个交通便利、环境幽雅的内向公共空间中枢；而裙房内部联系地铁、金钟地区步行走廊系统，形成一个恢宏的外向公共空间，并与办公、酒店和公寓等子系统提供了强度不一的室内联系，形成了比较完善的双中枢模式。

5.5.3　超高层城市综合体功能布局的空间模式

上节讨论了各功能之间的拓扑组合，未涉及空间关系。但在设计过程中，对功能组合关系的研究最终要落实在物质形体和三维空间的层面，因此对超高层城市综合体中各功能空间关系的研究是必要的。

1. 概述

超高层城市综合体的竖向功能分区比较明确：后勤服务、停车等功能设置在地下室底部数层，公共性较强的商业、公共活动等功能多分布在近地面处，办公、酒店、公寓等有一定私密性需求的功能一般位于高层建筑中。这一竖向功能分布模式在案例广泛适用，例外较少；而平面组合关系则变化较多。因此本研究主要以平面分布为依据划分超高层城市综合体功能的空间组合模式，必要时结合考虑功能的竖向分布规律。

根据从简单到复杂的原则，首先讨论超高层城市综合体功能的空间布局模式的基本模式，较复杂的案例由几种基本模式组合而成。

各案例功能的空间组合的基本模式可归纳为以下几种：竖向叠加式、室内功能中心式、室外功能中心式、复合中心式和分散布局式，其中竖向叠加式多为超高层综合塔楼，其他几种空间组合一般为裙房 + 数座塔楼的形态。

值得指出的是，本节提出的"中心"有别于上节"功能中枢"的概念：功能中枢着眼于功能的拓扑组合关系，是联系各功能的枢纽，需要与多数功能有便捷的通道连接；而本节的"中心"是在空间上连接各功能的实体，但不一定有较强的联系，如在上海时代广场案例中，商业裙房部分仅在平面布局上联系了住宅和办公功能，却没有实现便捷的互通，相互联系需要通过室外空间进行，不满足成为功能中枢的条件。

两者又有一定的联系：为了与各功能保持密切的互动与联络，功能中枢一般位于平面组合的中心，如恒基中心，商业既是各功能空间分布的中心，又作为功能中枢与各功能又便捷的联系。但有时也有例外，如在建外 SOHO 案例中，外向公共空间作为功能中枢，发挥了促进各功能联系交流的作用，但从物质形态上被分布在其中的建筑物切割成灵活曲折的小尺度空间，没有形成中心，因此该案例的功能组织关系为外向公共空间中枢型，而功能空间分布属于分散布局模式。

2. 竖向叠加式（图 5.5.3.1）

基本特征是各功能竖向叠加为超高层综合大楼，具有极强的标志性。另外，超高层塔楼很难满足某些功能需求，如大规模商业、公共活动、大型文艺设施等，因此采取这种模式的案例一般会配建不同规模的裙房，以容纳相关功能，据此可将竖向叠加式进一步分为有裙房和无裙房两种空间组合模式。

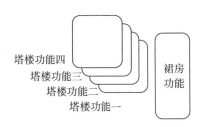

图 5.5.3.1　竖向叠加式示意

竖向叠加无裙房：多用于以办公、酒店和居住为主要功能的项目，如京广中心。占地面积较小，在高密度城市环境中能适应小幅土地开发，因此一般只设置较小规模的配套商业或其他设施，不作为主要功能。

竖向叠加有裙房：用于综合性较强的项目，配建不同规模的裙房以适应相应的功能。如南京绿地中心配建了 5 层商业裙房，金茂大厦的裙房中布置了音乐厅和会所。

3. 室内功能中心式（图 5.5.3.2）

超高层城市综合体中常见的功能空间布局模式。办公、酒店和居住等具有一定私密性的功能布置在数栋塔楼中，塔楼围绕裙房室内空间进行布置，裙房内设置商业、公共活动等功能。当塔楼在裙房上时，应注意防火扑救。

中心裙房作为功能中枢：容纳各功能的塔楼与中心裙房能够便捷互通，其功能组织特点与商业空间中枢或室内公共空间中枢的组织模式相同，可参见前文的论述。

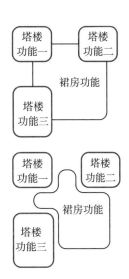

中心裙房不做功能中枢：裙房作为空间中心与其他各功能相邻，但并不一定相互连通，从功能拓扑关系上看属于无中枢模式，如北京来福士广场和上海时代广场。这样的处理方式适用于规模较小、功能简单的综合体项目，主要的优势在于布局紧凑，节约用地，而项目的综合性水平并不十分突出。

图 5.5.3.2　室内功能中心式示意

4. 室外功能中心式

以室外空间作为功能空间布局的中心，可以是外向公共空间或内向公共空间。

以外向公共空间为中心（图 5.5.3.3）：能够吸引充分的人群和活动，形成城市活动中心，对项目的经营有正面作用，其较好的空间和城市效果前文已有论述。

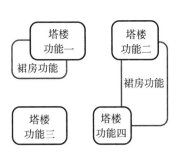

图 5.5.3.3　以外向公共空间为中心的示意

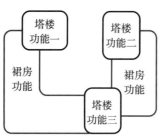

图 5.5.3.4　以内向公共空间为中心的示意

以内向公共空间为中心（图 5.5.3.4）：后者如招商局大厦、燕莎中心，各功能组成部分围绕中部的室外庭院布置，均能获得良好的环境与景观。室外庭院较封闭，具有较强的私密性。

5. 复合中心式（图 5.5.3.5）

室外空间和室内空间复合形成的中心，各功能塔楼围绕该中心布置。能够较好地满足各功能不同水平的公共性和私密性需求。一般来说采用复合中心式的案例均为双中枢的功能组织模式。但由于组织模式偏重于功能之间的拓扑关系研究，而空间布局则着重功能的空间的分布，二者研究的出发点不同，非双中枢的复合中心式布局，或非复合中心式布局的双中枢组织模式在理论上是存在的。

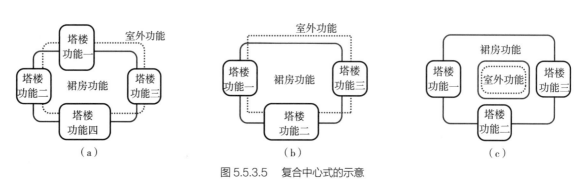

图 5.5.3.5　复合中心式的示意
（a）室外空间位于室内空间上方；（b）室外空间位于室内空间下方；（c）室内空间环绕室外空间

从空间形态的角度，室内外空间的复合形式主要可以分为三种：

室外功能在室内功能上方：双中枢功能组织模式中常用的手法，由裙房承载公共性较强的功能和活动，将较为私密的内向公共空间布局在裙房顶部，两者相互联系，共同构成综合体项目的中心，其他功能塔楼围绕该中心布置。如香港国金中心，太古广场，西九龙中心，北京东方广场等案例，都采用了该布局模式。

室外功能在室内功能下方：将建筑物下部架空或局部架空作为公共活动空间，在上部组织商业或室内公共活动。以这种模式进行功能布局的案例数量较少，典型案例有上海商城，在地面架空活动广场，联系各主要功能，上方布置室内共享大厅，通过室内联系各功能空间，形成了比较完善的双中枢系统。另外，类似的还有香港时代广场，局部架空商业裙房底层作为联系前后两条道路的步行广场，通过自动扶梯联系步行广场和商业空间。

室内功能环绕室外功能：商业裙房围绕较小尺度的室外空间布置，室外空间仅作为对室内空间的补充完善，不作为整个复合中心的主体。如上海港汇广场，商业裙房分为两部分，其间为一 L 形室外空间，布置餐饮、零售，有良好的商业和城市氛围，但与裙房室内的商业相比，中心性并不突出，因此将其归纳为复合中心式而非室外空间中心式的功能布局模式。

6. 分散布局式（图 5.5.3.6）

出于各种原因，部分超高层城市综合体案例在平面布局上没有明显的中心，而是分散布置的，之间以室外空间相联系。这种模式能够充分满足各功能的空间和区位要求，又有便捷的联系，灵活可变，能适应多种设计条件，为设计人员留有充分的余地，因此在超高层城市综合体方案设计中普遍采用。

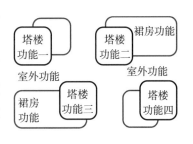

图 5.5.3.6 分散布局式的示意

分散布局容易形成良好的环境和宜人的尺度，并能够结合商业活动，充分塑造项目的城市氛围。可分为功能分区、规模分区和条件分区三类：

（1）功能分区：不同功能分别独立布置，各功能既相互独立，避免干扰，又能通过室外空间进行联系，联系的紧密程度取决于室外空间的建筑处理。由于超高层城市综合体用地大多比较紧张，且独立分区不利于各功能的相互协作，调研中采用这种布局方式的案例较少。如北京欧美汇广场，商业、酒店和办公三部分各自独立对外，之间没有内部联系，通过项目外部的城市街道进行联络，综合性较低。

（2）规模分区：将同一功能分成数个部分，其间形成室外公共活动空间，塑造城市感。如建外 SOHO，各种功能均分散布置，以外向公共活动空间联系，吸引人群进入，形成了城市的活力中心，成功地塑造了项目形象。但其弱点也很明显：在自然气候条件较差的地区或季节，室外公共空间的利用率十分有限。为了解决这个问题，可以考虑局部采用连廊等室内环境联系分散的裙房，避免不利天气的影响。

（3）条件分区：在一些案例中，受各种条件的限制，例如项目用地中有城市道路或其他城市设施穿过，必须分区布置。分区是出于条件限制而非功能需要，各分区之间多有联系设施，如财富中心，其用地被城市道路分为三块，各部分之间通过位于二层的室内连廊相通。

7. 其他功能布局形式

本书对超高层城市综合体功能布局模式的分析归纳是以案例调研为基础的，一些不太常见的模式难免遗漏。而且在实践中具体的设计条件是非常复杂的，有时需要打破常规的设计思路。此处举出两例进行说明。

朗豪坊是本次调研中最有特色的案例之一，其外向公共空间布置在裙房的四层，而没有遵循一般规律布局在地面层附近。由于其本身的功能比较复杂，办公、酒店等功能均在该公共大厅的标高处设置了主要人行出入口，结合商业活动，并不因远离城市界面而显得冷清，而高出地面四层的标高成了该公共空间的重要特色，被称为"通天广场"，热闹非凡，对整个项目的运营业起到了很大的正面作用。

北京万国城三期项目，是一个以居住功能为主的超高层城市综合体。其外向公共空间设置在高空，并沿联系各塔楼顶部的连廊水平线性展开，形成了一条"天街"，一反公共空间布局在下部，接近城市基面的常规原理，极具特色，使该项目名噪一时。这种模式在新加坡滨海湾金沙酒店的设计中也得到了应用。

在这些例子中，建筑师的思路突破了一般规则，实现了新的空间组织模式和功能布局方式，这类特殊的功能布局形式体现了设计人员的可贵创新，有些具有较大的发展潜力，应给予充分重视。由于资料和研究考查范围有限，仅略谈一二案例。

8. 组合式

一些案例中，由于各种复杂的内外因素的共同作用，功能的空间布局不能简单地纳入以上五种基本模式，而是以基本模式进行组合，形成较为复杂的空间分布系统，统称为组合式。组合式布局的变化形式很多，应用也很灵活，此处试举几例说明。

北京万达广场，用地被城市道路分为四片，因此从整体上看属于分散布局式；其南侧两片为以裙房为中心的室内功能中心式布局，裙房内含商业、餐饮娱乐等主要功能，上部为两栋办公塔楼和一栋酒店塔楼；北侧两片用地为室外功能中心式布局，内向公共空间周边布置居住、办公和便利性商业，两者隔路相邻，分区明确，外向性和私密性有较大差异，是较为复杂的功能空间布局模式（图5.5.3.7）。这种功能布局方式适合于两部分要求私密性相差较大的情况。除万达广场，本次调研中，国瑞城和香港太古城中心也采用了这种布局模式。

银泰中心，由裙房连接各主要功能，整体为室内功能中心式，同时中央超高层塔楼内含有酒店、公寓等功能，为室内功能中心式与竖向叠加式复合形成（图5.5.3.8）。

华贸中心的空间构成较为复杂。首先其基地被城市道路划分为南北两片，为分散布局式；北片以住宅为主，为内向公共空间中心的功能布局模式；南片以西侧贯穿基地的室外外向公共空间为中心，布置在该外向公共空间西翼的为新光天地所占用的商业裙房。东翼则由商业、办公楼和酒店围绕一内向公共空间组成，即东翼本身为室外内向公共空间中心式布局，再与西翼组成室外外向公共空间中心式布局，最后再与北侧用地形成分散布局式功能分布模式（图5.5.3.9）。

9. 超高层城市综合体集群的功能布局

前面的讨论均以项目为单位，但在设计实践中，尤其是城市中心区的超高层城市综合体设计中，周边条件十分复杂，各种城市功能高密度聚集，各项目之间不可避免地产生相互影响，因此超高层城市综合体在城市中的形态也应给予充分的关注，各项功能的布局均应考虑与周边项目的配合与协调。

根据上文的分析，部分案例的功能空间组织模式可归纳见表5.5.3.1。

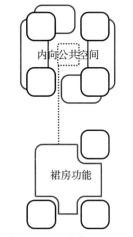

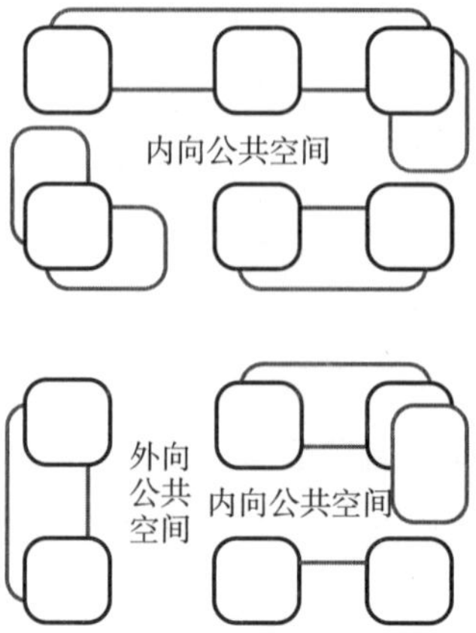

图 5.5.3.7　北京万达广场功能布局示意

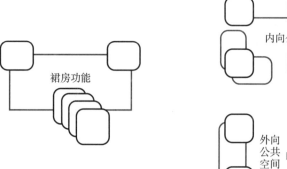

图 5.5.3.8　银泰中心功能布局示意（左）

图 5.5.3.9　华茂中心功能布局示意（右）

调研案例功能空间组织模式简表　　　　　　表5.5.3.1

超高层城市综合体中功能的空间布局模式分类		案例	
竖向叠加式		A27 京广中心 B3 金茂大厦	B4 环球金融中心 D1 南京绿地中心
室内空间中心式	裙房作为功能中枢	A1 国贸中心（一二期） A13 恒基中心 C7 香港新世纪广场	A26 新中关中心 B2 上海国金中心 C6 朗豪坊
	裙房不作为功能中枢	A11 北京来福士广场 A25 东方银座中心	B6 上海时代广场
室外空间中心式	内向公共空间	A19 招商局大厦	A9 燕莎中心
	外向公共空间	C5 中环中心 A6 世贸天阶 A5 光华国际	A10 三里屯 SOHO A8 平安国际金融中心
复合中心式	室外空间在室内空间上方	A16 东方广场 C2 太古广场	C1 香港国金中心 C3 西九龙中心
	室外空间在室内空间下方	B1 上海商城	C4 香港时代广场
	室内空间环绕室外空间	B5 港汇广场	
分散布局式	功能分区	A21 欧美汇	A24 昆泰国际中心
	条件分区	A22 大成国际 B7 上海香港广场	A3 北京财富中心
	规模分区	A7 北京环贸中心	A20 建外 SOHO
组合式		A2 华贸中心 A14 国瑞城 A4 银泰中心	A18 万达广场 A15 北京新世界中心 C8 太古城中心

应当指出，对一个项目来说，随着其发展，功能的空间布局模式会发生变化。例如国贸中心，三期建成投入使用后，其功能的空间布局模式就从室内功能中心式变为组合式，应该根据实际情况发展地看待。

5.6　本章小结

本章主要对超高层城市综合体的功能复合组织模式和设计进行了较详细的研究，包含超高层城市综合体的功能组成、超高层城市综合体功能组成要素、超高层城市综合体的功能组合、超高层城市综合体各功能区位分布的影响因素以及超高层城市综合体功能组织模式及其空间布局五个方面。超高层城市综合体建筑高密度的发展和多功能的复合必然为其带来大量复杂交叉的交通流线，它的设计对保证建筑各功能的便捷使用、维护生产生活的正常秩序起到至关重要的作用。第 6 章为对超高层城市综合体交通组织的空间模式和设计研究。

第6章
交通组织的空间模式和设计研究

6.1 超高层城市综合体交通流线组织

6.1.1 城市高层综合体交通流线组织的分类

交通流线组织的目的是流线的条理性与便捷度，交通流线组织的对象是与建筑有关的人流、车流、货物流，交通组织的维度是地下、地面、空中三个层面，交通组织的方向分为水平交通组织和垂直交通组织。高层综合体建筑的交通流线组织就是要区分各功能不同流线的性质及目的，根据建筑交通流量的变化、使用时间的分布，给出恰当的交通设施和交通空间，并结合建筑总体的功能布局统一规划和设计。

超高层城市综合体建筑的交通流线组织基本可分为以下几种类型：项目地块与城市接口的交通流线组织，项目地块内的交通流线组织，各种主要功能的交通流线组织。（图 6.1.1.1）

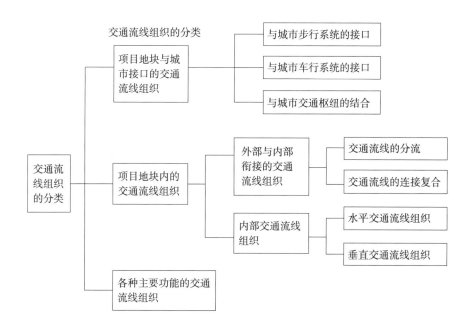

图 6.1.1.1　超高层城市综合体交通流线组织的分类

1. 项目地块与城市接口的交通流线组织

项目地块与城市接口是指超高层城市综合体建筑基地与城市交通系统的衔接空间。它不仅指项目基地的出入口空间，更是整个交通流线的起点和终点，是超高层城市综合体建筑组群与城市空间或地带的交汇点，表现为综合体空间组合上的出入口空间和各功能建筑（空间）出入口的区域组合，是城市街道空间的动态外延和渗透。

项目地块与城市的接口形式是其外部与内部交通组织的先决条件，甚至可以说有何种形式的与城市交通的接口方式，就有何种基地内交通组织方式。设计时须因地制宜，遵循交通组织原则，充分利用已有的城市交通条件，使基地内外交通便利顺畅。

2. 项目地块内的交通流线组织

项目地块内的交通流线组织是指城市人、车、货流通过项目地块与城市接口进入项目地块之后的交通流线组织。一方面包括正常使用状态下合理地安排各种流线，使得内部人、车、物流线顺畅，交通方便、快捷，另一方面包括在火灾地震等人为与自然灾害的紧急状况下的人员、消防疏散。项目地块内的交通流线组织按照空间系统的层次可以分为外部与内部衔接的交通流线组织以及内部交通流线组织。超高层城市综合体建筑因为复合了多种功能，每一种功能空间本身都具有独立的交通流线组织系统，即内部交通流线组织。而高层综合体建筑的优势与意义在于各功能空间系统之间的复合与交叉，那么这些相对独立的功能空间子系统之间的交通分流、衔接、穿插和复合等连接关系，城市外部交通向内部各功能空间子系统交通的转换，统称作外部与内部衔接的交通流线组织。

（1）外部与内部衔接的交通流线组织

外部与内部衔接的交通流线组织是指在基地总平面内设置交通设施和设计交通衔接空间以合理组织各功能空间子系统之间的交通联系，以便更好地区分和连接高层综合体建筑的各个子功能系统，满足不同的交通需求。这种交通流线组织的目的是：

① 为了各类不同使用目的、方式交通流线的分流设置，主要包括：a. 人、车、货流的分流；b. 到达不同目的（各功能子系统）的流线分流。

因此，外部与内部衔接的交通流线组织在设计之初就必须进行交通分类和交通来源分析，以设计出方便快捷的交通线路，疏导不同的人流及相应产生的车流和货流，使得各种人流有序、快速地进入建筑内部，同时尽量避免不同使用人群以及人、车、货流之间的交叉干扰。

以北京华贸中心为例，这组高层综合体建筑的使用人员可以分为办公人员，商场顾客，会议来访人员和居住人员。办公人员和居住人员需要以明确且相对独立的路线快速进入建筑内部；商场顾客需要有慢速而丰富的游览路线，而会议来访人员则居于两者之间。项目中的车流主要分为私人车辆，公共车辆（出租车，大巴）和特殊车辆（参观车辆，货运车辆，消防车），在设计合理的停车空间和停车线路的同时，公共车辆需要一定的等候空间和临时停靠空间，特殊车辆则需要依据不同功能设计特殊的线路。项目中涉及的货物主要是指办公产品的运送以及餐厅、会议中心、酒店等相关后勤服务的货物运送，需要设计有特定的货运出入口和货运通道。

② 各类不同使用目的、方式交通流线的连接与复合。超高层城市综合体建筑的功能子系统间具有协同性与多功能交叉的特点，不能单一强调功能子系统的独立与管理方便，采用封闭体的简单叠加组织方式割裂它们之间的相互影响和连接需要。这将使得空间环境了无生气、缺乏活力，背离了"综合体"多功能综合的初衷。但同时也要把握"连接度"，如果一味强调各功能子系统交通流线之间的复合交叉，处处联系，处处交叠，就会造成建筑内部交通的混乱和使用上的不便。

（2）内部交通流线组织

内部交通是指城市人、车、货流进入各功能空间子系统内部之后的交通流线组织。它包括各功能子系统建筑内部的水平交通流线组织和垂直交通流线组织。前文论述过超高层城市综合体建筑是城市建筑设计一体化的产物，其城市性也表现在室内空间的室外化和城市化，其建筑内部空间突破建筑自身的封闭状态而演变成一种多层次、多要素复合的动态开放系统，建筑本身也承担和接纳了许多原本属于城市的职能。这就意味着超高层城市综合体内部的交通流线组织设计时要注重室内城市公共流线的组织。

由于超高层城市综合体建筑的城市职能要求建筑室内空间对城市具有开放性，同时加之超高层城市综合体建筑与城市交通枢纽的综合开发，建筑室内的部分空间已成为城市人流集散、休憩的公共活动场所。例如室内中庭成为城市交通的集散枢纽，建筑室内引入城市街道等。这在一定程度上加大了建筑本身的吸引力和人气，为建筑室内空间注入活力，带来了商机，因此也往往伴随着商业开发出现。同时需要提出的是，这种公共流线组织既要求保持与建筑内部私密流线之间的独立性，又要求一定程度上的复合和联系。比如居住或办公部分的使用者希望不受到商业部分的干扰，但是同时又希望能方便自己购物和消费娱乐。

3. 各种主要功能的交通流线组织

超高层城市综合体建筑在功能上往往具有相当的复合性与复杂性，商业、办公、住宅、旅馆、娱乐、餐饮等都有可能出现，正是这些功能的有机结合，才产生了充满活力的综合体建筑，而交通空间正是组织这些功能的关键，交通流线组织实际是项目内功能组织的主要线索，是功能组织的手段和表现方式。因此各种主要功能的交通流线组织是超高层城市综合体建筑交通流线组织中至关重要的内容之一，它表达了超高层城市综合体各功能流线之间的布局和组合方式。各功能流线之间既要求相对独立的互不干扰，又需要保证一定程度上的交叉和复合，并按照一定的规律组合成统一的有机整体，以增大积聚效益。

也就是说，根据超高层城市综合体建筑的不同功能，形成了各自独立的交通流线，不同交通流线之间的联系形成功能的交叠和交叉。各交通流线既相对独立又彼此联系，共同构成综合体建筑的交通系统。连接综合体建筑的各功能系统间的交通与流线是发挥综合体建筑多功能复合优势的关键，各功能子系统间的交通流动不畅会降低其使用效率。另一方面，还应注意各功能子系统的相对独立性，各功能部分交通流线的混杂、相互干扰必然影响使用质量，还可能造成管理上的不便。

本章中的"各种主要功能的交通流线组织"指的是不同功能系统，即各功能子系统的交通流线在基地范围内的联系组合和布局方式。

4. 不同分类的交通流线组织之间的关系

本章以上部分探讨了高层综合体建筑交通流线组织的分类，这些分类的目的是为了便于下一章对交通流线组织空间模式的归纳，但各分类之间其实并没有严苛分明的界限。此外，它们之间还存在着相互重合的内容和联系，同时又都隶属于高层综合体建筑的交通流线组织系统。

项目地块与城市接口的交通流线组织，基地外部与内部衔接的交通流线组织和内部交通流线组织是按照城市到建筑空间的联系过程分类的，如图 6.1.1.2 所示。

图 6.1.1.2　不同交通流线组织之间的关系

因此，上述三种分类的交通流线组织具有由外向内、由城市到建筑的空间层次。由于超高层城市综合体建筑的城市性，城市与建筑之间的界限日趋模糊。城市空间的室内化和建筑空间的巨型化和城市化也使得室内外空间相互渗透，彼此流动。因此，上述三者之间并不是完全割裂、独立存在的，它们相互依存、相互交叠，共同形成一个整体。项目地块与城市接口不单纯是基地的出入口空间，它是城市交通系统在项目基地内的节点分支，结合城市开放空间的设计，成为城市街道的外延和有机组成部分。同时，项目地块与城市接口的交通流线组织是基地内交通流线组织的先决条件和限制因素，是基地外部交通和内部交通转换衔接的外部交通来源，是基地内交通空间的对外界面和疏散节点。基地外部交通和内部交通衔接的交通流线组织与内部的交通流线组织在传统建筑中仿佛有着"建筑立面"这一道严苛的分界线，但实际上随着城市设计的室内化发展，这种内外界限已不再分明，将外部空间引入内部空间也是增加空间活力的重要手段之一。包括建筑室内公共空间，过渡空间和地下空间等的发展使得室内空间的城市性日益凸现，架空和中庭的大量设计运用更促使了室内外环境的融合、渗透和交流。因此上述三种分类是一个相互联系的流动过程，并不存在生硬的分界和分离。

各种主要功能的交通流线组织实际是功能组织的交通化，是通过交通流线组织来实现和达到目的的。它是超高层城市综合体建筑不同于一般单功能建筑的优势体现和特殊方面。它依托在上述三种交通流线组织分类之上，又是它们的影响因素和最终目标。

6.1.2　超高层城市综合体交通流线组织的重要性

一方面，超高层城市综合体建筑通过功能的集聚与复合，减少了人、货在不同单一功能建筑间的无谓流通，减轻了对整体城市交通的压力；另一方面又因为其吸纳了大量种类性质各异的人货、车流，给所在城市地段或街区造成了交通上的压力。如何解决交通问题应该说是综合体建筑设计的关键之一，并且直接关系到其本身的使用方便、安全和经营效益。

可以说交通流线即是超高层城市综合体建筑的生命线，交通流线组织的成功与否对综合体设计的成功具有决定性意义。

6.1.3　超高层城市综合体交通流线组织的特征

1. 立体性

由于超高层城市综合体建筑是在有限的基地面积上的高密度开发，又具有极其复杂的交通流线和多元功能，再加上城市交通量迅速增加，这就使得原有二维的交通流线组织方式已不能满足现今的设计需求，交通组织日益立体化的发展，使得立体化交通组织形式越来越多地被采用，它能有效地节约土地资源，多维度地利用城市空间。

立体化交通组织采用地上、地下、空中三个层面相结合立体化的交通组织方式，并且与周围城市立体交通相互连接，形成整体化的交通与空间体系。它将不同的竖向功能有机组合起来，与地面街道、地铁、高架交通、停车场等联系起来，形成空间交通网络。这种交通组织形式通过人流车流在不同空间高度的组织，减少或避免了不同交通之间的干扰，缓解了日益繁重的地面交通压力，提高了空间利用效率，形成了安全而富有活力的城市空间。目前，在城市交通体系建设较为完善的城市，这类交通组织在超高层城市综合体建筑中正得到日益广泛的应用，欧美、日本等不少发达国家的超高层城市综合体建筑通过实践，已经取得了大量的经验。

如北京的中国国际贸易中心（一期）中，将 150m 高的办公楼、中国大饭店及展览大厅三幢主要建筑坐落在一个 2 层高的大裙房基座上，基座成为高架广场的同时，又构成了三面环抱的庭院空间。广场上设置各建筑入口，将机动车通过坡道引向广场，而人流可以上二层亦可以在一层进入不同功能的空间。国贸中心的广场同时也兼停车功能，通过立体交通广场的方式解决不同交通目的的人车分流，同时也改善了室外空间环境。

2. 多样性

由于超高层城市综合体建筑的公共性和城市性，它的部分空间与城市空间相互咬合，或是承担原属于城市的某些职能，这为建筑带来了城市的公共人流。加之超高层城市综合体建筑复合多样的服务功能，必然对应着更多样的使用人群。这些人群采取不同的交通方式抵达基地，又各有不同的交通目的，相互之间应避免交通线路的交叉干扰；同时这些人群本身又带有功能使用的复合性，比如以办公为主要目的的人群也有商业娱乐和居住的需求，购物与步行交通、参观游览与休闲社交等行为可以互相兼容，这其实源于城市社会生活的多元化。此外，各功能子系统对交通环境的要求也各有不同，对闹静程度、人流量大小、公共性与私密度的要求都存在差异；同时，各功能子系统交通流量出现峰值的时间，分布的区域也各有不同，以上诸点都使得超高层城市综合体建筑交通流线组织具有复杂而多样的特性。

3. 关联性

综合体建筑的各功能子系统需要依靠基地内的交通组织来进行区域的划分，同时也需要彼此之间的连接和串通。如果人流在各功能区内行动受限，不能形成基地内的有效流动，那么综合体的整体效益势必会受到影响，这也有违综合体建筑融合多种功能空间的初衷。这种功能单元间的串接、渗透和延续是交通流线组织相互关联的动因。它实际源于城市生活之间本身存在有机联系和便捷性需求。例如北京银泰中心，通过架空中庭、空中连廊、屋顶平台、地下空间将办公、酒店、宴会、商业各种功能系统紧紧地串接在一起。

4. 高效性

由于超高层城市综合体建筑的各种交通行为集中发生的时间区段和峰值时间不同，它们的集约设置和立体布局大大提高了城市土地开发和交通运营的容量，使得基地内各种交通设施可以得到全时化更为合理充分的利用，从而更为有效地利用了城市的土地资源，提高了交通组织的效率。如与单一办公功能的建筑相比，停车场在下班后会有许多空位，但综合体建筑中的大停车场因为晚上有住公寓、旅馆的客人停车，提高了停车场的利用率。

此外，在人口日益剧增、生活工作节奏不断加快的今天，由于超高层城市综合体建筑对各种功能的复合，满足了人们对社会生活的多元需求，大大缩短了在城市中分散功能之间往返的交通流动量和时间，在高层综合体建筑内部就实现了紧凑、高效、便捷的交通运转。

6.2　超高层城市综合体交通流线组织的空间模式

6.2.1　交通流线组织与空间系统的关系

交通流线的组织最终要通过建筑空间的载体才能得以形态表达，这些空间与不同目的的交通流线对应而形成系统。超高层城市综合体建筑的交通流线设计是在有限的空间内有效组织不同性质的交通集散，同时对建筑空间有所增益，形成舒适的交通环境。从设计上说就是要将交通流线的组织与设计结合空间序列、层次及空间结构的安排逐次展开，以保证流线的组织符合人们在建筑内使用各种分功能的行为模式。

交通流线组织的空间系统可以分为：

1. 从功能布局上而言，即是建筑各种主要功能的交通流线组织所对应的空间系统，即通过一定的交通组织安排，将各功能子系统构成有机联系、秩序井然、结构清晰的空间系统。

2. 从空间组织的系统上来说，按照由系统外到系统内的空间序列，交通流线组织的空间系统有以下几个层次：

（1）项目地块与城市接口的交通流线组织所对应的空间系统：超高层城市综合体建筑空间作为城市空间结构的有机构成部分，处理好建筑交通空间与城市交通空间的关系与衔接是首要问题。

（2）基地外部与内部衔接的交通流线组织所对应的空间系统：城市交通向建筑各功能子系统内部交通空间体系转换的过渡空间。

（3）建筑内部的交通流线组织对应的空间系统：超高层城市综合体建筑各功能子系统内部的交通空间组织，这是比第二层面更低一层次的空间系统组织，即在各功能单元内部以厅、廊等空间组织要素建立各功能使用空间的合理区划与联系。

6.2.2　交通流线组织空间系统的空间层面

从空间层面分析，超高层城市综合体交通流线组织的空间系统可以看作由点、线、面组合成的有机整体。（表6.2.2.1）

交通流线组织的空间系统的空间层面　　　　　　表6.2.2.1

	空间层面
点	是交通流线的起点和交叉点，即可以分为端点、节点、中心空间
线	指交通流线的线型空间，即路径、指向和连接点空间
面	无指向性的二维延展空间

6.2.3　交通流线组织的空间模式的含义

模式顾名思义是标准的样式。交通流线组织的空间模式是指对应各种交通流线组织的具有一定规律性和普遍性的空间样式及其组合方式。这种空间模式的规律性是形象上的而非实质性的，是对前人积累的经验的抽象和升华，是从不断重复出现的实例中发现和抽象出的规律，是对解决问题经验的总结。同时这种空间模式对设计来说是一种指导，有助于设计任务的完成和优秀方案的形成，以达到事半功倍的效果，从而得出解决问题的最佳方案。

6.3　项目地块与城市接口交通流线组织的空间模式分析

超高层城市综合体建筑空间作为城市空间结构的有机构成部分，处理好其交通空间与城市交通空间的衔接关系是首要问题。下文将"项目地块与城市接口交通流线组织"简称为接口，每一种接口的空间模式都对应于一类城市公共交通系统与建筑交通系统的衔接关系。

6.3.1　模式归纳分析

1. 接口点空间模式

接口点空间模式是指城市交通与建筑交通以空间层面上的"点"发生沟通、连接和汇集。这个"点"表现为界面上虚的开口或是实体的交通设施。具体模式见表6.3.1.1。

接口的点空间模式　　　　　　表6.3.1.1

接口空间模式	交通方式	具体样式	图式	对应衔接的城市交通方式
道路开口	步行	道路中段开口		城市道路地面人流
		道路交叉口退让		
	人车混行	车流单向入口		城市道路地面人、车流
		车流单向出口		
		车流双向出入口		
		车流单向出入口并制		
开敞竖向交通设施	步行	室外大台阶		城市地面人流
		坡道		
		自动扶梯		
	车行	向上坡道		城市地面车流
		向下坡道		

续表

接口空间模式	交通方式	具体样式	图式	对应衔接的城市交通方式
开敞竖向交通设施	人车立体分流	人行空中接口与车行地面或地下接口		城市地面人、车流
		人行地面接口与车行空中或地下接口		
		人行地下接口与车行地上或地面接口		
建筑内部	步行	建筑内部与城市地铁相连的接口		

2. 接口线空间模式

接口线空间模式是指城市交通与建筑交通的接口呈现空间层面上的"线"空间形态。按照"线"空间与建筑的平面关系，又分为"平行式""垂直式""环绕穿行式"几种样式。具体模式见表 6.3.1.2。

接口的线空间模式　　　　　　　　　　　表6.3.1.2

接口空间模式	交通方式	具体样式	图式	对应衔接的城市交通方式
平行式	步行	与城市步道的平行连接		城市地面、空中步行人流
	车行	以临时停靠为目的的穿过式车道		城市地面、空中的出租车流，公共巴士停靠站点车流即其他临时停靠穿过式车流

续表

接口空间模式	交通方式	具体样式	图式	对应衔接的城市交通方式
环绕穿行式	步行	穿过建筑的城市步道		城市地面、空中步行人流
		建筑之间的空中廊道		来自其他建筑内部的步行人流
		连接城市轻轨站点的空中廊道		来自城市公共交通站点的换乘人流
		穿越建筑的地下步行街或开敞下沉步道		城市地面、地下步行人流
	车行	穿过建筑的车道		城市地面、空中车流
		利用绿化环岛在建筑入口与城市道路之间形成小型绕行广场		临时建筑入口门厅的城市地面车流

3. 接口面空间模式

接口面空间模式是指城市交通与建筑交通以空间层面上的"面"发生勾通和连接，主要指"广场"。这种接口面空间模式往往结合点空间模式和线空间模式共同设置。按照空间的立体分层又可分为以下几种样式：地面广场、下沉广场和屋顶广场。按照交通方式分有步行广场和车行广场。车行广场是指以组织车行交通为主、步行交通为辅的广场。

具体模式见表 6.3.1.3。

接口的面空间模式　　　　　　表6.3.1.3

接口空间模式	交通方式	具体样式	图式	对应衔接的城市交通方式
地面广场	步行/车行	地面入口广场		城市地面步行人流、车流

接口空间模式	交通方式	具体样式	图式	对应衔接的城市交通方式
地面广场	步行 / 车行	地面架空广场		城市地面步行人流、车流
		地面内凹广场		
下沉广场	步行 / 车行			城市地面步行人流、车流
屋顶广场	步行 / 车行			城市空中步行人流、车流

6.3.2　影响因素及适用范围

项目地块与城市接口交通流线组织的空间模式主要受到以下几个因素的影响：

（1）城市立体公共交通系统

接口交通流线组织的目的是为了将城市公共交通系统中多样的人流、车流快速便捷有效地引入建筑基地，同时也将基地中的人流、车流导出至城市。那么城市公共交通系统的内容和类型就决定了要与之适应的接口空间模式。这种对应关系并不是唯一的，一种城市公共交通方式可以对应多种接口空间的承接模式。伴随着城市公共交通系统立体化发展，接口空间模式也逐渐立体化和多样化。接口空间模式的立体化主要体现在两个层面：

①立体链接城市公共交通系统

城市公共交通系统，主要分为城市步行交通系统和城市车行交通系统。其具体类型和与之适应的接口空间模式如表 6.3.2.1。

城市公共交通系统与接口空间模式的对应关系　　　　　表6.3.2.1

城市立体公共交通系统			与之适应的接口空间模式
城市立体步行交通系统	地面	地面人行道	道路开口；开敞竖向步行交通设施；穿过建筑的城市步道；地面广场；下沉广场；屋顶广场
		地面广场	道路开口
	空中	空中人行道	开敞竖向步行交通设施；穿过建筑的城市步道；屋顶广场
		过街天桥	开敞竖向步行交通设施；穿过建筑的城市步道；屋顶广场
		城市轻轨站	空中廊道
		因地形高差形成的高架城市广场或绿地	开敞竖向步行交通设施
		其他建筑中的公共空间	空中廊道
	地下	地下通道	开敞竖向步行交通设施；建筑内部；下沉广场
		地下地铁站	开敞竖向步行交通设施；建筑内部；下沉广场
		因地形高差形成的下沉城市广场或绿地	开敞竖向步行交通设施
城市车行交通系统	地面	地面车行道路	道路开口；开敞竖向交通设施；平行式、垂直式、环绕穿行式车行道；车行广场
	空中	高架车行道路	开敞竖向交通设施；垂直式、环绕穿行式车行道；屋顶广场
	地下	下穿车行道路	环绕穿行式车行道；下沉广场
交通枢纽	立体	各快速交通线换乘站	建筑室内；广场

②在接口交通流线组织时立体分流地面人、车流

主要依靠接口模式中的开敞竖向交通设施和立体广场实现地面人流、车流的立体分层组织。

（2）建筑功能子系统

接口的空间模式一边联系的是城市公共交通系统，一边联系的是基地出入口或建筑出入口。因此它也受到超高层城市综合体建筑功能子系统布局方式和功能使用的交通需求的影响。不同的功能子系统对交通方式、建筑入口的交通量大小，交通流线的独立性，交通入口的共享复合性都有不同的要求。

例如，办公功能子系统一般安排在超高层城市综合体建筑中的塔楼部分，从首层空间形态来看，在项目基地范围内属于点空间存在，那么它与城市道路的接口也就相应呈点空间接口模式或线空间接口模式。此外办公功能子系统一般都要求独立的客流落车空间和步行入口。如果办公功能布局临城市道路设计，那么就必然有环绕穿行式线空间接口模式和城市道路开口的接口模式来满足其交通需求。

再如商业功能，一般可与餐饮、娱乐、休闲等功能复合存在，位于超高层城市综合体建筑的底层裙房中，都具有较大的营业规模，会给项目基地带来大量的人流。因此就相应考虑在其与城市道路之间设置面空间接口模式，组织出入口人流交通，保证大量人流的疏散的要求，形成有活力的城市开放空间。

又如超高层城市综合体建筑的塔楼中常常竖向层叠不同的功能子系统，比如酒店和办公的复合，而这些不同的功能子系统都要求有独立的入口空间，较好的做法是在基地入口首层实现立体分流，以保证各功能子系统互不干扰，因此就需要设置开敞立体交通设施和立体广场的接口模式。

在设计超高层城市综合体建筑的接口交通流线组织时，应要充分考虑各功能子系统的交通需求和布局位置，因地制宜地选择合适的接口空间模式。

各功能子系统对接口的交通需求如表 6.3.2.2。

表6.3.2.2

功能子系统	接口空间的交通需求	适应的接口模式和位置
商业购物娱乐	人流量达，高峰时间长，需要最大限度地吸引和吸纳人流，需要出租车和私家车停靠点以及地下车库	点接口模式中的立体交通设施，线接口模式中的平行式接口，面接口模式即广场；接口需位置醒目，如城市道路交叉口、城市主干道
办公	人流目的性强，对周边建筑环境熟悉，早晚出现高峰。需要一定的广告性且避开其他无关人流。需要出租车和私家车停靠点及地下车库	点接口模式中的道路开口和线接口模式中的环绕穿越式。接口位置灵活
酒店旅馆	人流目的性强，对周边环境不熟悉，需要避开主要人流，要既醒目又保证安静的交通环境。需要出租车和私家车停靠点	点接口模式中的道路开口和线接口模式中的环绕穿越式接口位置醒目，但要远离商业入口广场
住宅	人流目的性强，对周边环境十分熟悉，需要隐秘的交通接口和安静的交通环境。需要地下车库	接口模式中的道路开口和立体交通设施；位置较隐秘
会议展览	人、车流集中，交通量大，对城市交通影响大。需要较大的集散和缓冲空间	线接口模式中的环绕穿越式，面接口模式即广场；远离城市主要干道
后勤辅助	人流高峰明显，人流十分熟悉基地情况，目的性强。应与顾客人流明显分离，设置在较隐蔽的位置。用地紧张时可结合车库设置在地下	点接口模式中的立体交通设施，线接口模式中的环绕穿越式；位置隐秘，临辅路或基地内部
货流	需要设在较隐蔽的位置，可结合地下车库设计	点接口模式中的立体交通设施，线接口模式中的环绕穿越式；位置隐秘，临辅路或基地内部
车库	各功能子系统的车库需要结合接口设置独立出入口，且避开主要人流	点接口模式中的立体交通设施

（3）基地周边道路情况和交通环境

基地周边道路也是接口空间模式设置的制约因素。周边道路的数量、交通通行能力、城市道路等级、单双行的方向性、步行街对车辆的限行等都影响着接口空间模式的设置。

基地周边交通环境的客观因素包括基地所处的自然条件状况以及与周边环境的关系等。不同气候、日照、采光、朝向、地形地质条件下入口形态须区别处理，而周边道路、交通组织、相邻建筑也会对接口空间造成很大程度的影响。

（4）城市规划及规范要求

接口空间模式在设置时要满足来自城市规划、消防、法令法规方面的压力，需要解决复杂繁多的问题，如道路交叉口、消防车道、地下车库等。

6.3.3 接口各空间模式的组合运用

由于超高层城市综合体建筑交通流线组织的复杂性，接口的点、线、面空间模式常常需要组合设置，或在平面上沿基地边界组合，或在垂直方向上层叠组合，以达到接口交通流线组织的最优化，形成超高层城市综合体建筑交通流线组织的外环线。

接口空间沿项目基地边界的平面组合形式，有以下两种：（1）零散独立布置；（2）结合消防环线环通布置。又根据基地外围道路的情况分为内侧环通和外侧环通两种类型。内侧环通是指，当基地周围都分布有城市道路时，各接口空间沿基地边界零散布置，同时通过消防环路联系在一起，消防环路位于接口空间的内侧。外侧环通是指当基地周围的城市道路较少时，接口空间不能与城市道路发生联系，只能通过消防环线的设置发生间接联系，消防环路充当城市道路而位于接口空间的外侧。

6.4 项目地块内的交通流线组织的空间模式

前文论述过项目地块内交通流线组织的空间系统又分为外部与内部衔接的交通流线组织的空间系统以及内部交通流线组织的空间系统。外部与内部衔接的交通流线组织的空间系统是城市交通进入建筑内部功能使用单元的过渡空间，表达的是各功能子空间系统之间的关系，是超高层城市综合体建筑综合功能的核心和意义所在。

6.4.1 外部与内部衔接的交通流线组织的空间模式

1. 线性空间模式

是指以线性空间为核心组织各功能流线空间的模式。线性空间模式可以说是综合体建筑的最初模式，其早期形态包括建筑群体沿路分布、城市公共步行区被纳入建筑室内而作为综合体建筑的内线划分等。这种流线组织的空间模式方向性明确，各功能子系统有机分布在线性两侧，既保证远离中心线一侧的交通独立性，又能通过中心线一侧与其他功能子系统发生联系，形成一个整体有机的公共交通系统。线性空间不仅是指直线，也包括折线、曲线等空间形态。线性空间模式按照线性的基本单元和组合又可分为单线模式和双线或多线组合模式。

（1）单线模式：

单线模式是指所有的功能系统交通空间大致沿一条线排列的模式。这种形式的流线走向明确而具有连续性与秩序感，空间上缺少核心，在有的情况下这种线性空间本身就具备了核心的意义。按照线性空间的交通组织方式又分为车行单线模式和步行单线模式。按照空间的方向性又分为水平方向上的单线连接和垂直方向上的单线连接。

车行单线模式：线型空间为各功能子空间的车行流线组织，其步行流线通过上级交通系统中的不同接口模式沿建筑外围边界进入建筑，或通过基地内绕行的消防环道进入各功能子空间。线性空间具体表现为基地内的车行道路。

步行单线模式：线性空间为各功能子空间的步行流线组织，车行流线（客、货）通过上级交通系统中的不同接口模式或通过消防环道来组织。线性空间具体表现为室内外步行街。

水平方向上的单线模式，指以水平的线性空间串连各功能流线的方式。即各功能交通流线的节点空间、中心空间、接口空间，沿一条水平中心线依次排开。节点空间多指垂直流线与水平流线的交点，如塔楼中包含电梯厅的入口大堂；两条不同的功能流线的交点，如餐饮和酒店功能的共享大堂；地面交通与地下交通的转换点如地下车库出入口等。中心空间多指室内外交通转换的入口大堂；水平垂直流线交通转换的中庭空间。

以金融街 B7 大厦为例，它的建筑规模为 22 万 m²，是集办公、会议、交易中心等功能为一体的金融办公综合体。它由两座塔楼，两座群楼沿中心线型中庭组合而成。各功能流线沿场地外围与区域道路之间有独立的车行、步行接口，同时通过中心线型中庭相互贯通。它既是各功能人流汇集、疏散、沟通，转换的核心交通空间，也是穿行建筑连接场地南北两侧街道的城市步行道。在这个项目中，线性空间也是整个综合体建筑群的核心空间，具有中心的意义。

垂直方向上的单线模式，指高层建筑在竖向空间上垂直分层分布多种功能空间，每种功能空间水平公共流线与垂直流线的交点，即入口大堂或空中中庭或屋顶广场都连接在垂直交通线上。这条垂直交通线是塔楼交通组织的中枢，可细分为多个组别。需要联系在一起的功能子系统串接在同一组竖向交通流线上，而需要分离的功能子系统则连接在不同组的竖向交通流线上，各个组别在地面层或近地面层实现各功能人流的分离。超高层建筑由于其高度的优势，占地面积较小，能为基地留出更多的交通转换和绿化广场。因此其车流和各功能入口人流的组织一般通过上级交通空间系统中的接口面空间就可以解决。

国内早期竖向混合功能塔楼的典型实例就是上海金贸大厦。88 层高的金贸大厦以金融办公为主，集酒店、展览、会议、观光、娱乐、商场等综合设施为一体的现代化、智能化的超高层建筑。其第一～五十层为办公，设五组 26 台电梯。五十一～五十二层为机电设备层，第五十三～八十七层为酒店，从五十六～八十七层设计高空共享中庭。酒店部分五十四～五十六层为酒店大堂，餐厅和康体设施，八十六～八十七层为俱乐部和餐厅。八十八层为观光层。

（2）双线或多线组合模式：

上述单线模式是线型空间模式的基本单元，通过单线模式之间组合，可形成更复杂的线性空间模式。

①线性水平并制模式

两条或多条单线空间平行并制，每条单线都组织有部分功能子系统的交通流线空间。靠外侧的功能空间系统只有其中一条单线发生联系，靠内侧的功能空间系统与两条单线都发生联系。在组合的过程中，单线可以是车行单线，也可以是步行单线。

以上海恒隆广场为例：上海恒隆广场是集零售、休闲、娱乐、办公等功能为一体的超高层城市综合体项目，该项目以一条双向车行线和一条室内立体线性中庭组织各功能系统的人流、车流。室内线性中庭作为南京西路步行街的室内延伸是商业裙房人流组织的核心空间，连接三个入口中庭节点，并与室外车行道路以路径串通，保证两者之间的人流沟通（图 6.4.1.1）。室外双向车行线是组织各功能系统车流、办公人流的核心空间，两幢办公塔楼分居车行线的两侧，并临近两端。同时车行线还串接室外停车场、商业裙房、车库出入口等节点和功能使用单元。室内、室外两条并制线性空间承担不同功能系统的交通组织内容，在有效分离的同时，又有所连接，保证了综合体项目整体清晰、简洁的交通流线组织。

②线性鱼骨交叉模式

多条平行并制的线性空间组织各种不同的功能流线，再以一条垂直的线性空间将

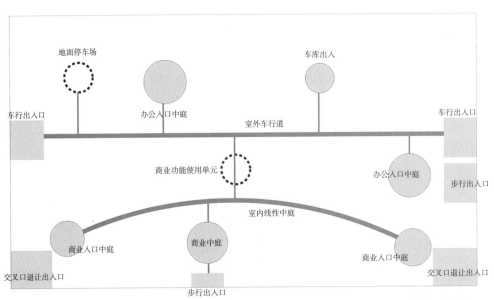

（a）双线水平并制的空间模式示意分析图

图 6.4.1.1　上海恒隆广场双线水平并制的空间模式分析
图片来源：图（a）作者自绘；图（b）为作者自摄；图（c）来源于互联网

（b）基地中部的双向车行线

（c）裙房立体线型中庭

它们连接起来，形成平面网络状的空间系统。

以北京华贸中心为例：华贸中心坐落于东长安街国贸以东 900m 处，是分期开发建设的集商业、居住、休闲、办公、酒店等综合功能为一体的超大规模超高层城市综合体建筑集群，具有地标性质。华贸中心以两条东西向的车行线将地块分为三个区域，以其统领的建筑功能可命名为北部住宅区、中部酒店零售区和南部办公区。住宅区与零售酒店区之间的车行线沟通地块东、西的华贸东路和西大望路，组织住宅商业裙房、购物中心、两幢酒店的人流、车流的出入、停留，并连接地下车库的出入口节点；办公区与零售酒店区之间的车行线沟通地块东、南的华贸东路和建国路，组织办公建筑群，两幢酒店的人流、车流出入、停留，并连接地下车库的出入口节点。住宅区内部围绕一条东西向的线型下沉绿化广场为核心空间组织各住宅楼、会所、商业的人流交通。三个区域通过三条东西向的线型空间有序、清晰地组织各功能交通流线，并通过一条西南、东北走向的步行街将三者串连在一起，沟通起三者之间的人流交通。这条斜向步行街分别连接建国路与西大望路交叉的入口退让广场和住宅区会所前的公共广场。西南入口广场上连接有地铁出入口。步行街上还串连有购物中心的入口广场。

③线性立体分层模式

多条平行并制的线性空间通过不同的标高层组合成立体的线性空间系统。以北京东方广场为例：

北京东方广场地处东长安街与王府井大街交叉口处，是集零售、文化、休闲、娱乐、办公、居住、酒店为一体的城市大型高层综合体建筑群，由 8 幢办公建筑、2 幢公寓建筑、1 幢酒店建筑组成。13 座高层建筑的底部连成一个完整的基座，为商业购物中心东方新天地。围绕基座的消防环线，结合基地与城市道路的接口设置，保证各功能子系统面对城市的独立出入交通。再通过基座内部和顶部两条垂直相叠的线性空间组织各功能之间人流、车流交通的集散、联系和转换。基座内部以一条串接 5 个主题中庭的立体线性中庭组织来自城市道路、地铁的商业人流，并通过路径与其他功能建筑的地面层中庭相连，同时也作为连接王府井大街和东单北大街的城市公共步道。基座的顶部为各幢建筑间的屋顶花园广场，它呈线型分布，串接与基座内主题中庭对应的 5 个环形小广场，以坡道与地面层环路相接，组织各幢建筑的车行交通和屋顶层出入口停留空间。

2. 环线空间模式

环线空间模式是线性空间模式的一种发展，当线性空间不仅沿两向延伸，而且首尾相接形成循环沟通的环路时，即成为环线空间模式。环线空间模式各功能子系统的交通系统都串联在环线上，并依次连接形成整体。环形空间模式通过一条或多条环路沟通各功能子系统，比线性空间模式具有更强的凝聚力，各功能子系统之间的联系也更加紧密。环形空间由于其围绕的形态，自然形成环线内侧，环线外侧两类公共性具有差异的空间。环线内较为私密，环线外较为公开。通常情况下环线内形成步行交通系统，环线外形成车流交通系统。环线的具体形态不仅包括规则的圆形，也包括各种构成循环连接的自由曲线。从环线的数量上也可分为单环线和复合环线空间模式。

以杭州市民中心为例，它是环线空间模式的典型案例。

杭州市民中心位于杭州市新 CBD 钱江新城的核心区，规划总建筑面积 45 万 m²。该中心是以行政办公和政府对外服务为主，兼具商务贸易、金融会展、文化娱乐、商业服务和市民参观旅游功能的大型高层综合体建筑群。它以三条同心的环线将建筑基地分为外环裙房区、中环办公主楼区和内环会议中心区三部分。地面车流通过项目基地边界的四个接口进入基地，再经由两条外环道路到达各建筑入口落车空间。在南北向景观通透以及人流贯穿方向，南面只安排贵宾车辆通道，北向主要车流下穿地下，连接地下一层的车库空间；东西向作为地面车流交通主要出入口，地下车库出入口设置在入口部位，避免将车流引入内环。内环为较安静的人行环线广场，并与中心底层架空的会议大堂连接在一起，形成室内外互相渗透的公共活动片区。

3. 中心型空间模式

指以一个空间形状完整，规模较大的广场或中庭为整个综合体交通组织的核心，各个功能空间流线围绕其展开，且环绕连接在中心周围的空间模式。这种交通空间组织的特点是核心空间十分突出，具有凝聚力和向心力，可将所有的功能子空间连为整体，并形成环形流线。这种空间模式适应性强，适合于各种基地状况。尤其在交通流线复杂集中的项目，更能体现出利用中心来统一交通空间的优越性：它既能保持各功能子系统空间的独立性，又能保证人流、车流的分配、连接、沟通和疏散。同时这种大型核心空间作为建筑的活跃因素，为超高层城市综合体建筑提供了舒适、通透的空间环境，是现代城市高层建筑综合体设计中常采用的交通组织空间模式。

按照中心空间的交通组织方式，又分为车行中心模式、步行中心模式、人车分流组织中心模式。

● 车行流线组织：中心空间为各功能子空间的车行流线组织，其步行流线通过上级交通系统中的不同接口模式沿建筑外围边界进入建筑，或通过基地内绕行的消防环道进入各功能子空间。

● 步行流线组织：中心空间为各功能子空间的步行流线组织，车行流线（客、货）通过上级交通系统中的不同接口模式或通过消防环道来组织。

● 人车分流组织：在中心空间以平面分流或立体分流方式组织各功能子系统的人、车流线。具有独立使用需求的功能系统仍可使用上一空间层次的接口空间与城市道路发生联系。

中心型空间模式又可按照中心的具体形式分为开敞空间中心模式，即虚中心，以及大型公共空间中心模式，即实中心。

（1）开敞空间中心模式

以开敞空间为统领，综合各功能交通流线组织的核心空间。这种开敞空间表现为各种室外广场。按照广场的形态，作为交通空间组织中心的室外广场又可分为平面广场、架空广场、屋顶广场、下沉广场、立体广场等。各功能子系统围绕室外广场布置，其竖向流线与地面水平流线交叉的节点空间与广场依次相连。同时中心广场也是人、车流分配、沟通、连接、转换的场所。

以上海商城为例，它是以架空广场为中心组织人、车、货流的典型案例：波特曼设计的上海商城位于南京西路，是一个集展览、办公、旅馆、公寓、商业、剧场、餐厅为一体的超高层城市综合体建筑。该建筑以一个巨大的架空广场为交通空间组织的核心，复合有环形流线的车流和人流（图 6.4.1.2），各功能入口前的落车空间、出租车停靠站、地面停车、地下车库出入口、二层商业步行环廊，通往上海剧院和地下超市的竖向交通设施，使各功能交通流线均衡、有序，是中心环绕式交通组织的典型案例。

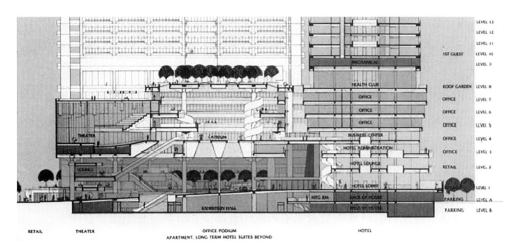

（a）底层架空广场剖面图
图片来源：《世界建筑导报》2002 年 Z2 期，p28，作者改绘

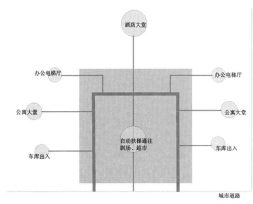

（b）以架空广场为具体表现的中心型空间模式示意分析图
剖面图
图片来源：作者自绘

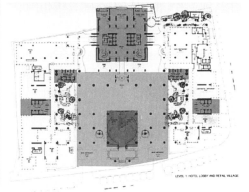

（c）总平面图
图片来源：《世界建筑导报》2002 年 Z2 期，p30，作者改绘

图 6.4.1.2　上海商场中心型空间模式分析

以索尼中心为例，它是以步行广场为核心组织各功能子系统建筑流线的典型实例。

柏林索尼中心是美国建筑师赫尔穆特·扬（Helmut Jahn）著名的作品。索尼中心包括索尼集团欧洲总部、电影媒体中心、办公出租设施、商业零售、住宅公寓、休闲及娱乐设施等，建筑面积约 21 万 m²。索尼中心由 7 栋较为独立的建筑围合而成，以椭圆形的中心广场——"论坛"（Forum）为核心，通过多条步行道与城市道路连接，组织，分配，汇集来自城市的各种人流，既是步行连接各功能子系统建筑的中心空间，又是城市公共活动的集会场所。通过顶棚的设计、步行交通路径组织和内外交融的动态空间的序列安排，建筑师强化了这一高层综合体建筑群核心空间的连续性与完整性，为柏林市民提供了一种全景式的视觉体验。

（2）大型公共空间中心型模式

以某个大型公共空间为核心，围绕其布置各功能空间，并形成多重环形流线组织的空间模式。这个大型公共空间可以是室内中庭，也可以是具有使用功能但首层开放的建筑实体。

以澳大利亚墨尔本中心为例，它是以室内大型中庭组织人流动线的典型实例，黑川纪章设计的墨尔本中心坐落在墨尔本市中心商务区内，是集办公、商场、多功能娱乐设施为一体的高层综合体建筑。它的特殊性在于场地内有一座古建筑文物必须保留，还需处理好建筑与地铁出入口的关系。设计者构建了一个覆盖古建筑文物的既属于综合体又属于城市公共的锥形透明中庭，使之深入地下二层，进而延展至地铁站大堂，连接城市公共交通。形成综合体建筑人流交通转换、集散和公共活动的中心，有机地将古建筑文物、商业娱乐设施和城市交通连接在一起。

再以北京来福士广场为例，北京来福士广场是集办公、零售、住宅、公寓为一体的大型超高层城市综合体项目，它以商业裙房的通高中庭为中心，连接办公大堂、住宅会所大堂，组织地面人流的公共活动。中庭中心是一个直插建筑顶部和地下一层的水晶玻璃体，将来自城市地铁的人流引入商场内部。车流通过地面接口在场地边界形成各个客流落车空间或进入地下车库环行系统，使得场地内部围绕商业中庭形成丰富的人流活动场所。办公塔楼与商业裙房之间的夹缝空间，既正对城市道路交叉口，形成退让广场，吸引城市人流，又提供了一条连接城市与项目背后住宅区的公共走廊。夹缝中部的玻璃水晶体既连接商场和办公楼，又形成办公塔楼的入口大堂。住宅会所位于裙房顶层，环绕商场中庭外侧，连接两座住宅板楼，并在一层设直达顶层的入口门厅。商业裙房的屋顶围绕中庭的玻璃顶形成屋顶花园广场，并形成连接三座塔楼的空中环路。

4. 中心放射型

线空间模式和中心环绕型空间模式是超高层城市综合体交通流线组织空间模式中最为基本的两种方式。它们之间的组合可以形成中心放射型模式。中心放射型指各功能空间交通流线的排列路径是由一个中央公共点，即核心空间，朝着几个方向延伸出去。在各方向上分别形成类似于城市次中心的节点空间。从空间形态上来说有 Y 形，T 形，L 形，十字交叉形等。但是这种交通组织的空间形式在超高层城市综合体建筑中的运用空间布置不够灵活。为了避免这种放射形的流线通常易形成迂回的情况，很多综合体运用庭、厅等空间节点形成对人流的吸引，保证流线的连续。在节点与端头之间的路径也可在中部适当拓宽，布置景观、休息等设施，减轻冗长与单调感。

以上海港汇广场为例，它是中心放射型交通流线组织空间模式的典型案例。港汇广场是集零售，休闲，娱乐，服务式公寓和办公为一体的高层综合体建筑项目。它以一个入口圆形中庭为中心吸引城市人流，平行场地西、南两侧的道路方向发散出呈 L 形交叉的两条线型中庭，以组织商业人流，两条线形中庭对称连接两幢办公塔楼。紧

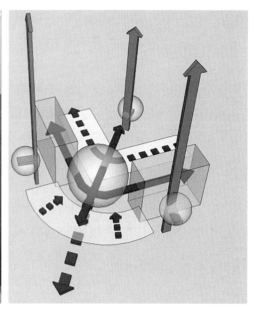

图 6.4.1.3　上海港汇广场中心放射型空间模式分析
图片来源：左、中图互联网，右图作者自绘

贴线型中庭的是 L 形商业内街（图 6.4.1.3），沟通场地北侧和东侧的道路。与此同时，由中心中庭出发，以 L 形的中轴线联系地铁站城市人流和服务式公寓底层商业，人流通过这样一个中心放射形的交通空间可便捷地到达各个子功能系统，并与城市公共交通存在多个接口。车流则通过沿场地边界的消防环道进入各建筑前客流落车空间和地下车库。

　　再以北京主语城为例，主语城是 T 形交通流线组织空间模式的典型案例。北京主语城是中信、首创在政务区的中心地段首体南路投资建设的一个面积 42 万 m² 的超大规模项目，定义为复合型现代化社区，其中包括了高档住宅、写字楼、商业、酒店等全功能业态。两条 T 字交叉的绿化道路将基地分为三个区域，南北向道路将基地划分为西区住宅组团和东区公建组团，而在集合写字楼、会所、酒店的公建组团，又通过正中的广场道路分成南区和北区，两条道路的交汇点是会所及会所前的喷泉广场。城市人流、车流主要通过 T 字交叉的道路端点进入项目基地。南北向的道路组织住宅区和公建区的部分车流和车库出入口，同时形成基地内部的商业休闲步道。东西向的道路正对会所，并围绕地下商业的出入口设施形成回车路线。T 字形道路结合沿场地边界的消防环道设置东侧沿街各楼的客流落车空间和南北两处公建区的地下车库出入口。公建区的地下车库在地下二层连接成一个整体。

　　以广州太古汇为例，它以十字交叉的中庭步行系统组织各功能系统人流之间的集散和联系。太古汇（TaiKoo Hui）位于广州天河中央商务区核心地段，总建筑面积 40.6 万 m²。整个项目由一座大型购物中心、两幢甲级写字楼、一个多层剧场以及广州首间文华东方酒店组成。车流沿基地周边城市道路与项目基地的接口形成各建筑入口前的客流落车空间或经由北侧入口两端的地下车库出入口进入地下车库环行系统。四座主体建筑分别贴临基地四角，中部裙房满铺，形成大型购物中心。裙房依靠底层十字交叉形的中庭步行街勾通四边城市道路，既是商业人流集散的核心场所，又是穿越基地的城市公共步道，同时，十字交叉的中庭通过路径分层连接各个主楼，将整个项目连接成一个整体。裙房顶部形成城市公共广场，包含多个文化、体育设施，供城市人流共享，同时也在空中将四座主楼连接成片。

5. 格网形

格网形的最基本形态是方格网形。方格网形的布局方式源自规整的方格网城市。随着城市建筑一体化发展，超高层城市综合体建筑也大多借用城市设计的手法进行建筑群组的空间布局和交通组织。除了方格网，格网形还包含多种变形和局部缩放的曲线格网。

格网是地块内的一种肌理，方格网形有着规则的模数，曲线格网遵循一定的变化规律或包含一定的内在生成逻辑。这种具有一定规整形的网格包含了某种瞬间弯曲传统形式的潜力，可以成为超高层城市综合体建筑中重复组织空间的模式系统。空间形式按照格网的限制，具有规则性，但同时也存在变化，除了曲线网格自身的线性变化外，比如可以删除格子的一部分，以改变领域中视觉与空间的连续性，一个格子系统可以为了界定大空间或适应基地的本性而切断，部分的格子可以移开或在基本的模式中旋转，这类处理方式能使建筑综合体的布局适应各类基地情况，并且可灵活界定出入口、交通空间，甚至允许"生长"和"扩张"，允许在肌理规则下的持续性变化。

建外 SOHO 是方格网形的典型案例（图 6.4.1.4）。

建外 SOHO（一期）位于北京 CBD 核心区、国贸桥的西南角。由 9 栋公寓、2 栋写字楼、4 栋 SOHO 别墅及大量裙房组成，配套设施包括幼儿园和会所，各种商业、餐饮、娱乐、医疗、健身、金融商务设施。总建筑面积约 70 万 m^2。9 栋公寓全部采用基底平面为 27.3m × 27.3m 的塔楼，呈九宫格网分布，并绕南北轴旋转 25°，由南至北分为三个高度层次，南低北高，解决了高层塔楼的日照间距问题和提高了居住用地的使用效率，4 栋别墅位于九宫格网塔楼的中间位置，为各种商业旗舰店和会所。9 栋公寓塔楼地下

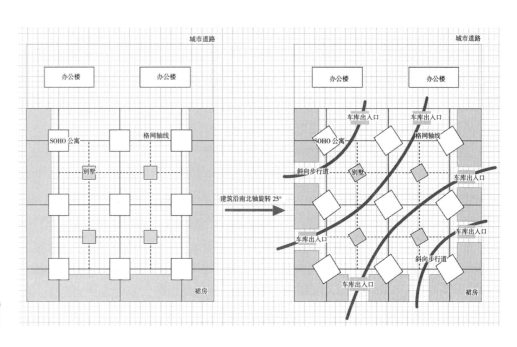

图 6.4.1.4　北京建外 SOHO
方格网形空间模式示意分析图

一层至地上三层均为商铺，三层以上为居住办公混合使用空间。项目车流通过场地周边的地下车库出入口进入建筑地下一层，基地全部出让给步行空间。4 条斜向的主步行道路串通各个塔楼和场地周边道路，与平行于建筑的格网道路形成穿插，构成丰富的首层步行体系。场地沿建筑周边挖空大量的下沉庭院，为车库提供日照，并结合各种形态的楼梯将地下一层的商铺与地面临街商铺结合在一起，形成多层次的立体人流网络。此外裙房的屋顶设计为公共花园，以空中过街天桥彼此相连，形成空中的步行体系。

6. 群组型

区别于以较为规则的几何图式紧密联接的空间模式，群组型是一种比较自由、松散，但又按照一定的内在规律组织各功能子系统交通流线的空间模式。它主要是按照各功能空间彼此联系的亲近程度来相互组合，通过轴线对位、中心控制等视线组织手法将各功能子空间连接在一起，看似无序实则有序的手法，可适应多变化的用地。具体的做法是将部分亲近的功能子空间流线按照上文中论述的几何规则连接在一起，形成具有线性，或中心型空间节点的小型群组，然后这些小型群组再通过中心节点之间的轴线对位、中心围合等方式有机地组织在一起。群组型具有很强的地形适应性，能较好地与城市周边环境发生呼应和联系，内部空间组织自由灵活，是大型超高层城市综合体建筑群组常常应用的交通流线组织空间模式。

以纽约世界金融中心为例，它是利用中心围合的方式将建筑群体的交通流线有机组织在一起的。美国纽约世界金融中心由四幢办公塔楼、两幢 9 层的跨地块连接体大楼和底层包括商业、餐饮、服务设施的裙房组成。它以一个名为"冬季花园"的室内广场为中心，连接分布在 L 形地块上的南北两组建筑塔楼和裙房。该项目所有机动车辆通过城市道路沿地块边界直接进入地下停车场环行系统，保证了地块内的人流动线不受车流干扰。每座塔楼临街道一侧有独立的入口大堂作为人行入口。北侧两栋办公塔楼之间以裙房中庭相连，并作为其人流集散、转换的中心。南侧两栋办公塔楼以一对八角形入口门楼跨地块间道路产生对位关系，并通过门楼之间的空中连廊将步行人流连接在一起。两组建筑人流通过位于地块中心的"冬季花园"交汇、连接在一起，使建筑群底层室内步行空间呈现缩放有致，有序连接的丰富性和趣味性。同时建筑群体又三面围合形成一个 3.5hm² 的室外滨水步行广场，并通过二层人行天桥与城市其他地块联系在一起。

再以南京长发中心为例，它是以中轴线组织各功能子系统交通空间的实例。南京长发中心位于南京市繁华地段中山东路上，由北侧两幢临中山东路的办公姊妹双塔，和南边两幢坐落在巨大草坡上的高层住宅塔楼组成。项目地块正对玄武湖 - 总统府 - 南京文化广场的南北向城市轴线，该项目就以这条轴线的延伸为基地的中轴，组织四座塔楼及其底层建筑空间。由于中山东路上的车流交通流量大，未在基地中山东路一侧开车行出入口，而是将建筑群体整个向南退让，形成供城市人流穿梭、休憩的入口步行广场。车流通过基地中部垂直与中轴线的内部双行道路沟通基地东西两侧的城市辅路，进入位于高层住宅草坡下的车库出入口和办公区与住宅区之间的客流落车空间。两座办公塔楼沿中轴对称分布，首层大堂南北穿通，连接北侧入口广场和基地中部道路。

两座塔楼之间的下沉广场作为城市轴线的延伸，将入口广场的城市人流沿轴线方向引入地下一层商业广场，并一直穿通至位于住宅绿坡下的商业空间。而去往住宅区的人流则通过正对轴线的大台阶门厅上至一层高的绿坡之上，再沿位于中轴线上的步行道路到达两幢住宅楼。整个绿坡是仅供住宅区私有的二层绿化休闲广场。住宅区和办公区的人流动线自成体系，又沿轴线对外关系通过基地内道路，垂直开敞交通设施，地下商业街等有序地连接在一起。

以南京绿地广场（图6.4.1.5）为例，它被城市干道中山北路分为东西两个地块，并以一条与中山北路斜向交叉的轴线作为地块间公共步行空间的核心轴组织人流动线。南京绿地广场位于南京鼓楼区鼓楼广场，是集世界最高的六星级洲际酒店、超5A涉外甲级写字楼、顶级奢侈品商业、会议、休闲、展览、观光为一体的多功能城市超高层城市综合体建筑群，建筑面积近30万 m²。整个项目被中山北路分成A1（紫峰大厦，云峰大厦）、A2（翠峰大厦绿地国际商务中心）两个地块。A1地块由一高一低2栋塔楼（主楼和副楼）及其之间的商业裙房组成。A2地块由一座办公塔楼和商业裙房组成。两个地块通过一条斜向轴线连接公共步行区，串通A1地块北侧的城市辅路，紫峰大厦裙房商业中心首层，翠峰大厦会所及购物中心大堂，直至鼓楼公园的城市步行人流，使两个地块形成融入城市环境的整体。项目地块车流沿基地边界地下车库出入口坡道进入地下车行环线系统，将地面层出让给步行人流，地下一层与城市地铁站相连，将来自地铁的人流分别引入两个地块南侧的室外绿化步行广场。两个地块建筑之间并无跨城市道路的空中步廊实际连接，但通过穿通建筑的斜向轴线紧密地链接在一起，形成室内外渗透，对视的人流步行系统。

7. 立体网络型

前面把常见的流线组织形式分析归纳为几种典型的基本模式，但是由于超高层城市综合体建筑交通流线具有多样性、复杂性、立体性的特点，只采用某一种空间模式并不能满足交通组织设计的需求。

根据实际情况，在进行交通流线组织空间设计时将以上几种类型相互综合，立体交叉，从而形成灵活而又连续的立体空间网络，是现代大型超高层城市综合体建筑设计中越来越多见的模式。以上文中的6种模式为基础，按照数学排列组合的规则，将会衍生出无限多样的新型空间组合模式。交通流线组织空间模式的组合关系概括来讲主要有以下几种：（1）主从型：是指以某一种流线组织的空间模式为主，同时辅以其他模式；（2）并置型：是指不分主次的综合采用几种类型的空间模式；（3）嵌套型：指按照上下级关系组合不同的空间模式，即以一种空间模式为主体构架，其中嵌套子一级的空间模式；（4）穿插型：指并行采用两种或两种以上的空间模式，且各空间模式之间存在复合，交叉的部分；（5）垂直相叠型：指在不同标高层上立体相叠各种空间模式。

以北京三里屯SOHO（图6.4.1.6）为例，三里屯SOHO位于北京市朝阳区工体北路南侧，南三里屯路路西，由5个购物中心和9幢30层高的办公和公寓楼组成，是集商业、休闲、娱乐、文化、办公、居住为一体的大型超高层城市综合体建筑项目。该项目汽车交通主要入口位于用地的西北端，沿着基地周边形成车辆绕行道路，并布置

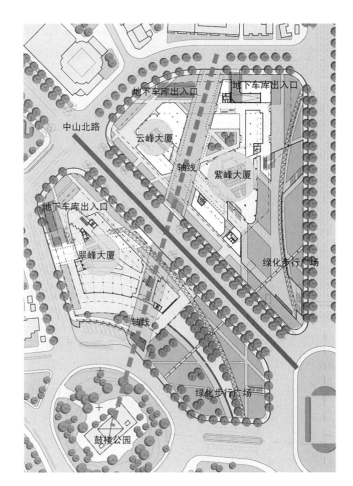 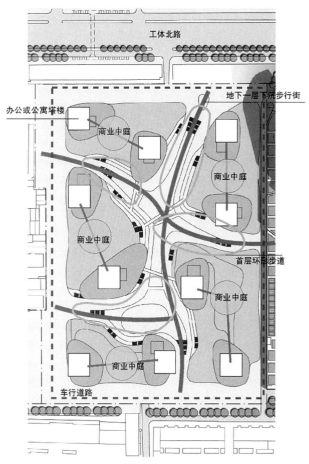

地下车库出入口坡道。车流沿基地周边绕行，停靠或下穿至地下车库，将基地内部场地出让给城市步行人流。项目基地北侧有出租车上下站及商业访客的落客区。各办公、公寓塔楼沿基地周边道路布置，可就近选择上下车地点。地下二至四层完全连通，为停车场。基地步行空间按照地下，地面，空中三个层面垂直交叠。地下一层下沉步行街以鱼骨形空间模式结合开敞竖向交通设施连接基地四周城市道路，形成四通八达的步行网络，同时将地块分为五个组团，每个组团嵌套一个以商业中庭为中心连接两栋塔楼的子一级步行系统。贯穿场地南北、东西的下沉步行街是项目建筑群的交通骨架，地下一层步行街还结合节点广场设置，为城市人流提供公共活动、休憩集散的中心场所。首层步行系统围绕下沉广场，通过廊道桥连，在五个组团裙房建筑的间隙形成环线型空间模式的步行道，将五个组团建筑的首层串接在一起。此外，五个组团商业裙房的屋顶步行广场也通过空中廊道连接在一起，形成一个空中的单线型连接体系。地下、首层、空中的步行空间通过楼梯、自动扶梯等竖向交通设施彼此沟通，为城市人流提供一个南北、东西、上下，立体多层相连的步行空间体系。

　　再以位于北京朝外大街南侧，外交部东侧的超高层城市综合体建筑项目为例，它由四幢办公塔楼组成，底层为商业、餐饮、服务等设施，是一个统一设计分别开发管理的综合体项目。四幢办公塔楼分别为：中国人寿大厦、丰联广场、联合大厦和泛利大厦。四座塔楼分立基地的四角，紧贴周边道路，并向内围合成中心场地（现作为各

图 6.4.1.5　轴线组织群组空间模式的示意分析图（左）
图片来源：作者改绘

图 6.4.1.6　三里屯 SOHO 立体网络型空间模式的示意分析图（右）

塔楼室外停车场使用），同时利用建筑间隙形成十字交叉形的首层步行系统。在周边城市干道交通压力大，基地内部用地紧张的情况下，在基地临外交部南街和朝外市场街一侧设下穿汽车坡道，同时也是基地的车流出入口，将穿行车流引入地下一层环线型空间系统，并面向四座塔楼设置客流落车空间，减轻建筑首层的车行交通压力。设计在地上二层以环线型步道沟通四座塔楼的商业空间，但最终因实际管理应用问题没有实现，但从设计角度而言，该项目是从地下一层、地面层、地上二层三个标高层面垂直相叠各交通流线组织空间模式的案例。

再如北京银泰中心，它的交通流线组织空间系统是由单线型空间模式和中心型空间模式穿插组合而成的。北京银泰中心位于东三环国贸桥西南角，CBD 中央商务区核心地带，由包括酒店、酒店式公寓、办公功能的三座塔楼和集各种大堂、会议、商业、餐饮、服务设施为一体的大型群楼组成。该项目以一条贯穿基地内部的东西向双行车道形成线型交通空间，穿过三座塔楼之间，串连各塔楼入口客流落车空间，和酒店商业群楼地下车库出入口，同时沟通基地东西两侧的城市道路。同时三座塔楼三面围合，形成一个高12m 的架空中心广场，将各种建筑功能的主出入口以环形线路统一起来。这个架空广场容纳各类汽车、行人、自行车自由出入，包含地面停车和办公塔楼地下车库出入口，是整个项目交通流线组织的核心。中心架空广场串接在双行车道的中部南侧，两者部分交叠，互相连通，共同形成银泰中心交通流线组织的空间系统。

以上 7 种交通流线组织的空间模式以三维图式表达，如表 6.4.1.1：

外部与内部衔接的交通流线组织的空间模式　　　　　　表6.4.1.1

交通衔接空间模式	具体样式	交通组织方式	图式
线性	单线	步行流线组织	
		车行流线组织	
		垂直单线	

续表

交通衔接 空间模式	具体样式	交通组织方式	图式
线性	线性水平并制		
	线性鱼骨交叉		
	线性立体分层		
环线型	单环		
	自由曲线环		
	复合环		
中心型	开敞中心型		

续表

交通衔接空间模式	具体样式	交通组织方式	图式
中心型	大型公共空间中心型		
中心放射型	Y 形		
	T 形		
	L 形		
	十字交叉形		
格网型	方格网		
	曲线网格		

续表

交通衔接 空间模式	具体样式	交通组织方式	图式
群组型	轴线组织群组模式		
	中心组织群组模式		
立体网络型	以上几种类型相互综合，立体交叉		

6.4.2　影响因素及适用范围

在设计中如何选择合宜的外部与内部衔接的交通流线组织的空间模式，主要受到以下几个因素的影响：

（1）基地环境

基地环境主要包括：

● 地块形状与地形：地块形状从最直接的形态表象上直接影响空间模式的适应性，换句话说即是空间模式的几何形状决定它对地块形状的契合度。比如，狭长的地块适合选取线性模式或群组型模式，方形的地块适合环线型、中心型或中心放射型模式等。此外，地形条件的限制，比如高差等因素的存在对模式的选取也有影响，高差较大的山地地形利用立体网络型模式能更好地组织来自不同标高层的各种交通流线。

● 地块周边城市环境：指地块所在地段的城市景观、历史、建筑因素对模式选取所产生的影响。比如线性模式或群组型模式能够较好地呼应城市轴线，并延续其序列；中心型模式能提供具有一定封闭性的，不受其他环境干扰的城市公共空间；格网型模式能够以一定的建筑模数适应城市肌理的变化，并回归传统格网城市街巷穿梭的历史特点等。

● 地块周边道路交通环境：地块周边道路的交通通行量，所承担的城市交通流量的压力大小对设计时模式的选取也起到比较关键的影响作用。比如线性模式能沟通地块周边的城市道路，作为地块内部城市人流的穿行空间存在，从而分担地块周边道路人流通行的压力。中心型模式能在地块内部以中心广场的形式容纳和保有大量人行、车行交通，从而减少地块周边道路的城市交通压力。

（2）功能构成和建筑规模

● 功能构成：主要是指超高层城市综合体的功能复合的多样程度和复杂性以及各功能流线之间衔接关系的紧密程度。与线性空间模式相比，环线性和中心型模式对各功能交通流线的组织具有更强的凝聚力和连接强度，承受功能复合的能力更强。群组型和格网型空间模式都是以一定的内在逻辑比较自由松散的组织各功能系统的交通流线空间的模式，同时适用于具有大量超高层城市综合体群体的建设项目。立体网络型模式对极其复杂的、功能混合多样的、交通流量大的项目有很好的适应性。

● 建筑规模：包括地上建筑面积和容积率的要求。建筑规模越大，容积率越高，就要求地面层单位基地面积上的交通容纳能力更强，也就意味着需要选取能处理复杂大量交通流线的空间模式。线性模式、环线型模式、中心型模式、中心放射型模式在处理复杂交通流线的能力上是逐渐递增的。而群组型模式、格网形模式和立体网络型模式都具有较强的组织大量交通流线的能力。

（3）城市公共活动空间

主要是指在建筑与城市一体化发展的趋势之下，城市对高层建筑综合体所提出共享要求的公共活动空间的大小和规模，即城市与建筑项目彼此穿插连接的紧密程度。在这一点上，单线型、环线型空间模式与城市公共空间的复合能力较低，鱼骨形、中心型、中心放射型空间模式较优，群组型、格网形空间模式能从多个角度、几个层次与城市空间发生联系，而立体网络型空间模式能从地下、地面、空中三维立体化地与城市空间紧密地连接在一起。

6.5　各种主要功能交通流线组织的空间模式

表 6.5.1 将超高层城市综合体建筑常见的各种功能交通流线的基本内容归纳如下：

各种常见功能交通流线的基本内容　　　　　　　表6.5.1

基本功能	交通内容
办公	职员上下班交通
	办公访客到离
	公司机构的业务接送交通
	进货、搬家、清洁交通
居住（酒店、旅馆、公寓、住宅）	居住者、顾客到离
	职工上下班
	业务交通
	货运、清洁交通
商业人流（购物、餐饮、娱乐）	商业顾客到离
	职工上下班交通
	货运交通、清洁
	业务交通
会议、会展	顾客到离
	职工上下班
	参展机构单位职工出入
	展品货运

超高层城市综合体建筑主要功能的交通流线组织是指将超高层城市综合体的建筑功能构成部分——商业、居住（公寓、旅馆、住宅）、办公、文化娱乐、会议展览等视为相对独立的交通系统，各系统内部有着与其功能相适应的交通组织特点。超高层城市综合体建筑主要功能的交通流线组织要求，按照各功能交通流线的亲疏关系和复合能力合理布局其在基地中的空间位置，确定各功能流线之间的分流、交叉或合并，同时保证各功能系统内部便捷的交通联系。在此处讨论的空间模式是以上各功能交通流线组织的空间布局关系的基本样式。

超高层城市综合体建筑的商业、居住、办公等主要功能流线在空间中的布局模式可以基本归纳为竖向叠加式、中庭式、水平并列式与水平贯通式以及分离式。

竖向叠加式布局是相当常见的一种垂直方向上的功能划分模式，这类空间的交通组织形式以垂直交通组织为主，多适用于平面基地规模不是特别大的超高层城市综合体建筑，底部布置公共性强的功能空间，往上逐渐过渡为私密性强的功能空间，例如上海环球金融中心、南京金奥大厦等。

中庭式布局是指围绕中庭或内广场，形成交通核，周围布置不同功能空间流线的方式，这种模式是大规模、功能复杂多样的超高层城市综合体建筑常用的空间布局方式，可以将水平方向上的功能划分与垂直方向上的功能划分相结合，中庭既是各功能交通流线的组织核心，又是整个建筑空间的核心，比如德国波茨坦广场的索尼中心。

水平并列式布局通常是指各功能流线在建筑底层空间进行分流，再通过不同功能系统的垂直交通空间进入各功能单元，不同功能系统在建筑底部就区分了各自交通体系的领域，例如上海恒隆广场。

相贯式布局通常是综合体建筑不同功能在建筑底部相互嵌合，以水平交通和垂直交通方式相结合，这类功能布局方式对空间利用较为充分，例如上海中环广场办公中厅嵌入商业中庭，使其能充分利用底层建筑空间连接办公人流和商业人流。

此外，还有分离式的功能空间布局方式，通过广场、道路等要素直接将不同功能区划分开，不同功能之间干扰小，但相互之间的联系也较为松散，其广场主要是底部水平交通集散，通过景观布置与空间设计，也可以为整个建筑空间增色不少，例如北京华贸中心。

在实际的综合体功能空间布局中，往往采用上述多种方式相结合，从而形成丰富多样的交通组织方式和空间形态。

6.6 垂直交通流线组织

6.6.1 超高层城市综合体建筑垂直交通系统、电梯的重要性

1. 垂直交通系统在超高层城市综合体建筑中的重要性

在超高层建筑向着高密度、多业态发展的今天，垂直交通的需求也趋向复杂，在超

高层城市综合体建筑中垂直交通系统的设计直接关系到入驻客户的使用效率和对物业的满意程度；并与结构布局、有关设备系统等技术决策密切相关。因此，在设计前期通盘考虑、合理评估和组织垂直交通体系，是超高层城市综合体建筑设计的重要组成部分。

2. 电梯出现的背景及重要性

电梯是超高层城市综合体垂直交通系统中最重要、最核心的部分。

随着建筑高度与层数的增加，依靠楼梯组织人流交通的困境渐现。1851年电梯系统被发明，1857年便出现了第一台自控客用电梯。电梯的应用，给建筑的垂直交通运输提供了可能，并在很大程度上便捷了建筑内部的交通行为组织，为建筑向更高发展创造了有利的条件。现代的高层建筑，电梯系统早已成为组织客流货流的交通核心，是建筑不可或缺的一部分。

超高层建筑因其竖向发展的特点，交通组织方式以垂直交通为主，电梯作为客流交通的主要载体，担负着整栋大楼人员的输送重任。因其占用核心筒空间量大、投资费用高，建筑内部的交通组织、客梯配置是否得当，不单影响着大楼的运作效率，还关系到整个核心筒空间的集约化利用、投资运营成本的控制等问题。

3. 垂直交通系统研究的目的

本篇章着重从建筑的角度出发，以满足客流交通需求为前提，探讨超高层建筑的各种交通组织方式及客梯配置模式，并在此基础上，总结客梯空间的一般设计规律及方法，希望总结出超高层建筑不同情况下适用的垂直交通组织方式、客梯配置模式、客梯空间设计规律，为今后的相关设计提供指导。

6.6.2　乘客电梯分类

电梯种类根据不同分类方法有不同的种类形式，而乘客电梯一般按照运行方式分类和轿厢数量分类。

1. 按运行方式分类

（1）区间电梯

运行于区间之内的乘客电梯，其服务区域仅限于超高层建筑的某部分楼层。

（2）穿梭电梯

运行于首层大堂与空中大堂之间的乘客电梯，多用于区中区电梯系统，为提高电梯运行效率，超高层建筑采用双轿厢穿梭电梯的情况较多。

（3）直达电梯

由首层直接到达目标层的电梯，多见于建筑顶层为观光或餐厅等商业功能的综合性超高层建筑，大大提高了顶层商业设施的易达性和便捷性。

（4）特色电梯

特色电梯指地下车库摆渡电梯和VIP电梯。

地下车库摆渡电梯主要负责地下车库和首层大堂之间人流运输。通常是一组两至三台电梯设置在首层大堂的一端，核心筒中的电梯不用下地下室和裙房，减少客梯的等候时间，有效地提高了电梯系统的效率。特别适用于地下室层数比较多的超高层建筑。

VIP 电梯就是高品质超高层建筑为了满足高端使用人群对办公电梯私密和便捷的需求而设置的。VIP 电梯每层均设有独立的候梯厅,并可直达地下车库和写字楼各楼层。先进的智能群控系统与贵宾卡信息点联动,实行凭卡登梯,并自动识别贵宾所需服务站点,提前停靠呼叫楼层,真正实现梯候人。

2. 按轿厢数量分类

（1）单轿厢电梯

电梯井道只有一个轿厢的电梯称为单轿厢电梯,使用最为普遍,超高层建筑多采用此类电梯。

（2）单井道双层轿厢电梯

在同一个电梯井道里,两个轿厢叠加在一起同时运行的电梯称为单井道双层轿厢电梯,多用于运行于首层大堂与空中大堂的穿梭电梯,一些超大型高层建筑也用于区间电梯,运行效率极高,但需要两层的电梯厅空间。

（3）单井道双子电梯

在同一个电梯井道里,通过智能化调控系统,两个完全独立的轿厢独立运行而不发生碰撞的电梯类型,称为单井道双子电梯。它与单井道双层轿厢电梯的区别,在于两个电梯是相互独立的,而后者则相互叠加同时运行。

6.6.3　电梯主要参数、交通性能指标及其期望值综述

不同参数的电梯,不但会影响电梯系统的交通性能,还会影响到核心筒的空间设计。在进行电梯组合配置之前,首先要了解电梯的各主要参数、交通性能指标以及符合我国国情的交通性能指标期望值。

1. 电梯主要参数综述

对电梯交通性能影响较大的电梯主要参数有:额定载重量、额定速度;电梯的开门形式、门洞尺寸、轿厢形式等也在一定程度上影响设计。

（1）额定载重量

电梯的载重量反映了电梯的单次运载能力,常用的载重量有:800kg、1000kg、1350kg、1600kg、1800kg、2000kg 等。电梯载重量的选取与建筑使用功能、建筑规模、服务层数、服务人数等相关。办公、酒店选取的载重量较大、公寓选取的载重量较小;规模大、服务层数多、服务人数多的选取的载重量较大,相反则较小。

（2）额定速度

电梯平稳运行时的额定速度。电梯的速度对电梯井道的缓冲空间有较大影响。2.5m/s 以下为低速梯,2.5 ～ 5.0m/s 为中速梯,5.0m/s 以上为高速梯。电梯速度的选用,与服务的最高楼层高度、是否有快行区间有关,服务楼层高、快行区间段长,选用较高速度的电梯;反之则选用较低速度的电梯。

（3）轿厢形式

目前国内绝大部分建筑都是采用单轿厢的电梯。随着建筑高度的增加,电梯速度到了一定程度之后到达极限,为了更加有效地增加电梯井道的利用率,出现了双层轿

厢的形式。选用双层轿厢，需要合理安排上、下两层的交通组织，特别是入口大堂、转换空间的人流规划。

电梯参数应由建筑设计师、交通顾问、投资方在满足实际交通运输量的前提之下，依据经济、高效、节能的原则进行选定。

2. 电梯交通性能指标综述

描述一台电梯或者一个电梯系统性能，有一系列量化的性能指标，可以对不同的电梯系统方案进行比较。从建筑设计的角度出发，需要关心的是直接影响交通运输效率的以下几项指标：

（1）5分钟运输能力

电梯系统在5分钟内能运输的人数占电梯服务楼层总人数的百分比。该参数代表电梯的总体运输能力。这一概念由美国最早提出，并为各国所采用。

（2）平均运行间隔

指到达基站的相邻两台电梯轿厢间的时间间隔，是描述电梯轿厢运行到达乘站的时间间隔的物理量，可用于描述人们等候电梯轿厢时间的长短。

（3）平均候梯时间

从乘客在厅站登记呼梯信号直至电梯轿厢开始启动离开这一楼层的时间，由于乘客到达的时间有先后，一般采用平均候梯时间作为参数。通常平均候梯时间为平均间隔时间的60%。

（4）平均运行时间

从乘客在厅站登记呼梯信号直至乘客到达目的楼层的时间，一般指电梯的平均运行时间。

（5）平均到达目的楼层时间

从乘客在厅站登记呼梯信号直至乘客到达目的楼层的平均时间，综合显示乘客等候与搭乘电梯过程所花费的平均时间。

除了以上提到的各项时间参数以外，还有乘客的进梯时间、出梯时间等等，都会影响到使用者从大堂乘坐电梯到达目的楼层这个过程所需的总体时间。判断一个电梯交通系统的好坏，一般以5分钟运输能力、平均候梯时间、平均到达时间为依据。

3. 不同功能建筑的电梯交通性能指标期望值标准

目前我国关于指导乘客电梯配置方面的性能指标标准与规范不多，主要参考日本、欧美的标准。但国内外的具体国情存在一定的差异，不应直接沿用国外的标准，应适当参考国外标准并根据具体情况制定适合我国具体国情的标准值。

（1）办公楼客梯交通性能指标期望值

我国关于办公楼客梯配置方面的规定相对较少，《办公建筑设计规范》4.1.4条规定：电梯数量应满足使用要求，按办公建筑面积每5000m² 至少设置1台，超高层办公建筑的乘客电梯应分层分区停靠。该条文的附加说明中，给出了我国电梯数量的配置标准。

衡量客梯系统服务效能指标中，高峰期5分钟运输能力 CE、平均间隔时间与平均运行时间是重要的衡量指标。乘客的心理烦躁程度与候梯时间的平方成正比，当超过

60s 时，其心理烦躁程度会急剧上升；客梯频繁地停站，长时间未到达目的楼层，也会降低乘客的体验。不同的国家地区有不同的期望值标准，见表 6.6.3.1 ~ 表 6.6.3.3。

日本标准 表6.6.3.1

建筑类别		数量				额定客载重量（kg）	额定速度（m/s）
		经济级	常用级	舒适级	豪华级		
办公	按建筑面积	6000m²/台	5000m²/台	4000m²/台	<4000m²/台	630、800、1000、1250、1600	0.63、1.0、1.6、2.5
	按办公有效使用面积	3000m²/台	2500m²/台	2000m²/台	<2000m²/台		
	按人数	350 人/台	300 人/台	250 人/台	<250 人/台		

表格来源：《电梯及其配置指南》

CIBSE标准 表6.6.3.2

建筑物类型		CE（%）	
办公楼	多层出租	标准	11 ~ 15
		上行高峰	17
	单层出租	标准	15
		上行高峰	17 ~ 25

表格来源：CIBSE 手册

我国参考标准 表6.6.3.3

建筑物类型		CE（%）	上行/下行	AI（s）	ATT（s）
办公楼	同时上班	16 ~ 25	早晨上班，下行高峰为零		60 以下为良好 60 ~ 75 为较好 75 ~ 90 为较差 120 为极限
	非同时上班	12.5 ~ 16			
	高级			20 ~ 30	
	一般			30 ~ 60	

表格来源：《中国建筑电气设备选型年鉴》

（2）酒店客梯交通性能指标期望值

《旅馆建筑设计规范》仅提及需要设置客梯的情况，没有关于客梯数量的要求，虽提出应通过设计与计算确定客梯的数量，却未提供标准的交通运输性能指标值。

目前国内实际项目中，由于不同档次的酒店存在较大差异，5min 载客率 CE 取 8% ~ 10%，中小型（档次较低）酒店取下限、大型（中高档）酒店取上限，平均候梯时间 AI 不超过 40s；五星级、国际顶级酒店（如万豪、希尔顿、四季等）5min 载客率 CE 一般不小于 12%，建议能达到 15%，平均候梯时间 AI 要求控制在 30 ~ 35s，不超过 40s。

（3）公寓客梯交通性能指标期望值

对于住宅、公寓客梯系统的交通性能指标，不同的国家地区有不同的期望值标准，我国没有规范上的要求。

因不同档次等级的公寓客流交通特征差异较大，在电梯配置时，应根据具体的项目定位选择标准，目前国内实际项目中，参考 CIBSE 标准的较多。

6.6.4　垂直交通系统垂直组织模式

为了提高电梯的运载能力与运行速度,减少人在轿厢内的停留时间,提高服务效率,节省电梯数量与井道以提高标准层实用率,现代超高层建筑中竖向电梯布局的空间分区受到格外重视。电梯分区要简单明了,避免使用者经过两次换乘以上才到达目标层的情况。(图6.6.4.1)

电梯分区可分为单区电梯系统、多区电梯系统及区中区电梯系统。

1. 单区电梯系统

适用于层数不多,建筑面积不大的高层建筑,不分区但可分为逐层停或者单双层停两种方式。但对于超高层建筑来说效率低下,因此几乎不采用。

2. 多区电梯系统

当层数在20层以上时,楼内竖向交通宜分区,各区由不同容量与速度的电梯服务,可以克服电梯层层停靠运行周期长、停留时间长,运转效率低下的缺点。

分区一般原则是:

(1)约10层或十几层分作一区;

(2)低区层数宜多些,高区层数宜少些;通常人多的空间布置在低区,人少的空间布置在中高区;

(3)电梯的速度可随着分区所在部位的增高而加快。

根据分区数量的不同,可以分为以下几种分区方式:

(1)高低二区电梯系统

建筑垂直方向分为高低二区,电梯分区服务,既安全、方便,又经济、快速。

(2)高中低三区电梯系统

将建筑分为三区:高区电梯、中区电梯及低区电梯,可用于规模较大的建筑,如平安幸福中心A座办公楼。

(3)四区电梯系统

当层数达到45层或以上时,宜分成4区:低区电梯、中低区电梯、中高区电梯及高区电梯。

(4)五区电梯系统

当层数达到60层或更高时,采用五区电梯布局。为提高运载能力与效率,采用双层厢电梯或大容量单层厢电梯。如美国汉考克大厦60层全部采用双层厢电梯,奇数层由首层出发,偶数层由夹层出发,首层与夹层之间有扶梯连接。五个分区的层次:一~十六层,十五~二十六层,二十五~三十六层,三十五~四十八层及四十七~六十层。

3. 区中区电梯系统

多区电梯系统因高效率在超高层建筑的应用非常广泛。但当建筑超过一定高度的时候,不断增加分区的数量,就很不经济了。这种情况下,宜将建筑在竖向分为若干大区,大区之间以空中大堂连接,首层设高速穿梭电梯直达空中大堂,再从此到达目

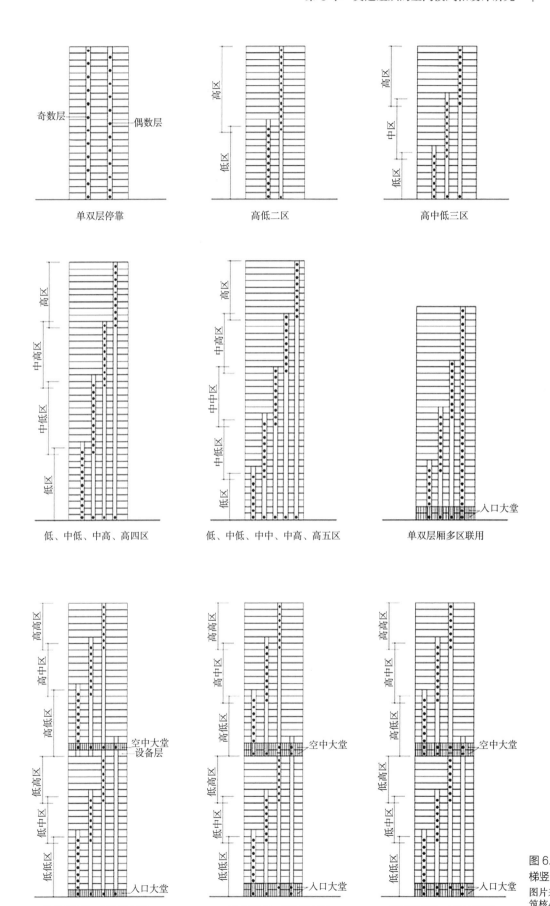

单双层停靠

高低二区

高中低三区

低、中低、中高、高四区

低、中低、中中、中高、高五区

单双层厢多区联用

单层穿梭梯 + 区间单层梯

双层穿梭梯 + 区间单层梯

双层穿梭梯 + 区间双层梯

图 6.6.4.1　超高层建筑电梯竖向分区系统

图片来源：万黎萍 . 超高层建筑核心筒设计研究 [D]. 华南理工大学，2014.

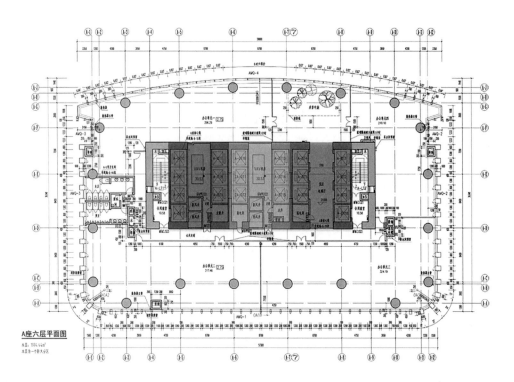

图 6.6.4.2 平安幸福中心
A 座办公楼标准层平面

标层，从而加快电梯运行速度、缩短电梯运行周期、减少井道空间、提高实用率。

区中区电梯系统中，穿梭电梯通常采用高速大容量的电梯连接，速度一般为 8m/s 左右。穿梭电梯可采用单轿厢电梯或双轿厢电梯如采用双层厢电梯，不管首层门厅还是空中门厅都需要两层的空间大堂，而且层高要统一。

区中区电梯系统的明显缺点是，高区的人需要乘高速电梯到达目标层，所需时间较常规系统为多，所以高区的分区电梯设计时应取最小的候梯时间。

6.6.5 垂直交通系统水平组织模式及空间设计

1. 电梯及候梯厅基本单元空间设计

电梯宜群组运行以便提高运行效率。通常情况下，多台电梯常以 2 ~ 4 台并排于一起，单侧或双侧布置（图 6.6.5.1），一般并排不超过 4 台。

图 6.6.5.1 多台电梯群组
布置方式

图片来源：杨卓斯 . 超高层建
筑垂直客梯配置模式及其空间
研究 [D]. 华南理工大学，2012.

电梯类别	布置方式			候梯厅深度
	单台	2 台并排	3 台并排	4 台并排
单侧布置	候梯厅	候梯厅	候梯厅	候梯厅
双侧布置	候梯厅	候梯厅	候梯厅	候梯厅

候梯厅的深度与电梯的轿厢深度有关，《民用建筑设计统一标准》GB 50352—2019
规定了电梯候梯厅的深度，是出于保证使用的最低要求的考虑（表 6.6.5.1）。

候梯厅深度要求　　　　　　　　　　　　表6.6.5.1

电梯类别	布置方式	候梯厅深度
住宅电梯	单台	≥ B，且 ≥ 1.5m
	多台单侧排列	≥ Bmax，且 ≥ 1.8m
	多台双侧排列	≥相对电梯 Bmax 之和，且＜ 3.5m
公共建筑电梯	单台	≥ 1.5B，且 ≥ 1.8m
	多台单侧排列	≥ 1.5Bmax，且 ≥ 2.0m 当电梯群为 4 台时应 ≥ 2.4m
	多台双侧排列	≥相对电梯 Bmax 之和，且＜ 4.5m
病床电梯	单台	≥ 1.5B
	多台单侧排列	≥ 1.5Bmax
	多台双侧排列	≥相对电梯 Bmax 之和

注：B 为轿厢深度，Bmax 为电梯群中最大轿厢深度
图片来源:《民用建筑设计统一标准》

候梯厅根据通道类型可分为过道式与凹室式两种。凹室式候梯厅一端封闭，进入的人
员多为候梯乘客。过道式候梯厅两端与外侧走道、大堂相通，存在其他人员穿越的干扰，应
额外考虑穿越人员的穿行宽度。我国超高层公共建筑的候梯厅深度，多在 3.0 ~ 4.0m 之间。

2. 多组电梯与候梯厅空间组合

超高层建筑，其客梯数量往往较多，多组电梯常常根据核心筒的平面形状进行平
面组合，组织不同客梯分组的人流，使建筑的客流交通清晰高效、互不干扰。常见的
组合方式有：串联式、并联式、丁字式、相交式、组合式。

（1）串联式

候梯空间串联于一起，成"一"字展开，形成核心筒内单一主通道，常见于塔楼
平面呈长矩形的例子。如银泰中心塔楼。

特点：各群组候梯空间相互贯通且视线相通，交通组织清晰，易于寻路。但整体
空间狭长，主要通道仅有一条，不利于人流分散避免干扰。当电梯分区数多于两个时，
各电梯组之间宜设置与核心筒外相通的纵向通道。常用于建筑高度不高、总电梯数不多、
电梯分组在两到四组之间的情况。

（2）并联式

电梯组背靠背平行并置，各组候梯空间并联于一起，形成相对独立的多条纵向通
道的布置形式。可分单组并联或多组并联。单组并联时，一般单侧并排的电梯数不超
过 4 台；多组并联时，如单侧并排的电梯数不多候梯厅可合用；若单侧并排的电梯数较
多，常于两组中间留有通道，如广晟国际广场；若中间有分隔，两候梯厅不相通，分
属不同的功能区域，以避免人流干扰，如北京国贸三期塔楼。并联式布置较为常见，
平面呈矩形、多边形、圆形、不规则形等皆适用。

特点：候梯空间平行并联，各候梯空间与大堂形成"梳齿"状的分流路线，交通组织清晰、易于寻路且各电梯组之间相对独立。并联式可根据电梯数的多少与核心筒规模进行单组、两组并联布置，因可容纳电梯组数从两组到多组均可，单一功能或综合体建筑均可采用，其适用的建筑高度跨度大，目前国内超高层建筑中最为常见。

（3）周边式

电梯组沿核心筒外壁布置，各电梯均直接朝向核心筒外，候梯厅区域范围没有严格的界限，如北京银泰中心主塔楼。因核心筒外壁开洞过多，对结构不利。周边式不常见，适用于核心筒外壁有一定长度，非弧形的建筑。

特点：该种方式可容纳的电梯组数少，搭乘电梯的人流绕核心筒外到达各自的候梯区域，可容纳的等候人数多。如若不同功能人流从不同入口进入，则路径非常清晰，视线识别性强，进门即正对客梯，水平向步行距离最短。该种方式一般多用于穿梭电梯，直达电梯比较少见。

（4）垂直式

电梯组单元分别垂直于核心筒外壁超过一个方向，且两个方向的候梯厅互不相通，多用于方形、三角形等核心筒形式，或两个垂直方向边长都较长的建筑。

特点：候梯空间分两个或三个方向进入，短边一侧或全部候梯厅为凹室式，没有其他电梯分区的人流穿越，有效避免人员干扰。电梯组群之间分区较明确，利于人员分流。垂直式布置的电梯分组常为三组，难以再容纳更多的电梯分区，适用于高度不超过200m的单一功能或综合体建筑。

（5）相交式

多个电梯组之间垂直或者成角度布置，各候梯厅可相互连通，核心筒内通道呈中心发散，可分为"L"形、"T"形、"十"形、"Y"形等。采用哪种类型跟电梯组数、核心筒的平面形状相关，"Y"形常用于三角形、六角形等平面。

特点：电梯组的候梯空间垂直于核心筒各边外墙，外来人员不能很快地看到，交通组织清晰度不如串联式与并联式。各候梯厅相通，方便了不同电梯组人员之间的转换，却也造成了人流干扰。如为了避免干扰而人为阻隔，则会造成人员需绕行核心筒外侧，增加行走距离。"相交式"布置可容纳电梯组数较多，且分区明确，适用于建筑高度较高、电梯分区较多、大堂功能分区明确的综合体建筑。

（6）组合式

各电梯组之间的组合排列兼有"串联式""并联式""周边式""垂直式""相交式"中的两种或以上的布置形式。该种形式结构复杂，所需面积空间较大，适用于电梯分组复杂、核心筒面积较大的建筑类型，如上海中心（图6.6.5.2）。

特点：视乎选取的组合形式不同，兼有各自的特点。组合之后整体结构复杂，电梯组数较多，且核心筒各向皆有通道，不利于寻路，适用于功能分区明确的综合体，特别是功能分区较多的大型综合体。该种布置方式容纳电梯组数最多，所占面积也最多，对核心筒面积要求较高，适用于标准层面积较大、电梯分组数较多、功能组合较多的大型超高层建筑综合体。

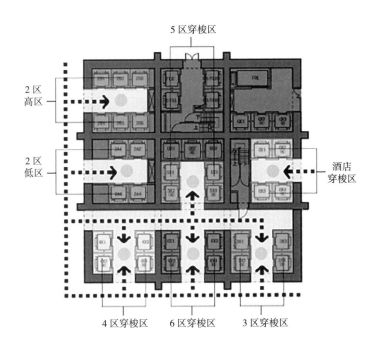

图 6.6.5.2　上海中心入口
层核心筒平面示意图
图片来源: 杨卓斯 . 超高层建
筑垂直客梯配置模式及其空间
研究 [D]. 华南理工大学, 2012.

6.6.6　垂直交通流线组织及电梯配置设计方法

超高层建筑电梯的配置, 电梯数量多、载重量大、速度高, 其服务效率较高, 但
会造成占用核心筒空间量大, 投资、运营成本高等问题。交通效率与空间效率、经济
效益在一定程度上是一对矛盾。超高层建筑电梯配置的关键, 即在交通效率与空间效率、
经济效益之间找寻组合的最优解。

1. 电梯模式选择

电梯主要分为直达模式与转换模式两种。直达模式有使用便捷、直达快速的优点,
但井道不能叠加、不利于核心筒的集约化; 转换模式则与直达模式相反。不同建筑功
能的人流特点以及使用要求均有所不同, 电梯模式的选择应分别对待:

（1）对于办公功能来说, 建筑总分区数不小于 4 个、建筑高度超过 200m 时, 建议
采用转换模式。

（2）对于酒店功能, 若酒店客房距离建筑入口层超过 150 时, 建议采用穿梭模式;
无论从交通效率还是空间效率考虑, 向上转换模式均优于向下转换模式。

（3）对于公寓功能, 宜采用直达模式。

2. 电梯数量的估算

超高层建筑电梯数量一般按照服务人数进行估算。在设计之初, 服务的人数难以
计算, 而服务人数一般与建筑的面积规模或房间数量有关, 因此常以服务楼层的建筑
面积或者房间数进行估算。不同类型的建筑, 估算方法不同:

（1）办公楼

电梯分组情况特别是每组电梯台数对运输效率有较大的影响, 其台数估算应与分
组情况结合考虑。直达电梯与穿梭电梯的数量估算应分开进行。

直达电梯的数量, 可根据总建筑面积进行估算。在保证运输效率相同的情况下,

组内电梯台数越多，电梯系统服务质量越好，交通效率越高，但空间效率与经济性越低；相同台数情况下，总服务面积下限值较经济，但服务性能较低；上限值较豪华，服务性能较高。

穿梭电梯的数量需要根据其服务区内对应的全部直达电梯数量进行估算，一般按照穿梭电梯：直达电梯为 1 ：2 ～ 1 ：1 的数量进行配比。

（2）酒店

酒店客梯的数量一般按照服务的客房数进行估算，每台客梯约服务 50 ～ 80 间客房，较高档次的酒店一般按照 50 间客房一台客梯进行计算。

（3）公寓

对于较豪华的住宅，常采用电梯到户的模式，每层每户一台电梯；对于普通住宅，可按照 80 ～ 100 户设一台客梯；对于酒店式公寓电梯数量可参照酒店进行。

3. 电梯竖向分区策略

超高层建筑，酒店与公寓一般不需要分区，服务楼层数超过 20 层时，可考虑分区，但不宜多于 2 个区。办公楼一般采取分区运行的方式。区内服务电梯台数不同，是否有快行区间，其适宜服务的建筑楼层数不同区内群组的电梯数不应小于 3 台，也不宜大于 8 台。在同样满足运输效率的前提下，电梯台数越少，平均等候的时间越长，服务质量越低。综合交通效率与空间效率、经济成本等原因，6 台电梯为一组达到最优。

电梯分区的区段设置，可与避难层的设置相结合。电梯的设备空间可设于避难层内，减少其对标准层走道或其他辅助功能空间的占用。

4. 电梯参数的选择

（1）载重量的选择

客梯常用的载重量取值在 1000 ～ 2000kg 之间，直达电梯载重量不宜过大，办公、酒店的直达电梯常选用 1350kg、1600kg、1800kg，公寓客梯的取值可稍小一些。穿梭电梯则宜选用大载重量的客梯，一般不小于 1600kg。

（2）速度的选择

电梯的速度应以最高服务层站高度决定，最大运行距离越大，速度越高。有频繁停站的客梯建议选用中速梯，速度不宜超过 6m/s；穿梭电梯宜采用高速梯，电梯从基站直驶到最高服务层站所需时间，应控制在 30 ～ 45s 以内。

（3）轿厢形式的选择

双层轿厢电梯能有效减少电梯井道占用的空间，但其需要有双层大堂以及转换层相配合，相较于单轿厢形式，交通路径与停站设置等较复杂，会给乘客搭乘带来不便。双层轿厢优先应用于穿梭电梯，直达电梯一般不建议采用。

（4）控制模式的选择

现有的楼层停站控制模式，主要为传统的控制模式与目的楼层控制模式两种；目的楼层控制模式不适宜用于集中率高、上班时间集中的办公楼；宜用于酒店与公寓。采用目的楼层控制模式的电梯，分组内的电梯数不应少于 4 台，6 ～ 8 台群组服务效能较好。

5. 电梯水平组合方式

电梯组的组合方式应以顺应核心筒形状、提高核心筒空间利用率，并使得候梯空间交通便捷、路径易于识别、减少人流干扰为原则。电梯井道与候梯空间宜集中，不宜把核心筒可用空间分割得过于零碎，以便留有相对集中的区域用于疏散楼梯、设备机房的设置。

6.7　本章小结

本章通过大量相关超高层城市综合体案例的分析，对超高层城市综合体交通组织的空间模式进行了较为系统的研究，主要从超高层城市综合体交通流线组织、交通流线组织的空间模式、项目地块与城市接口交通流线组织的空间模式分析、项目地块内的交通流线组织的空间模式、各种主要功能交通流线组织的空间模式、交通流线组织模式在设计中的综合应用以及垂直交通流线组织等几个方面进行了具体阐述。

下一章将对超高层城市综合体建筑设计的另一个关键问题——空间形态设计进行详细的研究。

第7章
空间形态设计研究

7.1 空间形态设计的研究概况

7.1.1 空间形态

形态除了空间本质属性外，还有多样性、可感性、变通性等不同属性，对于"形态"这一词的复杂化理解可衍生出多个交叉学科。当赋予"空间"修辞时，其形态归属被类别化。空间形态不仅是现实空间中包容实体形态与虚空形态的有机整体，也是意识空间中对事物存在的主观判断，能够在虚拟空间中呈现交流信息的综合体。在本书中，超高层城市综合体建筑内外空间形态指的是设计者塑造建筑形象的过程和结果，包含空间形态的实体部分及其承载的文化意义部分。

本章将超高层城市综合体内外空间形态分成超高层建筑部分、裙楼部分、组合空间形态及群体空间形态三个部分进行研究，研究其内外部的各种因素对空间形态设计的影响。

7.1.2 超高层城市综合体空间形态设计研究

空间形态是现代建筑的核心问题。现代建筑对空间、形式往往隐含了某种抽象思想对具体实物的提升和概括，建筑具有哲学概念上的"自主性"，是指因其形式上的合理性与内在意义，建筑具有某种自足自律的特性。本章希望通过对超高层城市综合体建筑的空间形态设计研究，总结设计操作角度及切入点，从而能够更全面地进行超高层城市综合体设计。

7.2 超高层建筑部分空间形态设计分析

7.2.1 结构体系对超高层建筑空间形态的影响

相对于其他建筑类型，超高层建筑受到结构技术的制约更大，可以说结构类型的选在一定程度上已经决定了超高层建筑空间形态设计的总体方向，本小节重点就结构体系对超高层建筑的影响这一问题进行研究。结构体系的选择可以认为是超高层建筑设计的重要步骤，以下内容将针对超高层建筑可用的结构形式以及常见结构形式的空间形态特点进行分析。

1. 超高层建筑结构选型

超高层建筑的结构形式根据其结构的主要抗侧力体系所处的位置分为两种类型，内部结构抗侧力体系以及外部结构抗侧力体系，前者结构主要抗侧力的部分位于结构的内部，后者结构的主要抗侧力位于结构的外部。内部结构抗侧力体系主要包括刚性框架体系、剪力墙－框架体系、伸臂结构体系等，外部结构抗侧力体系主要包括密柱框架体系、筒中筒体系、外筒体系、竖筒体系、空间结构体系、巨形框架体系等。外部结构抗侧力体系相对于内部结构抗侧力体系能适用于更高的建筑高度。

2. 常见结构形式的空间形态特点

从空间形态角度来看，内部结构抗侧力体系对于超高层建筑外部空间形态的影响较小，其外部空间形态的处理相对比较灵活，而外部结构抗侧力体系中除筒中筒体系及密柱框架体系之外的结构体系，其建筑形式很大程度上依赖于结构体系的自身表达。（表7.2.1.1）

常见结构体系的空间形态特点及代表建筑 表7.2.1.1

抗侧力体系	具体结构形式	空间形态特点	代表建筑
内部抗侧力结构体系	刚性框架体系	内部抗侧力结构体系对超高层建筑空间形态体量具有一定的影响，其体量一般比较规整；而对立面的影响较小	略
	剪力墙－框架体系		帝国大厦（纽约，102层，381m）
	伸臂结构体系		金茂大厦（上海，88层，421m）
外部抗侧力结构体系	筒中筒体系	立面构成可以相对比较灵活	上海环球金融中心（上海，101层，492m）
	密柱框架体系	立面构成很大程度上取决于其外筒的结构形式	怡宅中心（Aon Center）（芝加哥，83层，346m）
	外筒体系		成达大厦（成都，35层，139m）
	竖筒体系	体量的处理取决于竖筒的布置方式	西尔斯大厦（芝加哥，108层，442m）
	空间结构体系	结构形式成为空间形态设计的主角，结构形式自身的构成方式直接影响立面的划分方式	中银大厦（香港，72层，367m）
	巨型框架		中央公园塔（Parque Central Tower）（委内瑞拉，56层，221m）

7.2.2 超高层建筑的平面形式设计分析

超高层建筑相对于其他建筑类型，功能平面与建筑空间形态的关系更为紧密，原因在于超高层建筑自身就是功能性与技术性结合表达的结果，其建筑形体是由平面层层叠加产生的，而平面由二维的线构成，二维的线又可以分为直线与曲线，两者通过不同的组合方式能产生各种类型的平面形式。超高层建筑的平面设计还要受到结构因素、自然因素等的影响，从总体上分为对称式和非对称式两种平面类型。

1. 对称式平面设计

对称式平面是超高层建筑最为常见的平面形式，其在结构上具有明显的合理性，在功能上具有显著的适用性，对称式平面包括多边形平面、圆形平面以及中心对称平面等。

（1）多边形平面

多边形平面包括方形平面、矩形平面、平行四边形平面、三角形平面等，多边形平面是对称式平面中较为常用的平面形式。一般来说，将核心筒布置在多边形的几何中心，围绕着核心筒组织功能空间，以功能空间围绕着交通及辅助空间作为主要的空间特征。

a）方形及矩形平面

方形及矩形平面在功能上具有极强的适用性，可用于办公、住宅、酒店等。采用这种平面形式的建筑在体量上简洁大方，稳定庄重，同时经济性极好、结构技术较为成熟，在超高层建筑领域内被广泛采用。同时需要注意的是，这种平面生成的体量往往会显得相对单调、缺乏趣味性和人情味，这就要求建筑设计者采取适当的方式丰富其形式。

b）平行四边形及菱形平面

因为平行四边形平面可能会出现锐角空间，其适用性有所削弱，一般用于办公，其变形平面也可用于居住。这种平面产生的建筑体量既有锐角面，又存在钝角面，其造型形体相对丰富多变。由于锐角空间往往难以组织合理的功能平面，有时将锐角切掉一部分，形成一种特殊的六边形，以增加其适用性。

c）其他多边形平面

其他多边形平面包括三角形、六边形、八边形等平面类型，这些平面生成的形体比上述两种四边形平面生成的形体在造型上更为丰富，其中六边形等正多边形可以看作矩形平面进一步发展形成的，在形体上增加了更多的面元素，使造型更富有变化，此外，三角形平面在抗风荷载方面具有一定的优势。

（2）圆形及其变形平面

圆形平面同样是应用较广、对功能适用性较好的一种超高层建筑平面形式，可以适用于办公、酒店、公寓等。相对于矩形平面，在相同面积时，圆形平面的周长要比矩形平面少10%左右，从而减小了外墙的长度和面积，相对来说经济性较好，此外圆形平面的受力性和力学性能要优于其他形状。从造型角度来说，圆形平面产生的建筑体量在超高层建筑的高细比之下，具有极强的气势和更加舒展的视觉感受。

（3）中心对称图形平面

中心对称图形平面可以看作由基本图形（方形、圆形、多边形等）加以组合和适当变形而形成的，主要包含蝶形、风车形、井字形、Y字形等平面形式。这些平面形式产

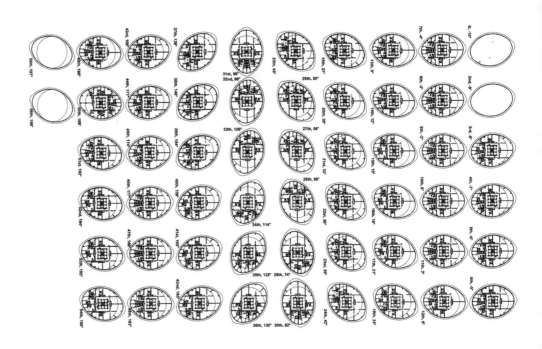

图 7.2.2.1　梦露大厦

生的建筑体量在保证了建筑稳定感的同时，又具有独特变化的个性形态，如图 7.2.2.1。

2. 非对称式平面设计

一般来说，非对称式平面不利于超高层建筑自身的结构受力，超高层建筑本身的受力条件就相对复杂，采用非对称式的平面无疑为结构的测算增加了更多的变量。但随着计算机模拟技术的发展和结构自身的进步，在某些具有特殊空间形态需求的超高层建筑中开始采用非对称式平面，以获得新奇、独特的空间形态。迪拜哈利法塔的平面从下到上，逐渐从中心对称图形转变为非对称式的平面图形，其整个空间形态逐渐收分，层层堆叠又富于变化。

7.2.3　超高层建筑的整体空间形态设计分析

上述两节从结构以及功能平面两个方面对超高层建筑的空间形态设计进行分析，可以说这两个方面是客观的，受技术发展和功能要求所限。本节针对超高层建筑整体空间形态手法方面进行分析，这部分相对来说体现了设计者的主观美学观念和审美意识，同时从相对宏观的角度对建筑整体的空间形态美学进行分析，主要包含体量、立面、色彩、材料四方面。

1. 超高层建筑体量的设计分析

超高层建筑的体量设计是进行超高层建筑空间形态设计的首要步骤，体量设计决定了空间形态设计的基本轮廓和形态，下面主要从体量类型和体量设计手法两方面对该问题进行分析。

（1）超高层建筑的体量类型

a. 基本类型。超高层建筑体量的基本类型包括方形体、三角形体、圆柱体、多边形体等单一的几何形体体量，这类体量形态上简洁稳定、纯粹大方，是在超高层建筑中比较常见的体量形式，下面针对每种体量的空间形态特点整理成表格（表 7.2.3.1）。

体量形式及其空间形态特点 表7.2.3.1

方形体	三角形体	圆柱体	多边形体
方形体量具有明确的力量感和体积感，给人以稳定向上的视觉感受，其形态比较规整，一般需要细节的变化来丰富整个建筑造型。方体是超高层建筑中比较常见的体量形式	在相同高度下，三角形体量会显得相对更为挺拔，由于其立面是由三个面组成，在立面上具有比较明确明暗关系，一般由于角部空间不易组织功能而将角部进行一定的切割处理	圆柱体具有光滑连续的形态特征，从各个角度观察具有比较相同的视觉感受，其形态轮廓有曲有直、刚柔并济，并且具有更为丰富的光影变化	多边形体可以看作方形体的进一步发展，构成其立面的面数增加，因此其视觉效果更加丰富，多边形体相对更显得稳定厚重，光影关系也相对多变
世界贸易中心	阿联酋办公大楼	香港合和中心	赛格广场

另外，基于上述的基本形体，还可以进行切角、倒角、柔化、错动等基本形体变化操作，以形成一些具有独特空间形态特征的体量形式。

b. 组合类型。超高层建筑体量的组合类型是指利用两种或以上的基本体量组合或在一种基本体量的自身重复叠加形成的相对复杂的建筑形体体量。需要特别说明的是，这里的组合叠加并不是仅指简单地对体量进行波尔运算，还包括非线性的不规律的组合，通常这种类型的建筑体量一反超高层建筑稳定完整的传统美学关系，它刻意追求动态的视觉感受，消隐整体而强调破碎，打破稳定甚至反结构逻辑，美学特征带有明显的解构主义倾向，形态具有未来性和先锋性。组合类型由于反传统的空间形态逻辑，往往具有极强的视觉冲击力和造型表现力，但并不是仅追求夸张的空间形态以吸引眼球，在看似不合理的构成背后同样隐含着极强的逻辑性，如果仅重视空间形态构成而忽视背后的逻辑，那么无疑将走向形式主义的极端。

（2）超高层建筑体量的设计手法分析

相对于其他建筑类型，超高层建筑的体量设计具有明显的特殊性，首先，它的体量高细比相对较大，其次，它的体量变化受到结构制约较大，因此超高层建筑的体量设计手法区别于一般建筑。本节将其主要设计手法总结为三个类型，分别是形体叠加、切割剥离、体量变形。

a. 形体叠加（表 7.2.3.2）。形体叠加是以"加法"的方式，利用基本形体整体或局部的重复组合，从而形成新的、丰富的建筑空间形态。这种方式形成的体量有一定的韵律感，而积聚的方式也给人以稳定感，是比较常见的体量处理方式。

形体叠加的体量处理手法 表7.2.3.2

置入	积聚	嵌合
体量置入是指在整体体量的局部置入一个具有变化形的体量以打破整体体量的单调性，同时也具有重点强化的作用	总体上来说，积聚指的是利用重复的基本体量进行堆叠并置来形成一种新的体量形态。 从具体的尺度上来区分的话，有两种形式，第一是大体量的叠加，其形态比较稳定大气； 第二是小体量的聚合，其形态比较自由多变	嵌合则是指在体量设计中，利用不同形式的体块通过咬接的方式进行组合，通过基本体量的穿插、交错、拼接，形成更具变化的建筑体量
 阿联酋办公大楼	 Pentominium	 阿勒玛斯大楼

b. 切割剥离（表 7.2.3.3）。切割剥离是与形体叠加相对的体量处理方式，其是指在完整的几何体量上以"减法"的方式进行处理，切割是指将整体体量的局部切除，而剥离是指将体量的面与体剥离脱开。通过这种方式可以增加体量构成的层次，形成更富于变化的复杂体量。

切割剥离的体量处理手法 表7.2.3.3

切削	相减	剥离
切削是指在整体体量的基础上对体量的局部进行减法处理，通过这种方式来形成更为多变的体量形态，一般应用切削的位置在体量的顶部或底部，起到了一定的强化造型的目的	相减是指基于波尔运算的原则，利用整体体量与小的局部体量相减，从而得出一个新的体量形态，一般这种相减应用于体量的上部，以配合顶部的观光功能	剥离则是指基于格式塔完形理论，将体量表面的局部进行减成处理，从而增加体量的层次性，打破了单调单一的体量关系
 广州东塔	 王国中心	 Q1 大厦

c. 体量变形（表 7.2.3.4）。体量变形区别于上述两类处理方式，其不是简单的增加或减少体量，而是通过形变的方式使建筑体量产生变化。体量变形包含两个层次的内涵，第一层次是保留体量基本形体的基础上进行相对简单的形变处理，如扭转、收缩、放大等方式；第二个层次是将形体的基本形态同时改变，从而产生一种新颖的新奇的建筑体量。

d. 非线性变形（表 7.2.3.5）。在《大英百科全书》中，线性与非线性按照系统来定义："线性系统是指系统对于某种力的响应严格成比例，不会出现像混沌行为那样的力的放大；非线性系统的行为模式则是变化多端，根本不可能用精致数学分析进行描述。直到可以控制巨型计算机的时候，人们对非线性系统的本性才有了一些探索，对司空见惯的混沌有了一些了解。"

非线性意味着混沌、复杂、动态、不确定等状态，体量的非线性变形是指使建筑体量的形变具有动态以及不可预期性，对于超高层塔楼来说，这些状态与传统的美学观点具有较大冲突，但是适当的应用可以使建筑体量具有较强的视觉冲击力。从实际工程角度来看，这种体量上的非线性形变还多数停留于概念设计中，但是随着建筑技术的进一步发展，可能在不久的将来这些设想就会逐一成为现实。

体量变形的体量处理手法　　　　　　　　　　　　　　　　　表7.2.3.4

基本变形			复杂变形	
扭转	收缩/放大	倾斜	变异	分解
扭转是指将基本形体在水平方向上以某个中心（一般是几何中心）为基准进行一定角度的旋转，从而生成一个具有动态的体量造型	收缩和放大是相对的方式，都是对基本几何的局部进行缩放处理，使整个形体发生均匀的变化，增加了体量的方向性	倾斜是指将基本形体按照一定的角度进行倾斜处理，通过这种方式打破了建筑自身的稳定感，给人以新奇的动态的视觉感受	变异是多种变形手法的集中应用，将基本形体的体量心态完全改变从而形成一种新的形态，采取变异的手法能获得极大的视觉冲击力，同时也需要相应的技术支持	分解是指基于解构主义思想的，将体量的某些元素进行抽离再以新的逻辑进行组合，从而形成全新的建筑体量形态
迪拜卡延塔	长富金茂大厦	迪拜跳舞大厦	科威特国民银行大厦	迪拜动态摩天楼

体量的非线性变形设计 表7.2.3.5

原型类比	动态曲线	连续曲面	折叠成型
原型类比是利用自然界某些混沌现象（如云彩、山峦、河水等）作为体量变形的依据，从而形成一种具有自然原型特征的复杂的体量。这种类比还可以是相对具象的，如模仿植物的根茎等	曲线可以认为是大自然普遍形态的概括，曲线天生就具有非线性特征，动态曲线的体量处理是指利用自由多变的曲线生成体量，从而创造出具有曲线特征的新体量形式	连续曲面可以认为是在动态曲线的基础上进一步发展而来的，其特征是利用将体量的面元素提取处理，通过扭动、旋转等方式，使基本的面形成复杂多变的连续曲面，再利用这个曲面将功能包裹其中	折叠成型是非线性变形中一种相对常用的体量处理方式，其通过对体量上的某些界面进行折叠、展开、再折叠，从而形成具有完整一体又富有变化的体量界面

北京 2050 概念设计	迪拜风中烛火大厦	上海中心大厦	阿尔哈姆大厦

2. 立面构成的设计分析

针对超高层建筑立面构成的分析，主要以各种手法所依据的美学思想进行归纳分类。对于形式美的定义和表达，不同的美学观点之间存在着一定的区别，辨析手法自身的优势劣势需要将其纳入相应的美学体系中，以该美学思想所共识的标准进行判断，用不相符的美学标准进行分析得出的结论往往是有失偏颇的。超高层建筑从现代主义发展到如今，其美学思想发展呈现多样化的倾向。

（1）基于新现代主义思潮的设计手法分析。新现代主义是由现代主义进一步发展改良而来的，现代主义建筑解决了功能、日照、通风等功能性问题，却在形式上过于单一和无趣，并且忽略了历史文化以及装饰需求，新现代主义便是针对现代主义的这些局限进行改良完善。以新现代主义美学思想为依据的立面设计手法是相对传统的，其美学观点仍然遵循对比统一、均衡稳定、重复韵律等传统美学原则。

a. 分段处理。分段处理是指将超高层建筑立面分为底部基座、中部幕墙以及顶部塔冠三部分，并且在空间形态设计中有意识地强化三部分的区别。这种方式的本质可以说仍然是古典主义的，通过三段式的处理自然而然在立面上产生尺度对比以及形式区分，底部基座作为造型起始并且完成入口空间的塑造，中间幕墙作为造型延续同时作为造型主体出现，顶部塔冠部分完成造型的收尾，同样解决了顶部空间的功能表达。需要注意的是在中部幕墙部分可以采用下述的立面构成手法，以下提到的设计手法是基于整体式立面而提出的。

b. 体量强化。体量强化是在超高层建筑空间形态设计中对立面进行简化处理，不突出其构成方式而重点表达建筑体量感，弱化面的概念而强化体的存在，此类立面的设计一般以玻璃幕墙为主，利用玻璃幕墙将整个建筑体量包裹，使建筑整体造型完整统一、简洁纯净。

　　c. 线性分隔（表 7.2.3.6）。线性分隔是在超高层立面设计中较为常用的设计手法，指在立面中强调线性元素的构图主导地位，赋予立面以明显的方向性，其美学特征是具有极强的韵律感，线性元素的构造实质往往是玻璃分隔构件、遮阳构件或是幕墙的竖肋，有时也指幕墙具有线性特征的实体部分。根据线性元素的走向可以将线性分隔手法分为竖向分隔、横向分隔、斜向分隔以及组合分隔等类型。

线性分隔的立面构成手法　　　　　　　　　　　　　　表7.2.3.6

竖向分隔	横向分隔	斜向分隔	组合分隔
竖向分隔是强调立面上的竖向线条，通过这种方式来塑造建筑挺拔、高直的视觉效果，强化了整个建筑垂直方向上的体量感	横向分隔与竖向分隔相反，强调建筑立面的水平线条，一定程度上消解了超高层建筑自身的大尺度，给人以稳定、亲切的感受	斜向分隔与前两者不同，其斜向构件一般是基于结构的需要而产生的，斜向的分隔能增加立面的形式感和丰富度	组合分隔是利用前面三种分隔形式，通过搭配组合而形成的立面构成方式
科威特国民银行大厦	莫斯科联邦大厦	瑞士再保险公司大厦	利通广场

　　d. 虚实对比（表 7.2.3.7）。这里所说的虚实对比不是作为一种造型美学原则出现的，而是指在立面设计中利用透明材料与不透明材料之间的对比组合，使立面呈现出丰富多变的构成变化的造型手法。虚的部分是通过玻璃或穿孔材料来体现的，因为其透明而视线可达建筑内部所以给予人以轻盈之感；实的部分是通过墙面、竖肋或柱子等来表达的，具有一定的结构性，给人以体量感。将两者巧妙的组合在一起，才能将其各自的特点相互对比陪衬，通过这种方式使超高层建筑的外观既轻盈通透又稳重有力。虚实对比的手法包括整体对比、穿插对比以及网格式等类型。

　　e. 局部强调。局部强调是指在立面设计中将局部的材料或材料属性进行改变替换以区别于其他部分，从而达到重点强调的效果，形成视觉中心。材料的替换顾名思义即是将局部的材料更换，如在玻璃幕墙的入口处替换成金属材料，从而强化了入口的位置。可更改的材料属性包括透明度、颜色、纹理、质感等，如在超高层建筑的顶部采用相对更加透明的玻璃，将内部空间形态通透出来以强化顶部的视觉表现力。主要包括两种方式：局部材料种类替换和局部材料属性改变，前者是指在立面的局部材料进行改变，以达到突出重点、引导视线的作用，常在入口、顶部装饰处使用。这种对

虚实对比的立面构成手法　　　　　　表7.2.3.7

整体式对比	穿插式对比	网格式对比
所谓整体式对比是将虚的部分和实的部分集中设置，以"大实大虚"的方式来进行对比，这种方式虚实的对比比较强烈，立面的构成关系比较明确	穿插式对比是指将虚实两部分穿插组合，形成一种更为丰富的、具有变化的立面构成	网格式对比可以认为是穿插式对比的进一步发展，一般表现为立面上的均质开洞，虚实部分的整体比例相差不多，但虚实部分都被打散，以小尺度进行对比

阿勒玛斯大楼	指数大厦（the Index）	公园大道 432 号

比关系一般是比较强烈的。后者提到的材料属性在这里包括色彩、纹理、透明度等内容，属性改变一般是指在同种材料的基础上，在立面的某些局部采用不同属性的同种材料，通过这种方式在统一中产生对比以突出重点空间，如国际金融中心的立面中间部分采用透明度较高的玻璃，使立面更具有层次感，同时强调了公共空间的位置。

（2）基于技术美学的设计手法分析。技术美学是艺术与技术高度结合的产物，其在建筑领域表现为利用建筑技术自身的构造作为形式美的构建元素，以真实的表达结构形态、构造节点的技术特征为主要手段。其设计手法主要包括以下几方面：

a. 结构技术的表达

前文提到结构选型将极大影响建筑的造型，结构技术的表达是指在建筑立面上真实直白地体现建筑结构构件并加以强调，结构外露从而使建筑结构同时具有装饰性和技术性，利用结构自身的形式逻辑，使其成为立面构成的主导元素。表达的结构技术通常具有一定的创造性和突破性。由贝聿铭设计的香港中银大厦将三角形支撑框架在立面中表达出来，并使之成为立面设计的核心构图要素。

b. 细部构造的表达

细部构造的表达是指将建筑的某些具有形式表现力的细节处理强调表达，使其成为立面构成的美学元素。这类的细部构造一般包括幕墙的竖肋、玻璃分隔构件、装饰性细部构件等。这一类的细部构造丰富了立面的细节，其精细的构造自身具有美学特征。UNStudio 所设计的 EEA & tax 办公大厦（图 7.2.3.1），其遮阳构件被处理成一个轻巧白色的三角面，既起到遮阳的作用又成为曲线立面上的造型要素。

c. 建筑技术的表达

建筑技术的表达是指在立面设计中将某些高新技术构件外露表达出来，使其成为

图 7.2.3.1　EEA&tax 办公大厦

视觉重点，其目的在于使人可以观察这些建筑技术构件是如何发挥自身的作用，从而达到技术性与欣赏性的结合。巴林的世贸中心将超高层建筑与风力发电设备结合，三个直径 29m 的大型风力发电机被安置于两个塔楼之间，在满功率运行时，能提供大约15% 的能源给大厦。

（3）基于生态技术的设计手法分析。基于生态技术所设计的建筑立面表皮，又被称为生态表皮，其是建筑表皮设计与生态技术手段相结合的产物，通过建筑构造的设计处理，以达到控制建筑内部空间与外部环境能量交换的目的，这种表皮可以有效降低建筑内部能耗，改善室内微气候。生态表皮的外部立面造型形象忠实地反映了建筑构造所带来的表皮特色，可以说这类表皮仍属于技术审美的范畴，区别在于其关注重点是建筑的使用者而不是技术本身。超高层建筑外立面的生态化、可持续化的倾向的原因一方面来自于建筑科学技术的发展，另一方面来自于人们对自然环境以及人性空间关注度的提升。本小节主要从影响超高层建筑外立面形态的角度对生态技术的表达进行分析。

a. 双层表皮。双层表皮是指建筑外立面采用内外两层相同或不同材料的建筑立面构成方式，其内层表皮通常是玻璃材质，外层则为穿孔铝板、钢结构幕墙等材质，双层表皮的不同质感和肌理能使建筑立面产生更为丰富的变化，外层表皮的存在增加了造型细节，丰富了光影关系。采用双层表皮的意义在于，通过较低的造价完成节能设计，内部玻璃由于外层表皮对风的遮挡可自由开启，实现了超高层建筑的自然通风，外层立面可以遮挡阳光的直射，还可以用于遮蔽某些建筑外置设备，并且在一定程度上削弱了超高层建筑玻璃幕墙的光污染。南京长发中心就在塔楼的立面上采用了双层表皮的处理方式，外层为打孔铝板，简洁现代，这一设计既能满足遮阳、节能和调节气流的要求，又为空间绿化和消防安全提供了平台。

b. 双层玻璃幕墙。双层玻璃幕墙可以看作双层表皮的一种独特类型，其最早的使用可以追溯到 20 世纪 90 年代初，内外两层玻璃相隔一定的距离，中间形成空腔，外层玻璃抵挡风压，内部玻璃可自由开启，实现了超高层建筑的自然通风，同时内部空腔的空气层具有一定的热绝缘性和隔声性。利用双层玻璃之间透明度、反射性能、色彩的不同可以创造出丰富的立面形式。

c. 空中绿化。空中绿化是指在超高层建筑平面局部切削形成几层通高的空间中置入绿化景观，通过这些绿化与竖向贯通的空间改善室内的微气候，既丰富了室内的景观效果，又透过玻璃成为立面的形式构成要素。一般存在空中绿化处的玻璃幕墙要更为透明一些，能将内部空间及景观通透出来。位于新加坡的吉宝湾映水苑在屋顶平台及立面连接体上都进行了绿化处理。

d. 垂直绿化。垂直绿化是指通过构造处理将绿化植被与建筑立面相结合，人工和自然界限通过这种方式被打破，这种立面形式追求的是与自然更高程度的契合，植物的兴衰枯荣自然而然导致立面表情的变化，需要注意的是这种方式不宜应用在过高的建筑立面上。

e. 遮阳处理。建筑遮阳是在建筑设计中常用的生态技术，其目的是阻止阳光直射到室内，反射和阻隔太阳的热辐射，防止室内气温过高或光线过强，特别是在光照较强、气温较高的地区，遮阳构件是建筑立面上必不可少的一部分。从遮阳构件处理的形态上可以分为水平遮阳、垂直遮阳、板式遮阳、帘式遮阳、组合遮阳等类型，这些遮阳构件的存在降低了建筑的能耗，与此同时遮阳构件自身的形式也成为建筑立面造型的组成部分，丰富了建筑的外立面空间形态（表 7.2.3.8）。

立面遮阳处理手法 表7.2.3.8

水平/垂直遮阳	板式遮阳	帘式遮阳	组合遮阳
运用水平、垂直遮阳构件是比较常见的遮阳处理方式，遮阳构件将直接影响立面的构成效果	板式遮阳一般是利用太阳能板或者遮阳板作为遮阳构件使用，既完成了遮阳又完成了能源的收集	帘式遮阳是利用建筑内部的遮阳帘来完成遮阳处理，一般这种方式造价比较低、施工简单，但遮阳效果相对比较一般	组合分隔是利用前面三种分隔形式，通过搭配组合而形成的立面构成方式
广州发展中心大厦（垂直遮阳构件）	Agbar 大厦	芝加哥滨湖公寓	EEA&tax 办公大厦

（4）基于文脉历史的设计手法分析。历史文脉是建筑所在的人文环境，包含时间和空间两个方面，时间上指历史的积淀变迁以及文化的演变，空间上指城市环境的更新、自然条件的变化以及社会生活的演变。城市的文脉历史是动态的，不断前行变化的。而基于文脉历史的设计手法就是试图通过建筑立面语言来表达文脉在时空上的延续性，使建筑从人文层面融入整个城市文化体系中，成为城市和地方文化的一种补充。

　　a. 提炼抽象的方法。超高层建筑由于自身超大的尺度，在文脉呼应中往往不宜进行具象的表达，一般应对文脉历史元素进行提炼抽象，再通过设计者的巧妙构思将提炼后的元素融入造型设计之中，这种方式既延续了文化底蕴，又保证了建筑的现代性和创新性。一味照搬历史元素将使建筑设计沦为摹仿，失去独特性以及活力。在超高层建筑立面设计中，可以进行抽象提炼的文脉元素包括历史建筑形式、具有地方特色的肌理、材质的搭配形式等。

　　b. 地方符号的应用。对于地方文化符号的应用是后现代主义建筑立面设计手法之一，其通过直接引用、象征、隐喻等方式将地方文化符号与建筑立面相结合，对于超高层建筑来说多采用象征隐喻的方式，强烈的象征隐喻手法会使人无意识地对建筑语言之外的深层含义进行解读。例如合十塔（Namaste Tower），因其主要功能是为提供 Mehndi 仪式的盛大婚礼空间，所以其建筑表皮采用了印度当地婚庆常使用的纹理。

　　c. 地方文化精神的延续。相对于前面两种方式，通过延续地方的文化精神来实现文脉延续的手法更加隐性，这种方式是建筑设计者对建筑所在场地及城市的文化进行深层次的研究，对其文化历史进行高度概括并通过建筑立面设计的形式语言对其进行表达，表达的结果从形式上可能不存在某种历史符号或意向，但其整体的构成却与当地文化内涵相契合。

　　（5）基于非线性表皮思潮的设计手法分析。非线性表皮是指在非线性科学影响下的建筑表皮设计，其主要特点是具有动感、复杂、多变的形态，从表皮的具体表达方式上可以分为两种，即整体非线性表皮和具有非线性特征或局部的线性表皮，前者是相对比较纯粹的依据非线性理论而生成的整体式表皮，后者则是类似装饰的用法，将非线性表皮片段式的应用，使其成为立面设计中的视觉中心。

　　对于超高层城市综合体的超高层建筑部分来说，对于非线性表皮的应用是相对较少的，主要存在着两个类型的应用，一是分形相似，是指利用分形几何的原理，从自相似性入手，即利用分形体的不同层次的形状上相似，再通过一个特定的方式将其组合成更大的整体，由 RTA-Office 所设计的苏州高铁新城地标塔楼项目，其表皮是一种技术性的网面，覆盖了建筑体量，而且覆盖酒店、商业区、办公区的材质都不一样，但是却表达着相同的特性；二是几何编织，与传统的立面构件之间的交叉编织不同，基于非线性理论下的编织是三维的编织，通过具有空间感的编织从而创造出具有空间维度的表皮形式，整个立面具有动态、复杂的造型形象，如 LAVA 在阿拉伯联合酋长国设计的 Bionic Tower，通过一种有机的编织方式将立面与体量统一在同一种造型手法之下，在此设计中，外部表皮的形式并不是完全从形式入手，更是依据智能化需求的一种设计表达，建筑的外皮为全智能化，可以根据内部的需要务实地解决诸如通风、采光、排水和储水等问题。

　　（6）基于媒体化建筑思潮的设计手法分析。当将各种信息符号及商业元素利用新的信息技术置入超高层的立面之中时，那么超高层建筑立面将可以呈现丰富生动的图像、动态的文字或信息符号，一般常采用的技术有彩釉、丝网印刷、投影、薄膜系统等方式，比较具有代表性的是日本建筑师伊东丰雄设计的"风之塔"，其形体是极为简单的圆柱体，但是设计者将其表皮设计成具有色彩变化的"屏幕"，并且这种变化并非是简单的色彩更替，而是利用传感器将外界环境的风、噪声以及光线通过电子程序转化成图形信息，然后利用光影的变化加以表达，看似是未来性的，但又与当地的环境紧密联系起来。

3. 建筑色彩的设计分析

在超高层建筑中的色彩设计一定程度上决定了整体建筑空间形态的基调和表达效果。针对色彩的设计可以分为两个层次，分别是基准色彩和装饰色彩，前者是指在建筑立面中占据相对较大面积的颜色，决定了建筑的基本色彩；后者是在基准色彩的基础上对建筑立面进行点缀或装饰性的色彩，表达了建筑的个性，构图方式主要有点式、线式、层间式、单元式、网格式以及图案式等类型。一般来说，超高层建筑所选用的色彩种类不宜过多，其表现力主要体现于色彩搭配。基准色和装饰色的搭配应遵循对比统一的原则，如当基准色彩采用低明度暗色的色彩时，会使建筑的厚重感、稳定感加强，同时会相对比较沉闷，此时装饰色宜采用高明度亮色或暖色，以调节整体气氛；当基准色彩采用中明度色彩时，装饰色则宜采用高彩度的色彩，以凸显色彩的纯净感；当基准色彩采用高明度低彩度的色彩时，建筑具有素雅清新之感，但同时会削弱建筑的体量感，此时装饰色宜采用高彩度的深色。

4. 建筑材料的选用分析

一般在超高层建筑上主要使用的建筑材料是钢、玻璃以及混凝土，由于其高度较高风荷载较大，出于安全性的原因，石材以及木材等材料应用的较少。当代随着建筑材料的进一步发展，更多新型轻质材料如穿孔铝板、金属丝网、LED屏幕以及各类生态环保型材料的应用极大地丰富了超高层建筑的空间形态设计。

7.2.4 超高层建筑的局部空间空间形态设计分析

超高层建筑的局部空间空间形态设计相对整体空间形态部分，研究视角从整体转向局部，本节将对超高层建筑自身特色空间及其空间形态进行分析，其内容包括超高层建筑入口空间、室内公共空间、避难层空间以及顶部塔冠空间。

1. 入口雨棚设计分析

在超高层城市综合体中，超高层建筑部分所承载的功能以办公、酒店、公寓等功能为主，一般不同功能类型的入口需要分开设置，以避免人流互相干扰，其入口空间是指位于超高层建筑的入口大门前的室内外区域，包括了雨棚下的停车空间以及室内的大堂空间，入口空间是建筑与室外的过渡空间，起到了吸引、接待并疏导人流的作用，通常也是直接影响人们对超高层建筑产生最初印象和感觉的空间，所以其空间形态设计是十分重要的。

影响超高层建筑入口空间设计的因素有展示性、私密性、景观需求、停车要求等，其中展示性是指将建筑内部空间通透到外部的需求，私密性则是指入口空间容纳与其功能无关的人流的能力，景观需求以及停车要求即入口空间对景观、停车的需求。不同功能的入口空间受到这些因素的影响程度不同（表7.2.4.1）。

入口空间的功能需求关系 表7.2.4.1

	展示性	私密性	景观需求	停车需求
酒店入口	◎	◎	●	●
办公入口	◎	●	◎	◎
公寓入口	○	●	◎	○

（注："●"表示需求较高，"◎"表示需求一般，"○"表示基本无需求）

在入口空间造型设计中起到主导作用的造型元素是雨棚的设计，而对于超高层建筑来说，按照雨棚与建筑主体的构成关系可以分为体量式雨棚、独立式雨棚以及结合式雨棚。所谓体量式雨棚是指超高层建筑体量在入口处进行内凹、切削处理，利用体量的悬挑、错动、凹凸形成雨棚空间，这种雨棚形式与建筑的结合较为紧密，不需要在进行额外的构造处理；独立式雨棚是指在入口处增加独立的雨棚构造，雨棚是附加于建筑主体上的，这种手法在入口雨棚设计中较为常用；结合式雨棚则是指将雨棚的构造与超高层建筑的立面一体化设计，是雨棚成为立面的延伸，这种方式对于构造的要求较高，与建筑结合的相对紧密，其效果往往更具有视觉冲击力（表7.2.4.2）。

雨棚的设计方式 表7.2.4.2

设计方式	优势	劣势	代表案例
体量式雨棚	1. 与建筑体量结合紧密； 2. 构造相对简单	1. 受到结构限制，悬挑的距离有限； 2. 受到造型设计的制约	 世界贸易中心三号楼
独立式雨棚	1. 形态更加自由； 2. 构造简单、施工方便； 3. 可以悬挑较大距离	与建筑的结合相对松散	 阿联酋办公大楼
结合式雨棚	1. 造型一气呵成，比较连续，有气势； 2. 与建筑结合比较紧密	1. 构造比较复杂； 2. 造价一般较高； 3. 施工相对复杂	 深圳京基100

2. 室内公共空间设计分析

所谓室内公共空间是指在超高层塔楼各层的空间设计中，局部置入多层通高的中庭或者边庭。中庭和边庭从空间上局部打破了空间的单调性，成为层次丰富的公共空间，看似损失了一部分面积，但却提高了空间品质。对于中庭空间的设计，往往采用室内绿化、景观装饰等方式使空间内容与办公、酒店等序列功能空间形成对比。从对超高层建筑造型的影响角度来看，处于平面内部的中庭对外部造型的影响相对较小，而边庭则往往会直接影响到超高层建筑外立面的设计，甚至在某些设计中，将边庭空间强化成立面造型的核心主导元素，边庭空间对外部造型设计的影响是本节研究的重点。

边庭所位于平面的位置主要有两种，一是位于平面的中间部分，另一种是位于平面的一侧。通常在进行造型设计时，会在立面造型中对边庭空间的位置和形态进行强调，使其成为整体造型设计的构成元素之一，通常可以利用体量以及立面形态构成两类方式对边庭空间进行强调突出。

利用体量的方法是指在处理建筑体量时将边庭公共空间的体量与整体体量进行分离，以凸出、凹进、扭转、变形等手法将其从整体中突出出来，通过体量的对比突出空间的方式需要注意控制尺度，过小的尺度可能导致对比不明显，过大的尺度则可能破坏建筑空间形态的整体性和均衡性；利用立面形态构成的方法是指在处理超高层建筑立面是将边庭处的立面与整体立面对比处理，通过色彩、透明度、幕墙分隔方式、立面肌理等方面的变化来突出边庭空间，这种方式相对于体量的对比来说，对构造及造价的影响较小，是比较常用的手法（表 7.2.4.3）。

边庭空间的空间形态设计   表7.2.4.3

体量的方法	形态构成的方法	
分离强化	材质对比	肌理对比
将边庭及周边的空间以一个体量来包裹，并且将这个体量与整体体量分离开，再通过凹凸、扭转等方式将其强调出来	材质对比是指利用材质不同的透明度、反射度以及色彩等特性，在边庭处的幕墙采用相对更为通透的材质，从而表达出内部的空间	肌理对比是指在边庭处的幕墙构成采用不同的处理方式，一般情况下是在边庭处采用更为纤细、稀疏的划分方式，以突出其空间位置

曼哈顿 Hudson Yards	斯普林格"云协作"总部	深圳国际能源大厦 BIG 方案

3. 避难层空间设计分析

超高层建筑的设计中，不可避免地需要针对避难层空间进行设计。根据我国《建筑设计防火规范》GB 50016—2014 的要求：第一个避难层（间）的楼地面至灭火救援场地地面的高度不应大于 50m，两个避难层（间）之间的高度不宜大于 50m。从造型的角度来看，针对避难层的外立面设计一般存在着两种处理方式：一种是在立面上不强化避难层的位置，外立面仍保持完整统一；另一种则是将避难层作为立面划分的造型元素，强化其位置，并且在立面设计中在避难层的位置刻意采用不同的设计语言。

4. 顶部空间设计分析

顶部空间设计是超高层竖向构图的端点，其设计直接影响了超高层建筑的整体形象，由于所处高度较高，顶部空间的空间形态往往成为城市或区域的视觉中心，是城市天际线的重要组成因素，兼具形式美感以及创新性的顶部空间形态会成为超高层建筑自身形象的特色。

一般来说，超高层建筑的顶部空间承载着一些相对比较特殊的功能，如餐厅、空中大堂、高端会所、观景平台等，不同功能对于顶部空间设计存在着一定的影响，但是相对来说，超高层建筑顶部的空间形态要求相对其功能要求来说要更为重要一些，其往往是超高层建筑个性的集中表达，同时与超高层建筑自身的标志性、广告性以及象征性需求相一致。针对超高层顶部空间形态设计的研究主要从两个方面进行分析，首先是从形态层面上对超高层建筑顶部的艺术处理形式进行总结，然后再从造型方法角度进行分析。

（1）超高层建筑顶部的形态分析。针对超高层建筑顶部的形态分析，主要是从几何形体方面对顶部造型进行分析归纳，并且还将具有明显技术特征的顶部处理方式纳入形态分析中，最终将顶部造型的形态分为平顶、凸顶、尖顶、坡顶、穹顶以及旋转餐厅式顶部、结构形式顶部、观景平台式顶部、组合连接式顶部（表 7.2.4.4）。每种形态都有自身的特点和适用范围，在设计中需要设计者针对超高层建筑所在的地区和文化背景进行具体的设计。

超高层建筑的顶部形态　　　　　　　　　　　　表7.2.4.4

顶部形态类别	造型特点	案例
平顶	平顶具有简洁明快的造型特点，是超高层建筑顶部常见的顶部形态	Oasis 大厦
凸顶	凸顶是在平顶的基础上发展而来的，一般是由于功能需求在顶部设置某些设备机房，从而造成顶部不能完全是平顶。一般还可以将平顶和凸顶结合，形成层层退台的屋顶形式	润华环球中心

续表

顶部形态类别	造型特点	案例
尖顶	尖顶可以认为是凸顶的一种特殊形式，其顶部造型最后收分成一个塔尖，这种手法也是较为常用的顶部处理方式	 克莱斯勒大厦
坡顶	坡顶可以分为单坡顶、双坡顶等形式，坡顶一般在造型上具有一定的地域性特点，通过高度的叠加可以创造出更为丰富的顶部形态	 慎行广场二号大厦
穹顶	穹顶是自古典建筑以来就比较常用的一种大空间屋顶形式，现代建筑一般采用空间结构体系作为穹顶的结构，这种形式的屋顶应用较少	 公主塔
旋转餐厅式顶部	旋转餐厅式顶部是利用特定的结构技术在顶部加入一个特定的体量，这种方式在我国早期的高层—超高层建筑中应用较多	 深圳国贸大厦
结构形式顶部	结构形式的顶部是高技派常用的一种设计手法，其造型特点是将结构、技术的构件暴露出来，成为独特的造型构件	 合十塔

续表

顶部形态类别	造型特点	案例
观景平台式顶部	观景平台式的顶部处理一般将观景空间明确强调出来，在体量上通过切削等手法来进行处理	 国际中心
组合连接式顶部	组合连接式的顶部处理多用于双塔或三塔式的超高层建筑组合之中，即在顶部以构件相连，从而形成一种独特的屋顶形式	 新加坡金沙酒店

（2）超高层建筑顶部的造型手法分析。从城市空间环境的角度分析，超高层建筑顶部的造型设计需要遵循整体性、多样性、层次性、识别性、协调性等原则。所谓整体性原则是指超高层建筑的顶部设计与城市天际线以及与超高层建筑其他部分保持完整统一的原则；多样性原则是指超高层建筑的顶部设计应注意在统一中加入差异，在秩序中加入变化，以丰富超高层建筑的造型形象；层次性即是尺度性，其原则是指超高层建筑的顶部需要从城市远景、区域中景、建筑近景三个空间尺度上进行设计；识别性原则是指顶部空间作为超高层建筑造型设计的终端，其形象是人们识别建筑的重要特征，因此需要具有一定的标志性和可识别性；协调性原则是指超高层建筑顶部空间的造型形象应该注意与周边建筑顶部造型的关系。

在遵从上述原则的基础上，超高层建筑顶部的造型设计手法可以归纳总结为形体加成、切割减成、形体变异、剥离强化、元素提取。

a. 形体加成。形体加成属于造型"加法"的范畴，是指利用单一形体重复叠加或利用多个形体组合搭配形成超高层顶部的造型，其造型形象具有丰富的层次，以及在视觉上具有一定的堆积感。形体加成的具体组合手法包括咬合、叠加、拼接等（表7.2.4.5）。

形体加成的设计手法　　　　　　　表7.2.4.5

咬合处理	叠加处理	拼接处理
咬合处理是指在顶部体量处理时，各个体量之间以咬合嵌入的方式进行组合，其造型具有复合多变的特点	叠加处理是指在顶部的体量上叠加另外的体量，两个体量呈现出波尔加法运算的方式，通过这种方式将简单的形体进行组合，从而生成新的体量形态	拼接处理是指在顶部造型中利用几种不同的造型语言组合拼接，从而形成一种新的造型语言

续表

咬合处理	叠加处理	拼接处理
高银 117 大厦	上海明天广场大厦	江阴空中华西村

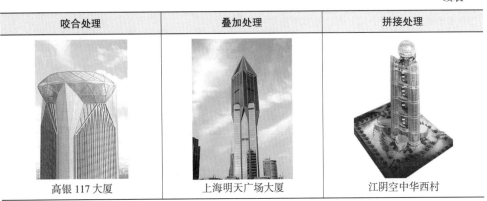

　　b. 切割减法。切割减法属于造型"减法"的范畴，可以看作是形体加成相反的造型手法，其是指利用切除、挖洞、凹陷等方式将一个完整的超高层建筑顶部体量进行切割交错，通过这种方式使顶部造型与建筑整体造型形成局部与整体的对比，加强了顶部造型的标志性（表 7.2.4.6）。

切割减法的设计手法　　　　　　　　　　　　　　　表7.2.4.6

切除处理	挖洞处理	凹陷处理
切除处理是比较常用的减法处理方法，其是指对顶部整体体量按照一定的逻辑进行削减处理，如退台、切角等处理方式都属于切除处理的范畴	挖洞处理是利用相对尺度较小的体量与顶部完整的体量进行波尔减法运算，从而将顶部从体量上与主体部分分开	凹陷处理是相对变化较小的处理方式，其是指在顶部体量的处理中利用凹陷的处理将顶部造型强化出来
武汉国际证券大厦	国家石油公司总部大楼	中信广场

　　c. 形体变异。形体变异是指通过旋转、收缩、扭转、变形、延伸等方式将超高层建筑顶部体量的形态进行变化，以这种方式来创造出具有独特形式感的顶部造型，一般这种形体的变异并非是独立的，而是与超高层建筑其他部分保持一定的连续性，从而保证了顶部的变化不会过于突兀，超高层建筑仍具有整体性（表 7.2.4.7）。

　　d. 剥离强化。剥离强化是指将超高层建筑顶部几何形体表面的构成元素进行局部的抽离，一般是将具有一定功能的构成要素通过体量、结构、尺度等方面的变化对其进行强调处理，从而改变了造型的比例关系，丰富了立面层次。如位于迪拜的帆船酒

形体变异的设计手法　　　　　　　　　　表7.2.4.7

旋转/扭转	收缩	变形	延伸
旋转、扭转是通过对顶部体量的整体或局部按照几何中心进行转动的设计手法，造型具有曲线、动态的特征	收缩是指将顶部的造型体量进行水平方向的缩小，这种收缩可以使单一方向的也可以是双方向的。其造型具有更为挺拔高耸的视觉特点	变形是基于解构主义思想的一种设计手法，是将顶部造型的各个元素分解出来再以新的形式逻辑进行组合，其造型具有新奇的特点	延伸是指在顶部的功能性空间结束之后在以一些建筑构件对顶部造型进行延续，如塔尖、幕墙构件等，大多数延伸构件是装饰性的
迪拜无限塔	绿地普利中心	波塔大厦	广发证券总部大厦

店的顶部将停机坪利用结构从建筑主体中悬挑出来，既完成其功能性的需求，又使之成为造型的点睛之笔。

e. 元素提取。元素提取是指从其他文化或系统提取出可以作为超高层顶部造型设计的元素，再通过抽象、总结、象征等方式转化成造型设计语言。元素提取通常包括两方面的内容，一方面是从地方文化、地方符号中提取文化元素；另一方面是从结构、生态等技术系统中提取造型元素。前者是超高层建筑顶部造型对地域性的表达；后者则是高技派常用的顶部造型手法。北京银泰中心中央塔楼的顶部将中国传统的灯笼作为造型意向，以外石材幕墙框架与内置玻璃金字塔相结合的方式表达，最终成为具有明显地域性的造型标志。位于韩国首尔的乐天世界塔的顶部将立面上的结构延续收分到塔冠部分，从而在塔顶形成以结构构件为造型主导元素的顶部造型形象。

7.3　裙楼部分空间形态设计分析

超高层城市综合体的裙楼部分包含了超高层建筑底部的配套商务空间以及商业空间，在这里将其概括为裙楼部分，裙楼包含了裙房的概念，同时还将超过 24m 的裙楼建筑部分包含进来。超高层城市综合体裙楼部分的空间形态设计研究，仍然遵循从整体到局部的研究方式。

7.3.1　裙楼空间形态的设计倾向

超高层城市综合体的商业综合体部分承载了整个建筑群绝大部分的商业功能，其空间形态风格几经变化，但是其核心目标始终在于营造商业气氛、吸引消费者注意力以增加消费者光顾、购物的概率。随着人们消费心理的变化以及商业建筑自身的发展，商业综合体的空间形态不仅与材料、色彩、立面形式等建筑因素相关，更为重要的是强化人在其中的主体地位。如何吸引消费者甚至让消费者参与到空间形态之中是如今商业综合体空间形态设计必须注意的问题。与传统的商业建筑空间形式相比，当下的商业综合体空间形态有如下的设计倾向：

1. 戏剧化的尺度变化

超高层城市综合体中的商业综合体部分本身往往就具有较大的体量，使其具有一定的视觉冲击力，当对体量进行解构、穿插、悬挑等造型操作后，又会加强其戏剧性，从而自身成为极强的视觉媒介。通过这种夸张的、戏剧性的尺度变化，使得商业综合体自身的广告效应被极大增强，建筑即成为最好的宣传品，商业建筑的本质被最大限度地凸显出来。因此戏剧性是商业综合体空间形态设计中必须注意的一个重要方面。

2. 丰富的色彩构成

商业建筑由于自身的特性的原因，在色彩使用上相对于其他建筑类型要大胆多样很多，有时会借鉴商业包装的色彩构成，在建筑上使用亮黄、亮红等醒目的色彩，这些色彩的适当使用赋予建筑立面以新颖的、独特的视觉效果，同时对建筑本身来说就是一种包装，能更好地吸引消费者的注意力，这种丰富大胆的色彩应用正逐渐成为商业综合体空间形态中重要的组成部分。

3. 跨界的空间形态语言

当今的商业综合体发展已经逐渐突破了建筑艺术形式的局限，开始吸收绘画、雕塑、文学等其他领域的创作思维和表达手法，形成独特的造型形式。广泛地吸收其他艺术领域思想的意义在于这些领域能比较全面地反映人们审美情趣的变化，从而使商业建筑能被更广泛的大众接受并喜爱。造型语言的跨界也使得建筑造型更富有人文色彩和文化气息。

4. 高新技术的应用

商业综合体的空间形态一般需要较强的视觉冲击力，而高新技术本身就具有此类特征，所以二者的结合也是自然而然发生的，随着结构、材料等技术的发展，利用高新技术使得建筑的扭转、悬挑、断裂等形式都成为现实，利用新的灯光技术甚至可以使建筑立面发生全天候的变化，这些高新技术的应用无疑为商业综合体的立面增加了独特的魅力。

7.3.2　裙楼的总体布局设计分析

研究超高层城市综合体的商业综合体部分的总体布局，主要是从总平面图层面上对建筑群组的组合布置进行研究，可以说这是研究商业综合体造型的第一步，是从全局的视角进行剖析。

1. 单体量集中式布局

单体量集中式布局是在商业综合体设计中较为常见的一种布局方式，其表现为将有关商业的各项功能集中布置在一个大型的建筑体量之中，通过竖向交通以及中庭空间将各层不同的功能空间联系起来，在外部空间形态上形成完整的体量和连续的立面，建筑单体空间形态的形式和逻辑与传统的 shoppingmall 类似。从超高层城市综合体整体的角度来看，集中式布局有着天生的优势，因为超高层部分在竖向上有着较大的体量，在横向上尺度较大的集中商业综合体恰好与超高层形成较好的呼应，以达到平衡构图的视觉效果，而且集中式布局有利于商业流线的组织，人流相对集中，也有利于营造商业气氛。但是需要注意的是，这种布局模式相对中庸，如何在其中体现建筑自身的独特性和差异性是设计者需要重点考虑的问题。由 UNstudio 设计的韩国天安市 Galleria Centercity 商场，设计者将不同功能集中布置，并且利用流动的室内流线将不同功能串联起来。

2. 多体量离散式布局

多体量离散式布局多用于较大规模的超高层城市综合体项目中，此类的超高层城市综合体往往是多个塔楼和多个裙房相组合的建筑组团，也有少数的单塔楼超高层城市综合体为强化自身特色而将集中商业综合体分解成多个小体量，这种方式相对不常见。所谓的离散并非体量和体量之间毫无关联，而是在多个体量之间以某种方式进行连接从而使整个建筑群体形成整体，连接的方式通常有连桥、平台等方式。多体量离散式布局的优势在于可以营造出更加丰富的空间体验，人行流线也因体量的分解变得更加多样，体量之间的联系空间形成室内外过度的中性空间，体量的消解使得建筑更加亲近人体的尺度，这种布局方式为创造出建筑独特特色提供了更大的空间。在这种布局之下，需要重点考虑的问题在于如何将零散的建筑体量统一到一起以及如何处理这些体量和超高层建筑体量之间的关系。

3. 街巷式布局

街巷式布局指的是将商业店铺以商业街的形式组织布置，其空间特征是线性的，具有明显的方向性，可以说这种布局是由离散式布局进一步发展衍生而形成的，但因为空间形态有较大差异，所以逐渐形成了一种独特的布局方式。街巷式布局根据建筑所在地区的自然气候条件的差异可以分为室外街和室内街两种，其中室内街的空间组织方式也可以用于集中商业体中。街巷式布局的优势在于对商业店铺的利用率比较平均，在店铺销售上更为有利，在空间上有明显的方向引导性，连续的商业界面也可以更好地烘托商业气氛，但同时过长的流线会造成人们生理和心理的疲劳，而且如果对各个店铺的广告装饰等控制不足，会造成视觉上的混乱。南宁华润万象城是内街式布局的代表，其设计者利用"U"形商业内街将各个塔楼相连。

4. 组合式布局

所谓组合式布局就是上述布局方式的组合使用，常见的组合模式有"集中式 + 局部离散式""集中式 + 街巷式""街巷式 + 离散式"等方式。这种组合的方式充分利用了不同布局方式的优点，使空间富于变化，能很好地兼顾商业店铺的商业价值和建筑空间形态的美学要求，因此这种方式也是现在较为常用的布局方式。

7.3.3　裙楼的整体空间形态设计分析

商业综合体的整体空间形态的研究是基于总体布局研究下一层级的内容，这部分主要将研究视角从全局拉回到建筑之上，主要针对建筑的体量、表皮等方面的内容进行分析，可以将这部分作为商业综合体空间形态研究的第二个层级。

1. 建筑体量的设计分析

（1）基于传统美学观点下的体量设计

传统美学基本上是以19世纪末为分界线，以德国古典美学为截止，反映到建筑设计上，是以均衡、统一、稳定、完整等原则为空间形态设计的基本依据，在体量设计中有以下的设计手法：

a. 整体体量

这种体量处理方式的特征是将功能统一集中在一个建筑大体量之中，功能组成在形体上没有明显的区分或区分较弱，从而形成相对完整具有整体气势的建筑。采用这种体量处理的商业综合体，其形体和平面均比较完整规则，常为矩形、多边形等基本形体，形体的处理比较注重整体性和简洁性，其空间形态表现力是通过较大的体量尺度表达的。

b. 体块穿插

体块穿插的体量处理方式是在整体体量上进行错动、凹凸、转动等"加法"操作，通过这些操作使得功能组成在形体上出现一定的体现，同时也为形体增加了一定的变化，使得整个形体的轮廓产生起伏变化。常用的手法是利用规则但尺度不一的功能体块互相错动穿插产生造型变化。

c. 体块切削

体块切削的体量处理方式是与体块穿插相对应的体量处理手法，其是在整体体量上进行局部消除、削减等"减法"操作。相对体块穿插体现出的堆积感和复杂性，进行体块切削的体量关系比较简洁，体量总体上还保持完整的体量关系，一般的处理手法是在入口和重点空间进行切削，以明确视觉中心突出重点。

d. 体量对比

在处理体量时，可以利用体量之间的尺度、形状、方向等方面进行对比设计，通过这种方式以突出主体建筑。采用体量对比的同时，还应考虑体量之间的联系和协调，对比中还应蕴含着统一。另外还需明确建筑体量的主从关系，在对比时运用美学原理来合理组织，最终形成的效果应是组织结构明确、构成方式规律的完整统一的商业建筑形象。

e. 形体转折

形体转折是在特定的场地条件下所应用的体量处理手法，其指在道路交叉处的转角地段，建筑形体做出相应的转折处理，以和场地形状相协调。这种体量处理是为了保证建筑的整体性和连续性，同时通过转折的手法使得建筑形态发生变化，形成独特的造型美感。

（2）基于新美学观点下的体量设计

所谓的新美学是与传统美学相对应的概念，指的是19世纪末至今的美学发展，反映到建筑造型美学上，即是从解构主义发展至今的追求破碎、断裂、奇异、夸张的美学倾向，基于这种美学观点下的体量设计有如下方法：

a. 体量的叠加

体量的叠加是指将整体体量分解成多个相对小的体量并赋予不同的形体或材质，再将这些体量进行堆叠、交错、碰撞在一起，这些体量自身往往是规则的基本形体，但是组织模式却是复杂而缺乏中心的，从而在视觉感知上形成了一种无序杂乱不稳定的状态。这种体量的叠加可以认为是前文所述体块穿插手法的进一步发展，区别在于前者摆脱了传统美学的束缚，但是需要注意的是这种无序混杂并不是无限制的，还应该考虑人们的审美感受。由著名建筑是丹尼尔·里伯斯金主持设计的 MGM 幻影城市中心是由多个不同扭转方向的建筑体量堆叠组合而成，其空间形态具有无序动态的特点。

b. 形体的变异

所谓形体的变异是指在基本建筑形体的基础上刻意的进行变化，采用将轴线偏转、打破形体的对称性、形体的局部收缩或放大等方法，从而创造出独特的建筑体量。通过形体的变异，打破了体量自身的均衡性、稳定性和完整性，通过看似不完全、无组织、自由的形体关系给予人们极大的视觉冲击力。由捷得建筑设计事务所（The Jerde Partnership）主持设计的 Zlote Tarasy 购物中心，其体量造型采用了一种变化相对自由的形式，起伏的曲线轮廓赋予建筑本身极强的表现力。

c. 体块的解构

体块的解构是指将体量分解然后重新按照新的逻辑和方式进行拼合，从而使建筑体量呈现破碎的、凌乱的、模糊的、多元的形态，在整体形体上发展出非欧几里得的、反逻辑的、多向性的几何体。这种体量的处理方式在建筑审美上是存在巨大争议的，虽然商业建筑自身需要一定的视觉冲击力和感官震撼，但过度的夸张和杂乱也可能产生相反的效果，当解构体块仅仅沦为造型手段之时，其存在的意义也随之消解。

d. 形体的柔化

形体的柔化可以认为是解构美学和传统美学之间折衷产生的体量处理手法，采用这种方式处理产生的形体无法用传统几何形体归类，但其变化程度又绝非过分的夸张，一般来说表现为连续的形态和柔软的视觉感受，建筑体量给人以轻柔流动的错觉，视觉体验从静态变为动态，相对于传统的形体传达出更多的视觉信息，给予人们更为丰富细腻的感官体验。

另外，对于超高层城市综合体裙楼部分的体量处理上，还存在着一种非线性变形的方式，其方式是将基本形体进行大幅度地变形处理，使体量的空间形态特征从静态的、稳定的、简洁的转换成动态的、运动的、复杂的，通过这种方式进行处理的裙楼体量具有较强的视觉冲击力和造型表现力，同时其构造的复杂性和造价都会相应地增加。

2. 立面构成的设计分析

商业综合体的立面是塑造商业界面最主要的元素，其在表达商业建筑个性、烘托商业氛围等方面起到了至关重要的作用。商业综合体的立面构成主要有以下几种设计手法：

（1）分段叠加式处理。分段叠加式的立面处理是指通过材料、纹理、色彩等方面的区分，将立面分出若干个层次，然后再竖向叠加到一起的立面设计手法。这种设计手法能很好地与建筑体量结合，层叠的立面形态呈现出一种稳定、舒展、完整的视觉效果。按照分段数的不同分为三段式和多段式两类。

a. 三段式

三段式立面是比较传统和常见的分层方式，其将立面分为三个层次：基座层——解决建筑与大地的交接、中间层——塑造建筑主要形式语言、屋顶层——立面结束及处理与天空的关系。这种分层方式源于古典建筑，符合大众的审美倾向。也有一些建筑将三段简化为两段，即上下分层，美学原理与三段式类似，表达更为简练。

b. 多段式

多段式立面是在三段式立面的基础上发展而来的，其将立面的分层进一步细化，建筑表情更加生动，同时为建筑立面增添了更多细节，但是需要注意的是多段式分层数不宜过多且应有尺度对比，否则整体效果会显得凌乱无序。

（2）组合拼贴式处理。组合拼贴式的立面处理是指将不同的形式元素按照一定的原则进行组合，从而形成丰富多变的立面效果。拼贴式来源于后现代建筑思潮，其目的是将情感注入建筑表达，而发展到当代，拼贴的方式更多的是从属视觉艺术范畴，其目的是使建筑立面具有图像性、复杂性、趣味性等特征。

（3）历史符号式处理。在特定的历史地区或场地周边存在着重要的历史建筑，在进行建筑立面设计时，一般考虑在设计中引入地方建筑符号，内容包含当地建筑材质、色彩、纹理样式等，从而形成对地方文脉的呼应，同时使建筑更易于融入当地环境。这种处理方式无疑是地域性和乡土性的，其赋予商业综合体以独特的形式和文化内涵，对区域历史文脉形成有力的回应。从符号处理的方式上可以分为直接引用式和抽象引用式两种。

a. 直接引用式

所谓符号的直接引用就是将地方建筑符号直接映射到建筑空间形态之上，一般宜于采用直接引用式的元素有地方建筑的材质、色彩构成、局部细节形式等。采用直接引用的方式并不意味着要将建筑一味"做旧"，而是通过新的形式和旧的质感之间的对比强化建筑立面自身的文化特征和美学构思。

b. 抽象引用式

抽象引用式的历史符号处理手法是指通过几何化、图像化、拓扑化的方式将地方建筑符号中的图案、纹理等要素进行抽象简化处理，而后在立面构成中将这些符号融入其中，从而完成对地方建筑文化的呼应。这种方式相对于直接引用更加具有文化象征意义。

（4）整体表皮式处理。将建筑立面处理成整体性的建筑表皮是近些年来比较主流的设计手法，这种方式使得建筑立面具有极强的完整性和连续性，一般来说表皮仅作为维护结构，这同时为立面构成增加了更多的灵活性。整体表皮式的立面处理，其表现力受到所选用材料及材料划分方式的影响。

a. 玻璃幕墙

玻璃幕墙是较为常见的商业立面形式，其本身具有的透明性可以很好地将商业建筑室内外的商业气氛连通起来，其表现力主要是通过玻璃幕墙的分格划分方式、玻璃透明度及色彩的搭配组合、双层幕墙的光影变化等手法来实现的。

b. 实体幕墙

实体幕墙是指采用石材、金属、木材等实体材料作为商业立面的幕墙构成材质，相对于玻璃材质，实体材料更加强调建筑的实体感和体量感，同时更易于广告牌、视频墙等商业元素结合。实体幕墙的空间形态表现力主要源于建筑材料自身的纹理质感以及其组合的方式。

c. 多媒体幕墙

近些年随着 LED 技术和建筑新材料技术的发展，多媒体幕墙逐渐成为商业建筑外立面设计的流行设计手法。在建筑外立面上采用媒体数字化技术或以高新材料配合灯光，从而打破立面形态的静止状态，创造出可以通过计算机程序控制变化的动态的立面形式。

d. 非线性表皮

相对于超高层城市综合体的超高层部分，裙楼部分对于非线性表皮的应用要更为广泛一些，与超高层部分相似，在裙楼部分非线性表皮的应用同样是分形相似与几何编织两种形式。位于伊朗雷什特的吉兰商业综合体，其受到当地日照、降水及基地面积所限，最终呈现出一个规整的方盒子形态，设计者试图以建筑表皮的方式表达建筑所受到的限制和阻力，打断了建筑的整体感，同时呈现出一种特殊的表皮形式。

由 TrahanArchitects 建筑事务所主持设计的郑州综合项目，是一个占地 40 万 m² 的综合开发项目，场地占地郑州的历史性城市中心。商业底座空间在平面和剖面上都逐渐下降，从而与附近的绿色城市空间产生较近的联系，以三角形为母题的渐变的表皮将各个建筑体量包裹，形成对比统一的建筑整体形象。

e. 生态表皮

在自然气候条件良好的地区，可以采用立面绿化、整体绿化等特殊的生态表皮处理方式，生态表皮相对前述的几种立面处理手法来说更加贴近自然，而且植物的四季变化自然而然地产生建筑形象的改变。成都万象城的裙楼部分在体量上表现为曲线层层退台，在层层退台上种植爬藤以及低矮的灌木，从而形成一组具有生态特点的建筑立面形象。

3. 建筑色彩的设计分析

建筑色彩是影响建筑整体效果和氛围的重要因素之一，色彩的合理选用可以调整整个建筑表情，还可以增加建筑的可识别性和标志性。色彩的选用要依据场地所在环境条件及当地文化条件，根据实际情况进行颜色搭配。同时需要注意的是，色彩自身也蕴含着情感要素，在设计中还要结合建筑自身的格调和定位来选用与之相符的颜色（表 7.3.3.1）。

4. 建筑材料的选用分析

建筑材料是建筑空间形态设计的重要组成部分，材料自身的特性决定了建筑空间形态的物理质感和视觉体验。在进行空间形态设计时，需依据建筑预期的表现效果来

色彩与空间形态感受之间的关系   表7.3.3.1

色彩	类比图形	给予人的感受
黄色	三角形	明亮、锐利、醒目、分量轻之感，象征灿烂、辉煌、财富
红色	四方形	给人以端庄、结实、分量重之感，象征热烈、喜庆、危险
蓝色	圆形	给人以轻柔、流动、分量轻之感，象征博大、永恒、平静
橙色	梯形	给人欢快、活泼、分量较重之感，象征富足、幸福、甜腻
绿色	圆角三角形	象征美丽、优雅、分量较轻之感，象征和平、生命、大度
紫色	圆角四方形	给人神秘、压迫、分量较重之感，象征优雅、高贵、华丽

进行材料选择，在裙楼立面造型设计中常用的有石材、木材、金属材料、玻璃等几种材料。石材自身具有一定的纹理性，其造型特点相对比较淡雅、稳重，在某些特定地区还可以与当地的建筑饰面技术相呼应；木材的色彩比较柔和自然，能给人以温暖、亲切之感；金属材料带有比较明显的科技感以及未来性，其肌理的变化也是材料之中最为丰富的，具体的应用形式可以使板材、穿孔板、金属网等；玻璃应该是最为常用的建筑材料，或通透或反射，通过不同的组织方式能给人以不同的视觉感受。

7.3.4 裙楼的局部空间形态设计分析

超高层城市综合体裙楼的局部空间形态是裙楼空间形态手法研究的第三个层级，相对于前述的两方面，这部分的研究视角进一步集中到建筑局部，研究重点空间的造型手法，针对裙楼部分来说，主要研究其入口空间、中庭空间以及屋顶平台空间的空间形态设计手法。

1. 入口空间设计分析

在商业建筑设计中，一个吸引人的入口设计是至关重要的，特别对于集中商业裙房部分来说，入口空间需要明确的突出自身，具有较强的视觉冲击力，通过强化其标识性以吸引人群聚集并进入建筑内部。而且由于商业裙房部分往往是大体量的建筑，入口的位置需要精心考虑，要注意与城市周边道路的关系，注意人流进入方向，在造型上入口的设计还可成为造型中的视觉中心，通过尺度、材质、色彩等方面进行对比突出设计。

在研究入口空间的设计时，首先需要研究其针对流线采用的是何种组织方式，再在相应的组织方式中探讨具体的设计手法，从流线组织的角度来看，其类型主要有三种，分别是独立式入口、集散式入口以及立体式入口。以下将针对这三种类型及其具体的设计手法进行分析。

（1）独立式入口空间设计分析

独立式入口（图7.3.4.1a）是指针对每个功能区在底层设置一个或多个独立的出入口，以区分不同功能的人流，是在商业综合体中比较常见的入口组织方式。

一般运用这种方式的建筑需要有足够长的商业界面。独立式入口的空间形态设计手法主要有以下几种：

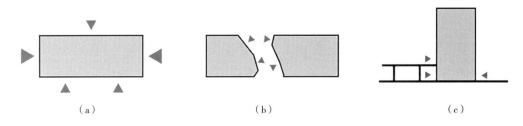

图 7.3.4.1　入口组织的三种类型

（a）　　　　　　　　　　　（b）　　　　　　　　　　　（c）

a. 尺度强化

一般来说，对于入口空间来说，通过对其或其建筑构件尺度的放大能起到强调入口的作用，如将入口空间的高度定为二层以上，或加大入口处的悬挑跨度，还可以将雨篷构件的尺度加大，通过这些手法将入口空间的尺度与其他部分的尺度感觉区分出来，自然而然地强化了入口空间的标志性。

b. 色彩、材料区分

将入口处的色彩以及建筑材料与商业综合体其他立面部分区分设计，同样可以达到突出入口识别性的作用，包括在入口处使用黄色等较明亮的颜色、刻意在入口处使用透明度更高玻璃等设计方法。需要注意的是色彩材料的区分不宜过于强烈，不应破坏建筑的整体感。

c. 局部装饰

局部装饰是指通过装饰的手法将入口空间从建筑立面"背景"中凸显出来，其包含了两个方面的内容，其一是对入口本身进行装饰，即在建筑立面的入口周边添加装饰，其二是指对入口周边的空间进行装饰，如对入口广场地面添加装饰物等方式。

（2）集散式入口空间设计分析

集散式入口（图 7.3.4.1b）是指将不同功能体量的入口通过一个相对大而集中的空间共同组织起来，再通过各自的流线进行分流。这种方式对集中空间的尺度要求较大，需要一定尺度的空间进行人群的集散行为，同时由于人的聚集，这个空间也可成为人们进行公共活动的场所。

a. 底层架空——空间引导

在场地用地面积条件比较紧张，同时需要较大的空间进行人流集散时，可以采用局部底层架空的方式来组织入口空间。通过底层架空的方式，使商业综合体的一层空间得以连通，但过于连通的空间会使人在其中失去方向感，所以需要对空间进行适当的引导，以确保人流可以及时的分流。

b. 公共广场——中心景观

利用室内或室外的公共广场进行人流的集散是比较常见的入口组织方法，一般来说公共广场的尺度都相对较大，如何将人流有效的集中和聚集是设计时需要特别注意的问题，比较常见的方法是将雕塑、自然元素作为中心景观，使之成为区域的视觉中心，再通过次级景观系统和空间引导系统将人群导向下一级空间。

（3）立体式入口空间设计分析

立体式的入口空间（图 7.3.4.1c）是指利用功能所在高度的不同，将不同功能的入口在竖向上加以区分，使人群利用竖向交通体系进行分流，同时这种方式会创造出较丰富的空间层次，特别是当与城市公共交通系统相结合时，建筑入口的立体化将逐步发展成局部城市空间的立体化，更加强了商业综合体建筑的城市性。立体式入口常采用的设计手法有如下几种：

a. 下沉广场

下沉广场是比较常见的入口组织方式。下沉的方式对空间具有限定作用，当下沉广场与街道相毗邻，人流很容易进入并驻足停留，下沉广场不仅是入口的前导空间，还成为市民进行公共生活的场所。

b. 高台入口

高台入口是指通过利用地形高差或通过台阶将入口提高到地面层之上，这种方式使得入口空间具有明确的空间形象，对人流有引导效应，同时高台入口加强入口的标志性。这种高台入口的方式还自然而然地完成了人车分行，通常人行流线通过逐层高起的台阶或坡道组织，而车行流线在地面层组织。

c. 立体平台

立体平台是在高台入口的基础上进一步发展而来的，相对于高台入口，立体平台利用平台和竖向交通形成完整的立体交通体系，完成了纯粹的人车分行。一般在人流以及商业建筑比较集中的地区，可以采用立体平台的方式进行入口组织，同时立体平台还可以将整个片区的商业建筑连接起来，形成统一的商业建筑群，如北京西单商业建筑群的立体平台处理。

2. 中庭空间设计分析

在集中商业中插入一个大中庭或若干个小中庭是商业建筑中常用的设计手法。中庭的存在打破了层与层之间的封闭性，结合中庭还可以组织垂直交通，同时中庭空间与路径结合，使商业空间连续连通，在视觉上具有可达性，提高了商业建筑的环境品质。针对中庭空间的设计分析，主要从空间位置、平面形状、剖面空间形态以及造型意向等几方面进行分析。

（1）空间位置。确定中庭空间的位置是进行中庭空间设计的首要环节，中庭的位置、尺度设计要依据商业店铺的数量、形态以及建筑整体的轮廓等问题进行综合判断，中庭不同的空间位置所产生的空间效果是不尽相同的，现归纳总结见表7.3.4.1。

中庭空间位置 表7.3.4.1

空间位置	示意图	适用情况与造型特点	利弊
居中型		在中小规模且平面较为规整的商业裙楼中使用较多，这种类型的中庭对造型四个立面影响不大，对屋顶立面有一定的影响	从功能上看，其对人流具有一定的聚集和疏散作用，空间因此具有了向心性。但是过于居中的中庭可能会缺少变化
偏心型		偏心型一般应用于平面长方的裙楼中，偏心型中庭一般对其贴近的面的造型设计会产生直接影响，一般采用材质对比或体量变化加以强调	偏心型中庭具有一定扩散性，对人流具有更为明显的引导作用。偏心型的中庭有时会影响平面的功能布置

空间位置	示意图	适用情况与造型特点	利弊
向隅型		向隅型多用于具有转折体量的或多入口的裙楼之中，其一般都是与入口空间结合，对入口处的空间造型影响较大	能很好地标示入口的位置，对人流的引导作用下有所减弱。单纯使用向隅型中庭的话可能会过于单调
序列型		序列型一般用于较大规模的裙楼之中，按照人行流线来组织中庭，将其按照一定的序列排列，一般在序列的两端对建筑造型的影响较大	空间与交通流线相结合，具有比较丰富的空间效果，但是需要注意控制尺度，过大的尺度会使人失去方向感
聚集型		聚集型同样用于较大型的裙楼中，其类似于居中型，区别在于聚集型，是多个中庭围绕着主要的中庭布置，对外部造型设计的影响较小	空间效果比较丰富，空间具有向心性又具有一定的离散性，有时会因为中庭的集中而复杂了人行流线
边缘式／围合式		边缘式／围合式一般应用于沿街面较长的裙楼中，通过贯通的边庭将内部的活动通透出来，直接与外部空间发生互动，对沿街造型设计的影响较大	内外空间的交互较好，对人流具有吸引作用，形成良好的视线交流，同时对采光不利，交通组织往往相对复杂

（2）平面形状。商业综合体中庭的平面形状是十分多样的，从总体上可以分为面状中庭和线状中庭两大类，从商业综合体的城市角度来看，面状中庭对应了城市广场空间的原型，而线状中庭则更贴近城市街道的空间感受（表 7.3.4.2）。

中庭平面形状 表7.3.4.2

		示意图	说明
面状	矩形		矩形是中庭设计中最为常见的平面形式，其对各种功能平面及空间具有较好的适应能力，能给人提供较大的公共空间，其造型形态显得比较硬朗，一定程度上缺乏丰富的变化
	圆形		圆形可以认为是由矩形发展而来的一种中庭平面形式，其同样具有很好的适应性，主要的区别在于圆形中庭的聚集感更为强烈，其空间效果更富于变化、连续、流畅
	组合图形		组合图形是指利用基本图形的变形或组合从而生成新的中庭平面形式，相对于传统图形来说，这种组合图形具有更为丰富的空间表现力，造型也更为自由
线状	直线／曲线		直线或曲线的中庭是在相对较大规模的裙楼中常见的中庭形式，其具有明显的方向性，对空间具有明显的引导作用，线性的中庭通过垂直方向的叠加、错动等方式，形成具有韵律感和变化性的内部空间效果
	不规则的线		不规则的线状空间是指利用看似随机的线条作为中庭构成的主题，通过这种方式使空间具有丰富的表现力，室内空间给人的感受也更为自由

（3）剖面空间形态。中庭的剖面空间形态决定了中庭空间给予人的空间感受，根据中庭空间是否贯通整个建筑可以将中庭的剖面形式分为整体式和局部式两种，前者的主要特点是建筑各层可以共享使用，还可以起到调节建筑微气候的作用；后者的主要特点是相对尺度较小、位置比较自由，可以丰富局部的空间变化（表7.3.4.3）。

中庭剖面空间形态　　　　　表7.3.4.3

整体贯通式中庭	垂直贯通式		垂直贯通式是中庭空间最简单的形式，其内部空间按照垂直线竖直组织，对阳光无阻碍作用，同时有利于组织排风
	金字塔式		金字塔式中庭自上而下的楼层逐层后退，上一层的楼板对于下一层来说相当于遮阳构件，所以这种形式的中庭常见于炎热地区，另外这种形状还有利于引导风走向。但是这种形式的内部空间稍显压抑
	倒金字塔式		倒金字塔式中庭与金字塔式中庭正相反，其自下而上的楼层逐层后退，最大限度地为每层都争取到了阳光，因此这种形式的中庭主要用于气候寒冷的地区。这种形式的内部空间视线更加开阔，有利于形成具有交流性的公共空间
	复合式		复合式是上述几种形式的综合使用，其比较利于塑造活泼多变的室内空间形态，利用符合式的中庭在剖面上往往不再是一条直线或斜线，各层的空间错动、转动从而使空间层次更为丰富
局部式	不贯通式		不贯通式的中庭一般是位于建筑的某个边，利用侧面的建筑立面来进行采光，相当于边庭的概念，其尺度一般不大

（4）造型手法。中庭空间的造型手法是指在确定中庭的位置、尺度、平面形状以及剖面形式等内容后，针对中庭空间自身的形式表现力设计者所采用的设计手法。现将各类手法总结如表7.3.4.4：

中庭界面造型设计手法　　　　　　　　　　表7.3.4.4

侧界面处理	侧界面是指中庭的侧面楼板及栏板，其造型主要依靠构造手段表达，常用的处理方式有，将楼板边缘进行连续柔化的处理；还可以利用一些装饰性构件来对侧面进行装饰处理；也可以利用自然植物形成立体绿化	 北京银河 soho
底界面处理	底界面是指中庭所对应的底层楼板，一般针对底界面的处理主要有两种方式，一种是从空间角度入手，利用下沉或抬高的方式将其空间位置强化出来；另一种是从装饰角度出发，利用装饰构件来强化其向心性	 上海新天地商场
顶界面处理	顶界面是指中庭上覆盖的屋顶或楼板的底部，一般对顶界面的处理是利用一些悬挂性的装饰构件，从顶部延伸下来，贯穿整个垂直空间，从而达到丰富空间效果的作用	 北京王府井商场

3. 屋顶平台空间设计分析

　　随着商业建筑的发展，商业建筑的"第五立面"越来越受到关注，特别是对于超高层城市综合体这种建筑类型来说，由于周边一般都是较高的建筑，所以裙楼的屋顶成为鸟瞰角度的视觉中心，此时，屋顶不仅是围护结构，更成为一个具有独特特色的平台空间，屋顶平台成为裙楼内部空间的延续和补充，一般来说在屋顶平台的设计中，首先需要考虑建筑设备机房和中庭的位置，然后加入自然或人文元素，如绿化植物、雕塑景观，将屋顶平台空间以广场的方式进行处理，通过这种方式，使屋顶平台广场空间与周边城市地面广场空间形成呼应（表 7.3.4.5）。

屋顶平台的处理方式 　　　　　　　　表7.3.4.5

退台式		退台式的屋顶平台的处理方式是从建筑体量上进行切削从而形成层层退台的屋顶形式,与植物和休闲座椅结合形成具有丰富层次的屋顶平台休闲空间,这种方式能在多层形成平台,但相对来说比较浪费建筑面积	成都华润万象城
虚界面式		由于建筑各种设备的需求,屋顶上往往需要放置很多室外机,如果不加处理,那么屋顶上会显得杂乱,虚界面式处理方法是指利用穿孔板或网架等透空材质将这些设备机房覆盖,不产生额外面积的同时,又完成了美化设计	广州珠江太阳城广场国际设计竞赛方案
屋顶花园式		屋顶花园式屋顶平台一般应用于较大规模的裙楼之上,其构建原理与城市广场相似,利用植物、道路、节点、景观等元素将屋顶处理成一个完整的屋顶花园	ponte parodi 综合体
立面包裹式		立面包裹式是指将裙楼立面向上延伸形成屋顶的女儿墙,还可以再向中心延伸形成局部的屋顶,这种形式从人视角度来看具有很好的整体性	英国 Bullring 购物中心

7.4 组合及群体空间形态设计分析

　　本节将研究视角扩大,从单体建筑转向整体建筑,将裙楼与超高层塔楼结合起来,以研究其整体空间形态的设计方法。本节在其基础上试从空间形态角度对超高层城市综合体整体进行分析,主要的研究内容是商业裙楼与超高层塔楼的、超高层塔楼之间的,以分析在空间形态上如何将多个建筑单体塑造成和谐统一的建筑整体。

7.4.1 超高层城市综合体组合空间形态与群体空间形态的概念

1. 超高层城市综合体组合空间形态的概念

　　超高层城市综合体的组合空间形态(图7.4.1.1),在本书中是特指单栋超高层塔楼与一组商业裙楼之间的组合形态关系,而对于其组合空间形态,则是特指这两者结合后的整体空间形态。中小规模的超高层城市综合体常常采用这种组合方式,这种组合空间形态的特点是单栋超高层塔楼作为竖向构图核心要素,同时作为整个建筑整体的

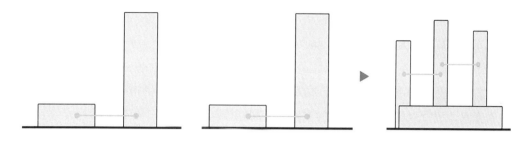

图 7.4.1.1　超高层城市综合体的组合空间形态（左、中）

图 7.4.1.2　超高层城市综合体的群体空间形态（右）

视觉中心和标志物，商业裙楼作为横向平衡整体构图的要素，从基本构图原理上一横一竖形成完整的视觉形态。对于组合空间形态的研究主要集中于塔楼与裙楼之间的空间形态关系。

2. 超高层城市综合体群体空间形态的概念

超高层城市综合体的群体空间形态是在组合空间形态的基础上进一步发展而来的（图 7.4.1.2），其是指多栋超高层塔楼与成组的商业裙楼形成一组大型建筑群体的整体形态关系，其空间形态则是指整个建筑组团结合在一起所呈现的空间形态。这种群体布局的方式适用于较大规模的超高层城市综合体项目中，其空间形态难点在于自身的规模相对较大，包含建筑单体较多，既要保证建筑群体具有明确的视觉中心，又要使多个建筑单体形成完整统一的建筑整体。对于群体空间形态的研究主要集中于多个塔楼之间的空间形态关系，塔楼与裙楼的关系参见组合空间形态的研究。

7.4.2　超高层城市综合体组合造型设计分析

本节主要针对单栋超高层城市综合体组合空间形态——塔楼与一组商业裙楼之间的视觉造型联结手法进行研究。所谓视觉联结是指在空间形态设计中将两类建筑体造型联系起来的造型手法，其研究实质是分析如何将建筑单体的造型通过设计手法结合成一个建筑整体。本节将从体量以及立面两个层面上对其进行分析。

1. 体量设计分析

体量设计的分析是从建筑的形体体量层面对视觉联结进行分析，主要分析超高层塔楼与商业裙楼两者体量上的联系呼应。主要包含形态同构、局部重现以及形体连续、柔化等内容。

（1）形态同构（图 7.4.2.1a）。形态同构是指塔楼及裙楼的体量处理上使用同种造型逻辑，可能在最终形态上的尺度、表达方式等内容上有所差异，但其构建方式及构

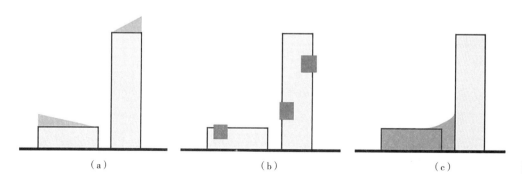

　　（a）　　　　　　　　　　　（b）　　　　　　　　　　　（c）

图 7.4.2.1　体量处理分析图

建原理是一致的，通过这种方式使塔楼及裙楼的造型从体量上紧密的结合到一起。如徐汇滨江西岸传媒港 188S-N-1 地块项目，其塔楼与裙楼的体量处理上都表现出叠加的特征，再通过尺度、材质上的对比处理，创造出对比统一的造型效果。

（2）局部重现（图 7.4.2.1b）。局部重现是指在体量设计中将相类似的、具有一定形式感或造型特点的体量元素同时在塔楼及裙楼的体量中使用，通过这种片段的、局部的重复要素的使用，给予人相同或类似的视觉感受，从而完成视觉上的联系。如重庆金融街 E-15 地块设计，裙楼是由多个体量咬合叠加而成的，设计者将这种体量的凹凸关系延续到了塔楼体量设计之中，从而通过这种方式将两者统一起来。

（3）形体连续、柔化（图 7.4.2.1c）。形体连续及柔化是指将塔楼和裙楼的建筑体量直接结合，从而形成一个完整连续的、具有一定柔化特征的整体建筑体量。这种方式形成的视觉联系相对前两种方式来说更为直接，塔楼与裙楼之间不存在明显的分界线，是真正地从体量上结合。如安徽广电新中心的设计，设计者利用一条流畅且逐渐上升的曲线将塔楼与裙楼统一成一个连续的体量。

除了上述三种体量的视觉联接方式以外，还有一些超高层城市综合体在体量上不做特殊处理，塔楼与裙楼在体量处理上并无关系，这种情况往往通过立面上的处理来完成造型的整体化。

2. 立面设计分析

超高层城市综合体的塔楼与裙楼之间的视觉联接还可以通过立面的设计处理完成，相对于体量的处理来说，立面上的视觉联接更为常见。具体的设计手法包括元素重复、界面连续、肌理延续以及对比反差等。

（1）元素重复（图 7.4.2.2a）。元素重复是指在塔楼与裙楼的立面中一些空间形态要素进行统一使用，或将立面中局部具有造型特点的部分同时在塔楼与裙楼的立面中使用，前者的造型要素是指立面上的色彩、材料、装饰构件等内容。如由曼努埃尔·高特朗（Manuelle Gautrand）设计的曼谷 Central Plaza 购物中心，其裙楼与塔楼的立面都采用了相似的红色线状装饰，通过这种方式将两者统一起来。

（2）界面连续（图 7.4.2.2b）。界面连续是指将超高层城市综合体塔楼的部分立面直接延续下来作为商业裙楼部分的屋顶立面，就像一条完整连续的界面同时将塔楼与裙楼包裹起来一样，通过这条连续的界面自然而然地在视觉上将塔楼以及裙楼联系起来。如在星河雅宝高科创新园一期方案中，设计将塔楼的侧立面以三角面折叠的形式直接延续到裙楼的立面上。

（3）肌理延续（图 7.4.2.2c）。肌理是指立面设计中的玻璃划分方式或立面上的装

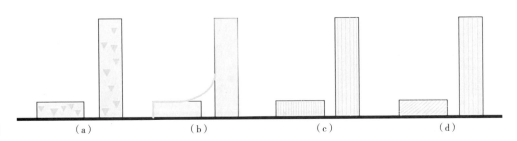

图 7.4.2.2　立面处理分析图　　（a）　　　　　（b）　　　　　（c）　　　　　（d）

饰构造、图案等空间形态要素，所谓肌理延续是指在塔楼和裙楼的立面造型设计上采用相同或相近的肌理，以使得两组建筑具有形式上的相似性。如位于重庆市江北嘴CBD 的华城国际金融中心，其在裙楼部分使用了斜向交叉的玻璃划分模式，然后又在塔楼的塔冠部分再现了这种肌理，从而将塔楼和裙楼的立面设计统一起来。

（4）对比反差（图 7.4.2.2d）。对比反差的方式并不是说在塔楼和裙楼的立面设计中随意采用两种不同的设计手法，而是指设计者有意识地选用具有对比作用的立面设计手法，从而达到强化视觉中心的目的，一般来说视觉中心都指塔楼部分。如阿布扎比瑰丽（Rosewood）酒店的设计，其塔楼的立面设计表现为竖向动态的构成关系，而裙楼则是以稳定的横向线条作为立面设计的主要构成元素，两者之间形成了对比，从而更加突出了塔楼动态自由的造型特征。

另外，在某些特殊情况下，塔楼与裙楼之间无论是在体量上还是在立面上都不进行视觉联结处理。一般这种情况出现在塔楼自身的造型设计极为前卫而刻意弱化裙楼的超高层城市综合体设计中。如迪拜仿生塔的设计方案，其塔楼打破了传统塔楼均衡稳定的造型特征而弱化了裙楼的概念。

7.4.3 超高层城市综合体群体空间形态设计分析

超高层城市综合体群体空间形态是在其组合空间形态基础上进一步发展而来，相对于组合空间形态，构成群体空间形态的建筑单体数量要更多，往往是由多栋塔楼与多组商业裙房共同组成建筑群。上一节主要阐述了独栋塔楼与裙楼的视觉造型联结的相关设计手法，本节将重点研究超高层城市综合体群体中多栋塔楼之间的视觉造型联结手法。

1. 平面组合关系

超高层城市综合体中形态组合包括单塔式、双塔式、三塔式、多塔式、组群式及巨构式这几种模式。其中，组群式超高层城市综合体，是由数个超高层塔楼组合而成的复合中心。组群形态的城市综合体在功能、建筑艺术上都是完整的建筑群，多个建筑之间相互协调、互为补充，是不可分割的统一体。多塔式与组群式是相对划分，将组群中高层数目少、较易识别和解析的分离出来成为多塔式形态。

（1）单塔式

单塔式超高层城市综合体是最为简单的一种组合模式，塔楼和裙房直接进行组合即成为单塔式形态。单塔式形态中由于建筑只有一幢且是中心物体，较容易塑造纪念感和雕塑式形象，建筑形态凝聚力强，形象突出。通常单塔式城市综合体建设用地紧凑，垂直向发展较多，容易忽视开放空间设计。

（2）双塔式

对称的双塔式城市综合体中是一个独特的类别。对称性在建筑史上就是自古以来极为重要的构成概念。人们之所以会如此地看重对称性，其原因无非就是在于对称性是将建筑中各要素梳理分配使其体现出有序性。从而在对称轴上我们可以看出同样的规律性，以及有一种更为根本的构成上的规律性。这种对称并不严格恪守完全的一一对应、轴线对称，而可以是对称成组、意象对应、空间群体联合，也可以不做实体的"联合"，而在形式空间上存在对应关系。对称式的双塔形态也常作为组群式城市综合体中的一个单元出现。

根据双塔的对称关系可分为以下几种类型：

a.严格对称双塔

严格的遵循——对称的形式塑造的双塔建筑，这也是我们最常见的双塔类型，严格的对称强调了空间的轴线性以及方向感，具有很强的纪念性和精神象征意义。

由于完全的对称形成了几何形体的重复，建筑就与完整的几何形体所体现的意义大不相同，例如吉隆坡石油大厦双塔，在建筑形式上融入了回教观念的庞大双塔给马来西亚带来了巨大的振奋，这在城市各处举首可见的巨大身影和高阔的天际线仿佛使吉隆坡也换了天地，两两相对的双塔，带着空间指向的格局，也给城市带来了更多的方位感、空间感，也更加具有标志的色彩。

严格对称的双塔形态在实践中有较广泛应用。除了世贸天阶、信德中心这样的双塔建筑单体，在建筑群中也存在对称的双塔单元，如港汇恒隆广场、北京环球贸易中心、南京长发中心、东直门交通枢纽中的办公部分。

b.局部对称或具有对称意象的双塔

局部对称或具有对称意象的双塔指的是通过建筑的平面立面有意地进行变化避免严格对称，从而创造具有变化的形式，丰富建筑形象。比如北京国贸中心二期两栋写字楼，两者体型相近，在位置上并不遵守严格的对称方式，但仍有对称双塔意象。

c.不对称双塔

这种城市综合体中存在的两个高层塔楼，由于内部功能不同、使用单位不同、商业定位不同等因素，一般较少采用对称的形态。相对于严谨的对称双塔形态，这种非对称的形态较为活泼，布局灵活，不单调。

d.双塔形态的衍变

基本一致的两座塔楼对称布置是传统的双塔建筑的概念。然而，除此之外出现了所谓象征性的双塔。

双塔建筑经过半个多世纪的发展，到今天似乎又得到了发扬和改进。城市中出现了一些高层建筑形式，它们类似于双塔但又有别于双塔。最典型的当属巴黎的拉德芳斯综合体，它位于爱丽舍大街中轴线的尽端，在两座塔楼上横跨了一段，形成各边长和高都为106m中部掏空的立方体；另外，位于大阪的梅田天空大厦两座办公楼为40层，总高170m，顶部的空中庭院也同样实现了在超高层建筑上空作水平连接。暂且称这类建筑为"门"式超高层城市综合体。

这种建筑形式不但继承了双塔建筑的诸多优点，而且还具有自身的特点。在它横跨部分的下部可以营造一片公共开放的活动交流场所，这对城市来说非常可贵；也因为它在两座双塔上横加了一段水平部分，所以相比双塔来说，在受力上更加合理，在结构上更加稳定。门式形态应该视为双塔式城市综合体的演变和发展。

CCTV总部大楼展示了全新的摩天楼形象。尽管在结构技术等层面外界评论褒贬不一，但其产生的文化及美学新价值观是难以磨灭的。MAD 事务所设计的广州双塔方案，同样做了一个将左右两栋独立塔楼顶部串联起来的方案，这也是对仅以高度达到所谓标志性的反思。这两个方案又将门式形态进行了新的演绎。

（3）三塔式

三塔式城市综合体较常见的有品字形、直线形两种形态。

a. 品字形

这里的品字形首先是指塔楼的位置关系，同时也表示三个高层主体在形态上具有一定的相似性，是相似的或相同的。高塔之间可以由裙房完整联结、局部联结，也可以围绕绿地或广场布置。这种品字形的布局容易形成中心感，适合在核心部分设计重要空间。同时，三个塔楼两两临近，位置关系也较其他方式更为紧凑。

较典型的品字形建筑有北京银泰中心和上海商城，为一个特殊单元搭配两个重复单元，这种特殊性可以是体量或功能等其他方面。两者在平面形态上呈现品字布局，在体量上以中间塔楼突出，两侧塔楼对称的形态出现。上海商城的三塔由裙房完全联结，裙房中部设计了通高的中庭，作为共享的公共空间。

此外，也可以根据用地、建筑面积等其他情况，不遵守轴线关系，对品字形进行灵活处理。例如，北京来福士广场、中信广场、远洋光华国际可以看成是品字型的演化。北京来福士广场分为商业裙楼和三个分别为居住、旅馆和写字楼功能的高塔。高层围合布置，核心设计了一个水晶状的悬臂结构——水晶莲。它由地下食品区拔地而起，向上支撑起顶部的弯曲状的玻璃屋面。它连接了相邻的功能区，并营造出瞩目的公共空间。雕塑式的琉璃屋顶形成屋顶天台，此区域被设计成城市花园，从这里人们可以参与来福士广场的所有活动。

远洋光华国际是写字楼、公寓、商业为一体的综合体，临近 CBD 历史人文公园。建筑地面上裙房不直接相连，但靠近中心的界面沿同一圆形展开，空开的中心设计了灵动的圆形景观环岛及大面积绿色坡地，增加人们对自然、艺术的体验，将人与建筑、环境完美融合。

b. 直线形

直线形的三塔式城市综合体是指塔楼部分沿某一方向线性排列，同时，三个塔楼为相似单元。连续的直线关系韵律均一，秩序感较强。三个主体均质统一，通常不存在中心或重点突出的个体。缺点是三者关系疏远，相较于品字形布局，完全联结时会导致交通距离过长。典型的直线形布局有华贸中心写字楼、北京万达广场的办公、旅馆部分。

北京华贸中心办公塔楼沿着基地南侧层层叠落，从西侧的 28 层，到中间的 32 层，直至 36 层的东塔楼。这种不同高度的交错处理，使建筑体量沿着城市的东西轴线呈放射状，在用地东侧达到最高点，映射出“北京城市大门”的建筑寓意。这一排层次分明的塔楼也像一个“过滤器”，滤掉城市主干路的喧嚣和繁忙，在视觉和听觉方面维持内部庭院的宁静。塔楼采用带有角度的平面布局方式，这既是对斜向轴线的呼应，也是内部景致的拓展，将西北部的庭院空间和东南方向即将建成的体育公园纳入人们的视野中。

城市综合体中存在四个、五个，甚至更多的高层部分时，将其归类为多塔式。多塔式城市综合体中典型的形态有田字形态，如北京阳光广场和清华科技园科技大厦，前者以裙房将塔楼相连，后者将裙房与平台结合，在高层部分围合的中心设计开敞空间。

此外，一般来说，在多塔形态中会将高层塔楼通过功能、面积、高度等设计条件划分为单塔、双塔或三塔，之后再进行重新组合，其局部组合出的单塔、双塔和三塔形态通常会强于其整体带来的建筑意象。

例如西直门交通枢纽，它包含西、中、东三区，分别为西环广场、地铁 13 号线车站和公交总站。其中西区建筑面积 19 万 m^2，建筑高度达 99m，由三座弧形塔楼和一座方形塔楼组成。塔楼沿直线布置，弧形楼身的设计创造出独特的建筑形象，三塔意象强烈。

（4）组群式

组群式超高层城市综合体立足于综合与组群，在全面满足多功能平面要求的同时，注重整个建筑组群的平面体型组合，外部与内部空间序列、层次，是有机呼应，有变化的、统一的整体。

早期的综合体为一幢单体建筑，表现为以层为单位进行的单体组合以及在同层内布置不同的功能。随着规模的扩大，在城市中心综合体以群体的方式出现，多幢建筑单体通过直接建筑连接体、形体、广场等组合成整体性的建筑。

组群式超高层城市综合体在形态上可以看作由多个（组）单塔、双塔、三塔组成的复合体。因此，前文中多塔式形态中分类后重组的特征在组群式形态中也存在，这使得组群式城市综合体具有层次性的形态特征。但是，在实际案例中情况可能会更为复杂多变，分析其组合模式更适合从构成关系的角度来进行研究，这部分内容将在今后作为重点进行研究。

（5）巨构式

这里的巨构式不同于城市规划研究中的巨构建筑，不强调过分夸张的建筑规模和尺度。本文中将以整体建筑形态出现，不便于拆解为部分进行分析的，同时达到城市尺度的超高层城市综合体定义为巨构式形态。

代表性的案例如 BIG 设计的某概念方案（图 7.4.3.1），建筑功能包括酒店、商业、展览、餐饮和办公，面积总计 4.3 万 m^2。这个城市综合体的整体形态是一个 57m 见方

图 7.4.3.1　BIG 某概念方案

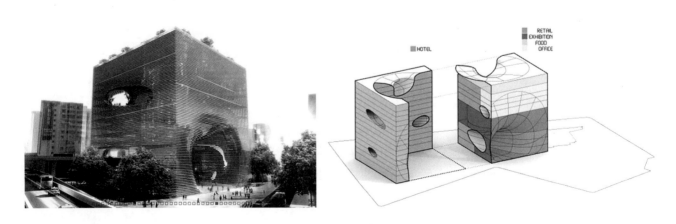

的立方体，立方体中间穿插了从地面延续到屋顶的环形通道，建筑立面横向的格栅也可作为台阶，允许城市人群从地面入口走上屋顶平台。这个项目中建筑形态无明确塔楼和裙房的差别，同时楼身横纵尺度关系也不适合从塔楼形态进行解析。

2. 形态构成关系

构成关系，主要是指如何把若形态要素组织成为一个完整统一的建筑或建筑群。在一些复杂的体量组合中，必须把所有的要素都巧妙地联结成为一个有机的整体，也就是通常所说的"有机结合"。有机结合就是指组成整体的各要素之间，必须排除任何偶然性和随意性，而表现出一种互为依存和互相制约的关系，从而显出一种明确的秩序感。若干幢建筑摆在一起，只有摆脱偶然性而表现出一种内在的有机联系和必然时，才能真正地形成整体。

城市综合体的构成关系适用于分析规模较大、形态复杂的组群式城市综合体，本节也以组群式城市综合体为主要研究对象。

（1）平面组合

完整统一和杂乱无章是两个互相对立的概念。形态组合，要达到完整统一，最起码的要求就是要建立起一种秩序感。形态是空间的反映，而空间主要又是通过平面来表现的，要保证良好的形态组合，首先必须使平面布局具有良好的条理性和秩序感。除了作为建筑实体的塔楼和裙房，这里也引入外部空间作为考虑要素。

a. 轴线组合

轴线通常是指一种在群体中起空间驾驭作用的线形空间要素。轴线的规划设计是群体要素结构性组织的重要内容。一般而言，城市轴线是通过城市的外部开放空间体系及其与建筑的关系表现出来的，并且是人们认知体验城市环境和空间形态关系的一种基本途径。轴线在建筑群体中有很强的控制作用，除了使建筑空间具有方向感以外，它还具有把多个不同形态的空间串联起来的中介作用。它使不一致的形体和各种形态的空间协调共处，建立一种完整统一的空间秩序。轴线经常具有沿轴线方向的向心对称性和空间运动（时常还伴随人流和车流运动）特性。

轴线根据人的活动流线的关系可以分为空间轴线和构成轴线。空间轴线是兼做人的活动轴线，而构成轴线则是指即使仍有对称的轴线，但它也只是起到了使建筑要素具有规律性的构成上的作用，人不能够沿轴线行动。

以一组主体建筑为基线，不断以这条基线上某个基点为轴旋转形成新的建筑群体的中心轴线，这种生长方式可理解为轴线转折。过度的强调主要轴线会产生一定的形式上的限制，甚至会与实际功能、地形相背离。轴线的旋转与交叉给建筑群的扩展带来了生机，它使建筑群的生长在统一中产生变化，多轴线比单一轴线更灵活。

b. 向心组合

向心组合是指在群体组合中把建筑围绕着中心广场，或围绕湖面四周，或围绕着某个中心来布置，并由这些周围建筑的形体而形成一个向心的空间，此时这个建筑群体也会由此而形成一个统一的整体。

c. 网格组合

建筑的空间位置和相互关系通过一个网格图案或范围而得到其规则性。网格组合来自于图形的规则性和连续性，即使建筑形式或功能各有不同，仍能合为一体。为了满足特定要求，可以使网格在某个方向上呈现不规则式或进行其他形变。

以居住功能为主导的城市综合体，或是组群中的居住功能区通常会采用网格组合的构成关系。典型的如北京建外 SOHO。

d. 组团组合

采用韵律重复某个构造单元的建筑，一般情况下是组团式建筑。组团建筑有可延展和生长的特征，可按照一定规律向一定方向以并置的方法拓展，也可与主空间外的其他建筑群形成联系。采用模数制的组团建筑比自由式组团建筑更容易形成韵律。形成组团的可以是规则形或是不规则形，也可以按照一定的构成方式组合。由于组团式建筑都有一个基准图形或模式，因此只要重复应用即可得到整体形象。组团式城市综合体中应尽量减少楼间距离及交通路线，各个相对独立的区域之间，也尽量打通分割界限，室内外都设计方便的连廊和通道，使建筑群体在整体上能联络通畅，达到保证和提高交往、交流、传递、沟通之最佳效率。

位于北京朝阳区的三里屯 SOHO。是一个商业、办公、居住的综合社区。项目占地 5 万 m^2，规划地上总建筑面积 31 万 m^2。三里屯 SOHO 以商业裙房与高层办公或居住组合，形成五个组团，组团间通过连廊相互串接成为一个有机整体，是典型的组团式组合。

e. 院落组合

院落组合以院落作为主要动态空间组合安排建筑，这时图形中空的部分其形状、大小、边界是最重要的。

f. 线形组合

线形组合表现为高层城市综合体沿某个街道，某条河道或某个特定的线形要素进行组织的形态。它显示了一种方向的动势。线形组合的高层城市综合体形态强化了城市中的"路径"，布局灵活，但往往没有很明显的主导中心。

虹桥 SOHO 的平面是四个明显拉长的体量，建筑沿特定的方向延伸，相互间有连廊和平台联结。大胆的造型极具标志性和识别性。

（2）立体组合

从三维角度来看，城市综合体中的立体组合主要有并置和主从这两种关系。并置关系，即组群中各部分建筑高度、体型、界面等统一均质，仅存在渐变或无明显变化。主从关系，即组群中存在明确核心，其中某些部分在造型、体量上突出，是整个组群中的主体，其余的部分处于附属地位，主体是重点刻画的对象，其他可在细节上与主楼寻求关系，整体形象动感强。有主有次，形态丰富。同时，并置与主从关系可存在于一个城市综合体建筑中，创造层次性。

3. 体量设计分析

（1）形体呼应（图 7.4.3.2）

形体呼应是指多栋超高层塔楼在体量上具有一定的呼应关系，这种呼应关系以对

称、局部对称、相对形变、完形塑造等方式为具体表现形式。其中对称与局部对称比
较常见；相对形变是指塔楼之间的相对应地做出相同或相似的扭转、倾斜、弯曲等形
变，以产生呼应效果；完形塑造则是指多栋塔楼的轮廓按照某种完形图案进行收分切
割，利用格式塔心理学原理使人感觉塔楼统一在同一个完整图形之下。重庆来福士广
场虽然由多个塔楼构成，但其布局是对称式的，且其塔楼的体量有一定的弯曲，通过
这种方式塑造了建筑群体的向心性和整体性。

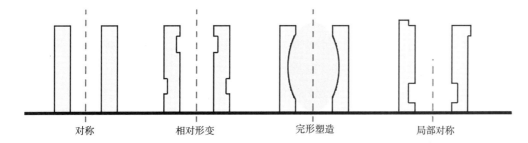

对称　　　　　　相对形变　　　　　　完形塑造　　　　　局部对称

图 7.4.3.2　形体呼应设计分析图

（2）体量对比（图 7.4.3.3）

　　体量对比是指在多栋塔楼中确定作为视觉中心的塔楼，通过改变其他塔楼的尺度、
形变方式，甚至体量形状等方式突出视觉中心。这种体量对比的方式一般常用在三栋
式或者多栋式的超高层城市综合体中。如望京 SOHO 的设计，其由三栋形态高度各异
的塔楼组成，通过尺度、体量、变形等方面的对比，最终形成了具有明确视觉中心的
一组建筑整体。

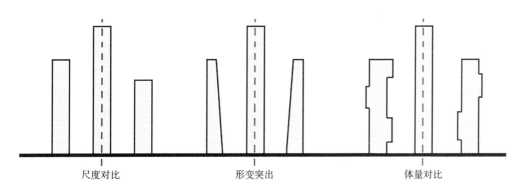

尺度对比　　　　　　　形变突出　　　　　　　体量对比

图 7.4.3.3　体量对比设计分析图

（3）重复韵律

　　重复韵律的手法一般用于超高层塔楼的体量自身就具有一定形式感的方案之中，
在体量设计上以并置的手法进行重复，利用形体自身的变化形成韵律，这种方式所呈
现的效果往往比较简洁，同时对体量的形态设计具有较高的要求。如位于北京西直门
附近的凯德 MALL 属于三塔式的建筑布局方式，设计者并没有刻意地去强调某个塔楼，
而是以相同的方式对三个体量进行处理，但对体量的处理以曲线作为主要造型要素，
因此通过体量自身的重复形成了一种独特的韵律感和美学特征。

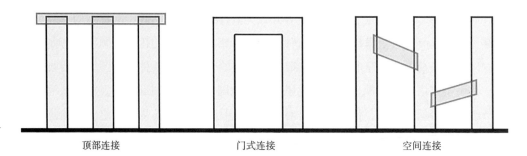

图 7.4.3.4 形体连接设计分析图

顶部连接　　　　　　　门式连接　　　　　　　空间连接

（4）形体连接（图7.4.3.4）

形体连接是通过一些体量将各个塔楼的建筑体量连接起来，从连接方式上可以分为顶部连接式、门式、空间连接式以及复合连接式等。

顶部连接式是指在多栋超高层塔楼的顶部将其相连，比较具有代表性的是新加坡金沙综合体，在其顶部以巨大的空中花园相连，完成了建筑群体的形象连接同时提供了空中的公共活动空间；门式是在顶部连接式的基础上进一步发展而来的，其将连接体量与塔楼体量完全融合到一起，两者之间不再有明显的界限，如东方之门，其在顶部将两个体量结合到一起，形成一个完整的体量形态；空间连接式是指在塔楼中段用连廊或平台将塔楼互相连接，形成空中的交通系统，由斯蒂文·霍尔设计的北京当代MOMA中心是这种连接方式的典型代表；复合式连接顾名思义就是以上几种连接方式的综合使用，从而创造出丰富立体的造型形象。

4. 立面设计分析

（1）母题重复（图7.4.3.5a）。建筑造型上的母题是指不同塔楼形体上具有共同的形式特点，这些特点成为各个塔楼的共性，通过突出强化并且重复运用这些母题，可以使这些建筑物从形态上达到统一。可作为立面造型母题的元素包括图形母题、色彩母题、材质母题等。如西山万达广场，其各个塔楼立面上都应用了近似曲线花瓣的构成要素，通过这种方式将多个塔楼统一起来。

（2）手法同构（图7.4.3.5b）。立面设计中的手法同构是指在不同塔楼立面构成中使用相同或相似的设计手法，使不同的建筑立面形态统一在同一个造型逻辑之下，通过造型手法的同构微差使整体造型在统一中有变化。如北京CBD万达广场，其立面都以竖向线条来进行划分，形成一个完整统一的建筑整体。

（3）对比衬托（图7.4.3.5c）。对比衬托是指在多栋塔楼立面设计中采用不同的设计手法，以衬托其中一栋或几栋塔楼的主体地位，这种方式可以有效的确立视觉中心，

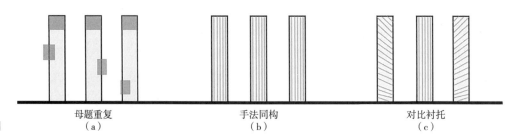

母题重复　　　　　　　手法同构　　　　　　　对比衬托
（a）　　　　　　　　　（b）　　　　　　　　　（c）

图 7.4.3.5 立面设计分析图

同时也能创造出较为丰富多变的造型效果。同时需要注意运用对比衬托这种方式要注意控制对比的"度"，过于强烈的反差可能会破坏建筑群体的整体性。如京南河内地标大厦（Keangnam Hanoi Landmark Tower），其主塔楼立面以深色玻璃全覆盖，两个副塔则是以浅色横向线条划分，两者形成对比，从而突出的主塔的统领地位。

7.5　本章小结

　　本章主要对超高层城市综合体建筑内外空间形态设计进行了较详细的研究，具体包含内外空间形态设计的研究概况、超高层城市综合体造型的基本概念、外部制约因素影响以及内外形态要素设计四个方面。

　　由于超高层城市综合体建筑本身的复杂功能、大型规模和超高高度带来了消防措施的局限性，使其安全成为世界性的难题。下一章将对超高层城市综合体的安全技术措施进行深入的研究和探讨。

第8章
消防安全技术措施研究

8.1　消防安全技术措施研究发展状况

8.1.1　研究背景及目的

中国自改革开放以来，高速发展的城市化进程，经济实力的提升，土地资源的短缺和政府、企业对地标建筑的渴求等，促使超高层建筑不断涌现。除北上广深等一线城市，全国各地都相继加入超高层的浪潮之中，一方面积极消化吸收国际先进的高层建筑建造技术，建造了一批具有当时世界水准的地标性建筑；另一方面火灾等安全性问题不时出现，近年来更有明显严重化的趋势。

超高层建筑城市综合体建筑由于本身的巨大的规模，多样的功能性及复杂的内外部空间、流线、建造工艺、高空疏散不易等，带来了许多消防设计、设施的挑战，使得超高层城市综合体建筑的消防安全成为世界性的难题。因超高层综合体特殊的地标属性，导致其发生火灾时产生的社会影响、经济影响很大。传统的消防手段直接进行扩展是否就可以满足超高层城市综合体建筑的防火安全需求？"9·11"事件引出的消防问题再次引发了人们对超高层建筑的担忧。

经济合理有效的超高层综合体消防安全设计能够使经济及人身损失达到最小，最大限度地保障使用者的财产及生命安全，非常重要。为城市高层超高层综合体建筑防火设计设计研究不同的细化措施，寻找新思路，增加建筑防火设计的灵活性和多样性，是本书研究的目的所在，这也是永恒的课题，需要不停地开展下去。

8.1.2　消防设计中超高层城市综合体自身特点分析

（1）区域因素：超高层城市综合体一般位于城市中较密集的区域节点，土地经济价值高，在"寸土寸金"中保障消防扑救条件，尤为重要。

（2）功能因素：多种功能、不同业态相互组合。酒店+办公+商业（商场、餐饮、会所、参观游览）+酒店式公寓或住宅，或其中几个的组合模式；消防设计有共性，也有各自的特点。

（3）超高层建筑本身的限制因素与超高层自身消防不利因素很多。

①存在火源点多。超高层建筑的电器设备种类多，用量大，超载、短路、发生小火花的现象增多；车库停车多、储油量大；流动人员多，吸烟人多；雷击现象、周围环境飞火等也是超高层建筑可能发生火灾的火源点。

②垂直交通问题：超高层高度高，交通距离长，运输的人员又多，因而如何快速、安全、便捷地解决垂直交通问题，是超高层建筑的一个主要问题。安全疏散困难：（a）疏散手段有限：火灾时普通客用电梯必须停止使用，消防电梯主要为消防队员专用，消防云梯车的高度也有极限，所以楼梯间（一般仅设两部）是室内人员垂直疏散的唯一手段；（b）疏散时间长：一般的超高层建筑，平均少则容纳 4000 ~ 5000 人，平均多则容纳 20000 ~ 30000 人，由于疏散通道有限，距离长，人员疏散，少则几十分钟，多则几个小时。

③烟囱效应。超高层建筑中垂直的楼梯间、电梯井、衣物滑槽以及封堵不严密的管道井，犹如烟囱，火灾时，其拔风抽力效应，会助长烟气火势的蔓延。建筑高度越高，烟囱效应越强烈。实验资料证明，超高层建筑中火灾烟气沿着垂直楼梯间、电梯井等竖向井道垂直上升的速度达每秒 3 ~ 4m，有时甚至可达每秒 8m，往往火灾扩展曼延快且大。

④扑救难度大。a. 救援场地、外部扑救困难，消防云梯车有限：一般超高层城市综合体都位于城市区域中心地带，容易形成救援场地紧张现象。现在我国各地区配置的消防云梯车，差异很大。普通的消防云梯车有效高度为 30 ~ 50m，再高的可达 60 ~ 70m。我国最近引进的芬兰最高的消防云梯车有效高度可达到 101m 的云梯车；超高层建筑上部楼层发生火灾，消防队员无法进行外攻；b. 登高困难：50m 以下楼层发生火灾，消防队员尚可利用消防云梯车登高，在 50m 以上部位发生火灾，登高困难；c. 供水困难：超高层建筑发生火灾，灭火用水量比较大，有时需要达到 100 L/s 以上。经灭火演练测试，三辆大功率消防车串联，通过水泵结合器供水，高度只能达到 160m，通过水带直接供水，高度只有 150m；d. 排烟困难：火灾发生时，因受登高设备和玻璃幕墙限制，以及风向风力的影响，难以实施破拆玻璃窗进行自然排烟，采用机械排烟系统，也会因受风力、气压等气候条件的影响而难以实现设计理想的排烟效果。

⑤结构问题。超高层建筑结构的主要为了防止大厦在强风、地震时产生过大的变形，风荷载和地震荷载已经成为超高层房屋设计中的决定性因素；结构防火设计仍是极重要的方面，是其他消防设计的基础。

⑥超高层建筑环境心理问题。超高层建筑在人类的历史长河中是一个新事物，与人类生存环境相互影响，尤其在：阳光与阴影、噪声、风、热环境、生物、化学环境等方向有很大的影响，就是在社会心理方面也有很深的影响。如：许多人对高度的不安或不安全感，对消防安全防恐安全的担心，对超高层建筑的恐高、厌高，对结构体系的质疑，对居住超高层带来的孤独，寂寞感等。

⑦安全问题。超高层建筑是一个地区、一个城市的标志，它的建造耗资巨大，技

术复杂，而且涉及建筑、结构、设备、防火、交通、能源、环境等一系列问题，是一个地区经济、科技、美学的综合结晶。它是人类生活城市化中的必然产物，反映了人类社会科技、经济集约化、综合化的必然趋势，也将在今后的社会生活中必然存在。它的防火疏散设计也成为不可避免的首要安全问题之一。

（4）超高层建筑火灾的蔓延方式及途径。

超高层建筑火灾的蔓延方式及途径建筑火灾的蔓延方式有火焰蔓延、热传导、热对流及热辐射四种，其传播蔓延的途径主要有以下几种：

①火灾在水平方向的蔓延

防火分区设置及分区洞口、门窗洞口分隔不完善，是造成火灾水平蔓延的重要的原因：如户门为可燃的木质门，火灾时被烧穿，普通防火卷帘无水幕保护，导致卷帘失去隔火作用等。除此之外，火灾在水平方向还可通过吊顶内部空间蔓延，通过可燃的隔墙、吊顶、地毯等蔓延。

②火灾通过竖井蔓延

超高层建筑之中，有大量的电梯、楼梯、设备、垃圾等竖井，这些竖井往往贯穿整个建筑,若未做完善的防火分隔，一旦发生火灾，这些竖井就如烟囱，其拔风抽力效应，会极大地助长烟气火热蔓延。

③火灾通过空调系统管道蔓延

若是超高层建筑的空调系统未按规定设防火阀，采用可燃材料风管，采用可燃材料做保温层都容易造成火灾蔓延。通风管道蔓延火灾，一是通风管道本身起火并向连通的空间（房间、吊顶、内部机房等）蔓延；二是它可以吸进火灾房间的烟气，而在远离火场的其他空间再喷冒出来。

④火灾由建筑外立面的窗口向上层、水平蔓延

超高层建筑周边气流组织复杂，起火房间喷出的烟气和火焰，往往会沿窗间墙经窗口向上层逐层蔓延型更加混乱。若建筑物采用带形窗，火灾房间喷出的火焰被吸附在建筑物表面，有时甚至会水平卷入上层窗户内部。

8.1.3　我国防火规范的发展与局限性

（1）20 世纪 80 ~ 90 年代，我国的高层建筑进入了飞速发展的时代，在数量、质量及高度上都有了迅猛的发展。《高层民用建筑设计防火规范》就是在这样的形势下颁布的，最开始的《高规》到《高层民用建筑设计防火规范》GB 50045—1995，分别在 1997 年、2001 年、2005 年三次被局部修订。新版国标《建筑设计防火规范》GB 50016—2014，自 2015 年 5 月 1 日起实施。新《建规》合并了《建筑设计防火规范》和《高层民用建筑设计防火规范》，调整了两项标准间不协调的要求，将住宅建筑的分类统一按照建筑高度划分。

（2）新《建规》共分 12 章和 3 个附录，其主要内容有：总则，术语和符号，厂房和仓库，甲、乙、丙类液体、气体储罐（区）和可燃材料堆场，民用建筑，建筑构造，灭火救援设施，消防设施设置，供暖、通风和空气调节，电气，木结构建筑，城市交

通隧道等。

（3）与《建筑设计防火规范》GB 50016—2006和《高层民用建筑设计防火规范》GB 50045—1995（2005年版）相比，除将二者合并这一根本改变，本规范主要有以下变化：

①合并了《建筑设计防火规范》和《高层民用建筑设计防火规范》，调整了两项标准间不协调的要求，将住宅建筑的分类统一按照建筑高度划分；

②增加了灭火救援设施和木结构建筑两章，完善了有关灭火救援的要求，系统规范了木结构建筑的防火要求；

③补充了建筑外保温系统的防火要求；

④将消防设施的设置独立成章并完善有关内容；取消消防给水系统和防烟排烟系统设计的要求，分别由相应的国家标准作出规定；

⑤适当提高了高层住宅建筑和建筑高度大于100m的高层民用建筑的防火技术要求；

⑥补充了利用有顶步行街进行安全疏散时的防火要求；调整、补充了建材、家具、灯饰商店和展览厅的设计人员密度；

⑦补充了地下仓库、物流建筑、大型可燃气体储罐（区）、液氨储罐、液化天然气储罐的防火要求，调整了液氧储罐等的防火间距；

⑧完善了防止建筑火灾竖向或水平蔓延的相关要求；

⑨消防给水和灭火设备，对高层建筑类别以及统一术语进行了修订，对相对密闭场所增加设置注氮控氧防火系统规定；

⑩防烟、排烟和通风、空气调节，穿过墙、楼板的风管上所设置的防火阀、排烟防火阀等进行了规定；

⑪电气；对消防电源及其配电进行了新的规定；对应急照明和疏散指示标志所采用的电源；连续供电时间进行了修订；对电气火灾监控系统的应用进行了修订；

⑫国家标准《建筑设计防火规范》（整合版）与《火灾自动报警系统设计规范》和《消防给水及消火栓系统技术规范》之间应用及相衔接及贯彻要求与消防监督管理措施。

（4）国家消防规范近年不断更新提高，针对超高层综合体建筑，也已有专门的规范规定，如2016年"关于加强超大城市综合体消防安全工作的指导意见"、2018年"建筑高度大于250m民用建筑防火设计加强性技术要求（试行）"等，对消防安全工作起到了积极的作用。它们借鉴了世界各国的相关规定和理念，建立在大量实验分析和实际工作的基础上，是消防工作经验的集成，是火灾事故经验教训的总结，已是相当程度上的完备和成熟。

我们也要认识到规范是最低标准，全国各地社会经济城市发展水平不同，另一方面超高层综合体建筑发展迅猛，新的需求新的设计新的空间新的构造材料等不断涌现，这些都需要设计师不断地进行不同的技术措施细化总结与研究，不断地探索技术的未来发展，不断地更新提高标准，并在标准的基础上积极进行科学合理适宜地定制式实践应用。

8.1.4　国内外研究现状

1. 中国香港

香港是一个高速发展的城市，但由于用地紧张不得不向空中发展，其高层建筑的密度堪称世界之最。随着高层建筑的发展，消防安全问题也愈显突出。在香港，高层建筑（高度超过 30m 的建筑）中人员密度很大，经常有几千人。因此，为了有效地保证高层建筑的消防安全，香港在防火设计审查时注意到了以下几个问题：

（1）位置：设置环形消防车道，至少确保建筑物的一个主要立面前可通行消防车辆，且应能保证救生与灭火操作的顺利展开。

（2）供水：保证附近有充足的水源满足灭火用水的需要，消火栓的供水能力不得低于 4000L/min，城市主管道的供水压力不得小于 170kPa，没有条件的地区应贮备充足的消防用水。

（3）结构耐火性。出于结构的需要及考虑风载的作用，大多数建筑采用的是钢筋混凝土结构，因此很容易达到耐火极限 1 ~ 4 小时的要求。

（4）安全疏散：由于用地紧张，任何建筑商都不愿让逃生通道占过多的面积。事实上，香港的建筑师都精于在符合消防法规要求的前提下留出最少的逃生通道。为了不引起慌乱，自动喷水灭火装置，其警铃只限在着火层及其下部两层和上部一层报警。高层建筑中每隔 15 层设置的避难层可使人员处于暂时的安全状态，然后在消防队的组织指挥下，有秩序地疏散到最终的安全区域。

2. 日本

日本的消防事业始于 1948 年，在经历了半个多世纪后的今天，其业务范围已涉及火灾的预防、警戒和防卫、急救和救灾等领域。其城市安全的制度和措施已相当完善，有关设施也相当完备。消防事业已全面渗透到老百姓的生活之中，成为百姓生活中不可缺少的一部分。消防研究所作为日本消防技术的国立研究机构也于 1948 年成立，迄今为止的研究课题的重点集中在灾害的防止、灾害发生的原因及如何减轻受灾损失等上。

该研究所 1998 年以来所进行的研究课题和研究成果丰富：

（1）改善复合灭火剂材料的研究。以往的灭火剂材料不符合保护臭氧层的要求，为此，现已禁止使用。日本研制出了既能提高灭火性能，又能保护环境的新型复合灭火剂材料。

（2）塑料材料的耐燃化和防灾材料的研究。耐燃烧塑料不单指不易燃烧，而且必须是燃烧时所生成的物质和排放的气体对环境和人体均无害。卤系列的耐燃烧塑料遇火灾时会生成有害的物质，现已不再使用。日本已开发出了燃烧时既对环境影响小，又有在加入非卤素添加剂后能控制燃烧效果的塑料材料。

（3）消防器材的开发研究。近年，高层建筑的火灾不断发生，而以往的消防车的搭载梯子的长度已达不到高层建筑所需要的高度，为此，日本开发出了可满足各种高度的车载梯子，解决了这一难题。

（4）通信系统的开发研究。消防上所使用的无线通信设备在日本大体上可分为固定式的无线通信和移动式的携带无线机两种。眼下，这两种通信系统只能独立使用，不可互相交叉使用，这样就制约了消防活动。为此，日本开发出了可交叉使用的消防通信系统技术，提高了消防活动的功能。

（5）地下设施排烟技术的研究。随着城市的不断发展，地下的利用向着大规模化、深层化发展，而地下设施和地上设施不同的是，它为闭塞空间，新鲜空气难以流进，一旦发生火灾，大量的浓烟排放不出去使消防和急救受阻。为此，日本消防研究所多年来对地下排烟技术进行了研究，并取得了一定的成果。

日本是个灾害多发的国家，地震、火山、台风等自然灾害每年时有发生。消防工作人命关天。因此，必须加强人们的火灾预防意识，真正做到老百姓的生命和财产确保万无一失。为此，要教育国民时刻将防火和防灾铭记心中，多举办一些宣传活动，提高国民的抗灾能力，完善灭火和防灾设施，培养防灾带头人，使其能在遇到火灾时带领人们投入到救火当中去，尽最大的努力减少灾害损失，保证国家和个人财产少受损失或不受损失。

3. 美国

美国每年约有 80% 的火灾（超过 4 万起）都发生在家中，根据美国消防协会估计，每个家庭成员在其一生中，至少会遇到两次严重的火灾，于是美国对家庭容易发生火灾的地方采取了颇具特色的防火措施，并收到了明显的效果，比如屋顶采用混凝土板、薄铁板、砖瓦等耐火性能好的材料建造；在有热源的地方，1m 之内不应存放易燃物。除此，还应定期打扫烟囱，使其保持畅通；确保门厅、每层楼的其他房间和卧室过道、楼梯的畅通并装上烟雾报警器，以便在发生火灾时，便于逃生；有条件的家庭还在墙壁和天花板中安装自动热敏喷水系统；一定要将院子外的门牌号码写好挂好，越醒目越好，以便火灾时消防队能很快准确地找到；在院子里举行烧烤野餐或篝火晚会，要尽量离房子远些等。

美国预防家庭火灾最有效的办法是在家庭中安装小型的火灾自动报警器和自动喷淋灭火器，使用煤气的家庭还得安装煤气漏气报警器。据统计，在城市居民中，大约有 75% 的家庭备有火灾自动报警器、自动灭火器和煤气漏气报警器。

推广阻燃的衣料和被褥也是美国家庭防火的高招。美国法律明文规定，老人和孩子穿的衣服以及他们所使用的被褥、床上用品等都必须是阻燃织物做成的。消防当局还不断向民众宣传防火常识和火灾时的逃生要领，告诫人们万一失火时，不要顾及家用珍藏，及时逃生最为要紧。

4. 中国

随着我国经济建设的迅速发展和改革开放的不断深入，高层建筑得到了迅猛发展。据有关方面统计，全国各类高层建筑已达 2 万多座。但是，由于我国高层建筑起步晚，加之过去执行规范不严，目前一些高层建筑的消防设施很不完善，防火管理水平低，存在着许多不安全因素。

目前既有高层建筑消防安全方面存在的具有一定普遍性的问题可归纳为以下六个

方面：

（1）防火防烟分区不当，分隔不严，无防排烟设施，封闭楼梯间和防烟楼梯间问题较多。这方面的主要问题是有些高层建筑设计有按《建筑设计防火规范》的要求设置封闭或防烟楼梯间，有些虽然设置了却不做防火门或其他方面不符合有关规定，不具备防火能力。其中防火防烟分区不合理及因竖向管井未堵封而造成竖向防火防烟分区不当的高层建筑占有一定比例。有的高层建筑未按规定设置机械排烟设施。例行防火检查中，发现几乎所有装有防火门的高层建筑都不同程度地存在着防火门被损坏或人为地处于常开状态。

（2）高层建筑安全疏散楼梯安全出口数量不足，通道不畅通。高层内楼梯间的防火和疏散能力的可靠程度，直接影响人员的生命安全，现行《建筑设计防火规范》明确规定：每个防火分区的安全出口不得少于两个，且应分散布置。但发现以前有些设计单位因甲方等原因，不按规范设计以及消防执法人员把关不严等因素，造成安全出口不足和不畅通。如另一种情况是高层建筑的有些场所，本应设置防火门，但因设计和使用上考虑美观。就将防火门改为防火卷帘。如果仅仅起防火分隔作用，防火卷帘是可行的，但在疏散楼梯间和通道上设置都是不可取的，一旦发生火灾，卷帘如不放下，火灾中产生的大量烟气就可能进入其他防火分压，进入疏散楼梯及前室，如放下卷帘的话，人员则无法疏散。此外，在多家单位共用的综合性办公大楼中还经常发现在通道门上加锁，造成安全疏散不畅通。

（3）消防设施不完善，维修保养管理不严。目前由于部分高层建筑是在"高规"颁布之前设计修建的，没有安装相应的消防自动系统；有些大楼虽设置了一些消防系统，但忽视了消防设施的管理，年久失修，致使一些安装在建筑内的固定消防设施不能投入正常使用，形同虚设。

（4）室内装修防火安全问题突出。目前高层建筑室内装修方面较突出的消防安全问题是装饰材料的选择和施工过程中存在火灾隐患。旧的高层建筑，尤其是宾馆、酒店等高层建筑不断改建装修，新建的多功能高层建筑装修都采用了大量可燃装饰材料，这样既增加了高层建筑室内火灾荷载，又降低了建筑的耐火等级。装修工程另一问题是装修与主楼设计缺乏协调联系，装修造型、灯光安装、布线等与大楼原设计中的给水支管、自动喷水系统的喷淋头、火灾自动报警系统的感烟、感温探测器、电气控制线路等发生冲突，甚至有些施工单位擅自改动探测器、喷淋头的位置，影响原有设施的正常使用。

（5）消防水源不足，消防专用电源没有解决。目前高层建筑普遍存在消防水池容量偏小。旧建筑有的消防水池被取消，室内外消防水管网未形成环状等。消防用水无法保障，在消防用电上能保证两路供电的高层建筑屈指可数。有少数单位虽配有发电机，但不能自动切换，一旦发生火灾，消防设施正常运转所需电源得不到保证。无法及时控制火势，易良成重大火灾，造成重大财产损失和人员伤亡。

（6）高层建筑使用管理上存在许多问题。高层建筑内部功能复杂，使用单位多，相互之间各自为政，没有明确的责任制度，尤其在消防方面，缺乏统一的管理机构。

有的大楼没有组织对消防系统功能、使用与操作方法等方面知识的培训学习，消防设施管理，维护保养无章可循。

8.1.5　超高层城市综合体的消防安全技术措施——以具体案例分析

工程实例：（以下工程都是按照旧规范《高层民用建筑设计防火规范》GB 50045—1995 实施的）

1. 中国尊（资料来自网络）

中国尊　　528m					
建设状态	在建	建筑层数	总层数	塔楼	108 层
建筑设计	KPF/ 北京院			地下	7 层
建筑结构高度	528m			裙房	
总建筑面积	43.7 万 m²		分项层数	会展	
标准层面积	高 / 低区	5259m²		公寓	
	中区	2764m²		办公	102
停车位配建	2000			酒店	
避难层	8			观光	6
电梯总数			层高	结构层高	4.5
楼梯数目				净高	3.0

（1）总平面消防

项目北侧、东侧均布置可供消防车通行的 U 型环路，道路距建筑距离在 2.5 ~ 7m 左右，路宽 7m；建筑南侧为文化中心，两建筑间距大于 13m，并设置消防通道允许消防车从建筑之间通过。

建筑在东南西北均设置入口，入口上方设置与建筑幕墙一体化设计的雨篷，建筑四周具备消防救援条件。消防车道可以允许博浪涛 101m 登高平台消防车通行，消防车荷载按 62t 考虑。

（2）人员计算

疏散人数 21790 人（塔楼地上人员，不重复计算只供塔楼人员使用的区域如员工餐厅、会议层、空中大厅等）

此人数较实际情况有很大余量，以 Z1 ~ Z4 的业主中信银行为例，计算疏散人数为 10593 人，中信银行现员工约为 2500 人，员工远期预计计算量为 4000 人，仅为计算值的 40%。

（3）避难层

两个避难层层数之间不超过 15 层，共设置 8 处避难层。在四角设置救援窗口。

（4）疏散梯

各层疏散楼梯宽度按 100 人不小于 1m 计算，设计尽可能标准化，基于疏散楼梯宽度（净宽度）均按照 1.35m 设计。局部人数较多楼层加设的疏散楼梯将疏散至本区底部避难层。地下层疏散楼梯除核心筒内楼梯外，另有四部疏散梯疏散至场地四角的室外空间或安全区。

（5）消防电梯和穿梭梯辅助疏散

消防电梯数量按规范设计，设置在不同的防火分区内，每层停靠。消防电梯在F104 层转换，转换后，从首层至顶层约 119.5s。利用穿梭电梯辅助高区（Z4～Z8）人员及老弱病残孕等特殊人群疏散。

消防电梯从地面至第一百零四层每层停靠，另设消防电梯服务第一百零四～第一百零八层。消防电梯在第一百零四层具有机械加压系统的防烟前室转换。

（6）防火分区划分

本项目除消防设计难点区域地上办公区域，按照每个防火分区不大于 $3000m^2$（建筑面积含核心筒）设计。

（7）消防灭火系统

消防水箱：在最高设备层 M8 设消防专用储水池，水池储存全部室内消防用水量 $690m^3$，在 B1、M2、M4、M6 层各设有 $60m^3$ 转输水箱，在 M2、M4、M6 层各设有 $36m^3$ 减压水箱。

（8）消防安防控制系统

消防控制中心设置于地下一层夹层，实现对全楼的火灾自动报警及联动设备进行集中监控及控制。火灾自动报警系统用电由两路市电及应急柴油发电机和 UPS 供应。

为了及时发现并处理报警信息，M3、M8 层设有消防分控室，实现对本区域的火灾自动报警及联动设备进行监测及控制，并与消防控制中心通信。

消防控制中心主机具有消防联动控制，应急广播控制优先权。

位于 R5 应急指挥中心可在高区发生火灾时，作为前沿指挥所。

本项目地下一层设置 5 台应急柴油发电机，室外储油罐的储油量可保证 8 小时应急电源。

（9）防排烟系统

本项目按照规范要求，分别为防烟楼梯间、消防合用前室、避难区设防烟系统。

地下、地上各楼层均按照规范要求设置排烟系统，其中首层大堂和顶部观光区两处大空间需要采用消防性能化设计，确定消防排烟设计策略并提供定量数据。

地下车库设置独立的排烟系统，按照防烟分区设置，地下其他超面积房间和超长走道设置排烟系统，排烟风机均设置于风机房内。排烟系统的补风按照防火分区对应设置。

地上考虑外幕墙全部密闭，设置竖向机械排烟系统和对应的补风系统，风机均设置于设备层内。

考虑主体建筑高度较高，风压会对系统排烟补风口造成影响，故根据不同高度的室外风压增加风机静压，保证防烟系统顺利排烟和取新风。

（10）燃气系统

项目塔楼内有燃气供应。设置独立的管道竖井供燃气管道至塔楼顶部，设事故通风，可燃气泄漏报警装置，并接入消防控制中心。

外围进户引入管均设总阀门及紧急快速切断阀，与燃气泄漏报警器联动。厨房引入管均设手动快速切断阀和紧急自动切断阀，与燃气泄漏报警器联动。厨房均设燃气泄漏报警器，与紧急自动切断阀及机械送排风机联动，机械送排风系统，平时为厨房通风，在燃气泄漏报警时转为事故排风。安装于厨房内燃气管道皆为明装，天然气管道采用无缝钢管焊接连接。

消防总控制中心设显示报警器工作状态的装置，以显示事故地点及气体泄漏报警。

2. 上海环球金融中心（资料来自网络）

上海环球金融中心 492m					
建设状态	建成	总层数	塔楼	101 层	
建筑设计	KPF/ 华东院		地下	3 层	
建筑结构高度	492m		裙房	3 层	
总建筑面积	38.16 万 m²	建筑层数	分项层数	餐饮商业	B2 ~ B1，2 ~ 3 层
标准层面积	总	3300m²		会议	3 ~ 5 层
	净	2300m²		办公	7 ~ 77 层
停车位配建	1100			酒店	79 ~ 93 层
避难层	8			观光	94 ~ 100 层
电梯总数	91	层高	结构层高	4.0m	
楼梯数目	3		净高	2.8m	

（1）避难层

主塔部分避难层考虑到建筑高度及各种用途疏散人数，共计 8 处避难层。为了确保安全性，每隔 12 层设置避难层（规范为 15 层）。避难区的面积以 1.0m²/5 人为基础，并在此基础上有所提高，平均都控制在 1.0m²/3.8 人左右。

（2）楼梯疏散策略

观光设施在九十七 ~ 九十二层设置两部楼梯，九十二 ~ 八十九层避难层设置 6 部疏散梯。酒店在八十九 ~ 七十八层避难层设置四部疏散梯，办公标准层在七十八 ~ 六层避难层设置三部疏散楼梯，在六层避难层至首层增加两部，共五部疏散楼梯。主楼、裙房以及地下部分的疏散路线各自分离，互不干扰。

疏散时间：根据各种用途的避难人数，在整体通过疏散楼梯进行疏散的情况下，共需疏散时间约 128 分钟。

（3）亚安全区认定

在平面的安全疏散上采用了将塔楼核心筒作为一个亚安全区来考虑的方法。

采用该方法的前提条件和措施时：1 核心筒在平面的四个方向分别开设有通往核心筒的安全出口，设常开甲级防火门。2 核心筒内部设有疏散走道，该疏散走道连接核心筒内的两部疏散梯。3 核心筒内疏散走道采用正压送风,防止烟气进入。

（4）双轿厢电梯

该项目在办公楼层内采用了国内项目很少采用的双层轿厢式穿梭电梯。办公层根据电梯组和避难层的位置分成 6 分区,在二十八、二十九和五十二、五十三层设有两个空中门厅,前往塔楼上部的人员可首先在一层或二层乘双层轿厢式穿梭电梯到达空中门厅,然后在空中门厅处转乘区间电梯。采用这种形式轿厢可以最大限度保障电梯井道空间,并将人员尽可能快地输送至目的地。

3. 深圳京基 100 大厦（资料来自网络）

深圳京基100大厦439m					
建设状态	建成	建筑层数		塔楼	100 层
建筑设计	TFP/ 华森公司		总层数	地下	4 层
建筑结构高度	439m			裙房	
总建筑面积	60.24 万 m²		分项层数	餐饮商业	
标准层面积	低区	2572m²		会议	
	高区	2479m²		办公	6 ~ 72 层
停车位配建	1853			酒店	73 ~ 100 层
避难层	5			大堂	1 ~ 3 层
电梯总数	64		层高	结构层高	4.5 ~ 5.5m
楼梯数目	3			净高	3.0 ~ 4.4m

（1）防火分区

a. 办公标准层防火分区的划分尽量按每层为 1 个分区,但每层办公面积的超出、办公及酒店大堂共享空间的划分成为防火分区设计重点和难点,具体分析如下:

b.《高规》规定,每个防火分区的建筑面积不应大于 2000m²,办公层每层建筑面积为 2400 ~ 2700m²,扣除结构部分及核心筒内封闭不用的穿越井道等,面积约为 2000m² 左右,将办公层每层划分为一个防火分区,增加了办公楼层使用的灵活性,经过火灾场景电脑模拟计算及试验论证认为,虽然防火分区建筑面积有超出《高规》的要求,但扩大的范围较小,疏散楼梯的宽度远大于疏散人数所需,且办公层设快速反应喷头,加快灭火系统的启动时间,缩小火灾规模,这为扩大防火分区面积提供了有力的弥补措施。办公平面呈环形布置,保证人员双向疏散及疏散距离的要求。

c. 办公入口大堂由 7 层高的中庭所贯通,此处防火分区的划分也是经过多方案比较,如在每个上下连通口的周边设防火卷帘,会造成中庭的四角有立柱,影响中庭的美观;如在两端设甲级防火门,将四 ~ 七层的连接桥划分为一个防火分区,与一层办公大堂同为一个防火分区,这样四 ~ 七层的连接桥不能有使用功能,限制了使用的灵活性,为了兼顾消防安全、使用的灵活性及美观的要求,设计在四 ~ 七层中庭处设水平防火卷帘，使每层的连接桥与各层办公同为一个防火分区，解决了上述两种方案的不足。

d. 七十七～九十层为酒店客房层，由七十七～九十四层的酒店中庭与其回廊设为一个防火分区，由七十七～九十四层之间的酒店客房与中庭回廊相通的门、窗设置可自行关闭的乙级防火门、窗；酒店层每层设为 1 个独立的防火分区；九十一～九十三层的机电层、第 5 避难层和中餐厅每层为独立的防火分区；九十四层为酒店大堂及咖啡吧。原设计考虑利用设于九十三层顶部的隔音玻璃天花板将其设计为特级防火玻璃，但后来据了解满足此要求的防火玻璃造价昂贵，需要进口，为节省成本，考虑此天窗采用普通的钢化夹胶安全玻璃，在玻璃的下方设置水平防火卷帘，但中庭的右侧为酒店的 4 部观光电梯，电梯井道在火灾时会形成烟囱效应，这样酒店观光电梯在九十三层、九十四层的玻璃要采用防火玻璃，同样存在造价成本和施工难度问题，故此设计在九十三层、九十四层的中庭旁设垂直防火卷帘，将酒店九十三层餐厅层及九十四层酒店大堂层与中庭分隔开来。将九十四层的酒店大堂层与九十七层、九十八层蛋形观光餐厅与拱形玻璃外幕墙围合部分的内部空间划分为一个防火分区，九十五层、九十六层观光餐厅周围用特级防火卷帘将其与酒店大堂分隔，为一个独立的防火分区。

（2）安全疏散

a. 疏散楼梯（疏散楼梯的宽度满足 1m/ 百人的要求）办公层的最大建筑面积为 2700m²，按每人建筑面积 10m² 计算，办公层的最多人数为 270 人，所需的疏散宽度为 2.7m，设计了 3 部疏散楼梯，且均匀分布于办公层，总疏散宽度为 3.6m，大于要求的宽度。酒店层设有 2 部疏散楼梯，该 2 部疏散楼梯一直通至办公层与酒店层交接处的避难层，再通过避难层转换至办公层的疏散楼梯，疏散至首层。酒店大堂及其"蛋"形餐厅平面设有两部疏散楼梯，楼梯宽度均为 1.2m。九十四层及九十四层以上楼层的人员通过这 2 部疏散楼梯疏散至下方就近的九十一层避难层。人员数量的参考确定值：办公室：10m²/ 人；酒店层：床位数 +20％员工；高级餐厅：2.5m²/ 人；厨房：10m²/ 人；后勤用房：19m²/ 人；健身房：控制人数。据人员密度系数可以确定本大厦所能容纳最大人员数量为 14695 人。

b. 避难层。避难区域可分为避难间、避难层、屋顶平台等，避难间在上海金茂大厦的客房楼层有采用，在每层的合用前室中设有一个避难间，面积约 20m²，用具有一定的耐火极限的隔墙、楼板与其他部位隔开，并设置了自动喷淋、火灾报警和加压送风系统。超高层建筑中将独立的楼层作为避难区域，或与设备层组合在一起的具有一定安全度的避难区域，此种做法较常见。当超高层建筑有裙房，或标准层平面的面积随高度的增加而缩小时，则裙房的屋顶平台、高层的屋顶平台可充分利用作为避难区域，如台北的 101 大楼，透过 26 层逐渐内缩的基座上，增加 8 座斗阶，每座 8 层楼高，每个斗座接点就是避难逃生平台。该大厦在十八层及十九层两层、三十七层及三十八层两层、五十五层及五十六层两层、七十四层、九十二层设置了避难区，用敞开楼梯将十八层及十九层、三十七层及三十八层、五十五层及五十六层连接成两层的敞开避难空间，避难区的外围护幕墙为竖向百叶，满足自然的采光通风，同时在 5 层办公层设有通往裙楼屋面的门，将裙楼屋顶作为第一个避难层，屋顶平台面积大，屋面楼板具有一定的耐火极限，在火灾情况下，避难是安全的。避难层之间的楼层间隔十九～三十七层之间、五十六～七十四层之间、七十四～九十二层之间相隔 18 层，三十八～五十五层相隔 17 层，相较《高规》有一定的增加，且均已通过了消防部门的论证会议。

c. 电梯疏散：将穿梭电梯作为全楼疏散的辅助疏散方式，当消防控制中心根据火势或其他紧急情况作出判断，发出整楼疏散的指令时，可采用"楼梯疏散为主，电梯疏散为辅"的疏散方案。消防控制中心确定需要采用电梯疏散，主要采用以下策略：将运行于负一层、首层至三十九层、四十层的双轿箱穿梭电梯转换为疏散电梯模式，且只采用其中的 1 层轿箱，往返于首层和三十七层避难层；同时火灾时将设置于负一层、三十九层和四十层电梯门口的特级防火卷帘自动放下，由三十七层避难层以上楼层疏散至该层的人员可以选择等候电梯疏散，也可以继续使用疏散楼梯，三十七层以下的人员原则上不采用电梯疏散，只采用疏散楼梯疏散至首层室外，消防电梯仍然主要用于消防施救人员交通和运载灭火设施使用，可以停靠所能达到的任何楼层，必要时可实现部分人员救援运输功能，尤其是对残障人员的救援。将穿梭电梯兼用作疏散，则必须做到以下方面的技术和管理措施：第一，电梯井、轿箱以及井中的物体需要做到防火、防烟和防水；第二，疏散电梯机房需要做到防烟和防水；第三，电梯的供电需要得到保障；第四，疏散电梯用于紧急疏散时需要有经过训练的专业人员操作；第五，电梯疏散需要做到良好的信息沟通；第六，疏散电梯系统需要进行良好的管理和维护。国内外已有一些超高层建筑采用电梯作为全楼疏散的辅助疏散方式，如上海的环球金融中心、英国电讯塔、迪拜世界塔等。

（3）消防电梯设计

该大厦共设有两部消防电梯并在七十四层进行消防转换，其中一部消防电梯最高到达楼层为九十五层，另一部最高到达九十六层，九十七层和九十八层没有消防电梯停靠，没有消防电梯停靠的原因主要如下：a）外形造型影响，其造型为"蛋"形设计，且作为本项目设计的一个独特造型考虑电梯通至顶层，电梯机房会突破"蛋"的造型，影响外部形象；b）九十七层和九十八层功能单一，建筑使用面积不大；c）九十七层和九十八层本身人员有限，且很容易方便迅速地疏散至第九十六层。2 部消防电梯均在酒店层和办公层交接的七十四层避难层进行一次转换，消防员由首层运行至七十四层的时间需要 44.6 秒，由七十四层运行至九十六层的时间需要 26.5 秒。

（4）结构防火

酒店大堂屋顶钢结构防火保护在消防性能化报告中，ARUP 公司通过对酒店大堂不同火灾场景的设定模拟，确定酒店大堂屋顶钢结构的保护时间：九十四层火灾时，受火焰影响范围内横梁、柱脚均采用 3 小时保护（0 ～ 4.6m），其他采用 1.5 小时保护，此时拱顶整体结构在设计火灾条件下保持稳定；九十八层火灾时，受火焰影响范围内的横梁采用 2 小时耐火保护，柱子 1.5 小时耐火保护，此时拱顶整体结构受力分析表明构件受力低于结构设计值，整体结构满足弹性要求。最后设计方案为使得建筑外观达到统一、美观的效果以及易于施工，采用了以下的保护方案：距离九十四层酒店大堂地面 0 ~ 4.6m 高度的柱脚采用 3 小时耐火保护；酒店大堂地面以上第一圈横梁均采用 3 小时耐火保护；距离九十四层酒店大堂地面 4.6m 高度以上的构件均采用 2 小时耐火保护。

（5）酒店大堂延期控制

酒店大堂上方大空间的防排烟设计，酒店大堂空间高大，高 39.2m，外形呈弧线形，在九十八层两端的夹层及标高 434.80m 的东西两端设有排烟风机，合计机械排烟量为 164530m³/h，中庭体积为 39734m³，按规范要求换气次数按 4 次 /h 计算得排烟量为 158936m³/h，满足要求。

（6）消防供水

在九十一层机电设备层设置了容量可达 540m³ 的消防水池，其中 432m³ 为消火栓用水，108m³ 为自动灭火用水；在顶层（九十八层）设了 24m³ 的高位水箱，作为自动灭火系统前 10 分钟的消防供水。

在地下也设了 540m³ 的消防水池作为本大厦消防用水；在高位消防水池和高位消防水箱处设了增压设施，以保证最不利点消火栓和自动水灭火系统的水压要求；室内消火栓管道，国内规范要求环状布置，但一般设计仅采用竖向环状布置。为了加强京基金融中心的消防安全供水，采用立体成环的做法；对于自动喷水灭火系统的设计，规范并无要求双立管供水，但出于安全供水、水压均匀的考虑，本项目采用双立管环状供水，每层设置 2 个水流指示器。

（7）结论

a. 对于局部办公楼层防火分区超过规范要求的问题，通过论证，在有利措施加持下，有扩大防火分区的可行性。

b. 针对超高建筑特点带来的消防设计难点，将办公层的 6 台穿梭电梯兼用作疏散电梯，以加强整座大楼的疏散能力。对于电梯供人员疏散的有效性，通过安全疏散模拟，对仅用楼梯和辅以电梯两种情况下的疏散进行了对比，发现辅以电梯疏散缩短了总的疏散时间，使得在同一时刻大楼内疏散完毕的人员数量大大提高，并且缓减了楼梯间的拥挤程度，提了了疏散效率。

c. 对距离高大空间的酒店大堂（九十四层）4.6m 以下柱、柱脚和最下面的一圈横梁均采用 3 小时耐火保护；其余构件（包括小斜撑）均采用 2 小时耐火保护，各构件处于弹性状态，整体结构满足弹性要求。

d. 酒店大堂采用机械排烟系统，排烟量为 45m³/s，通过火灾烟气模拟，酒店大堂高大空间具有较好的蓄烟能力，烟气层下降到一定高度需要较长的时间，这为人员疏散提供了较有利的条件。

e. 对于消防电梯设计难点，基于对建筑使用功能和建筑外观效果的考虑，消防电梯将不停靠九十七层和九十八层，其中 1 部最高停靠九十六层，另 1 部最高停靠九十五层。且均需在避难层七十四层进行 1 次转换。此结论不具备普适性，需特殊情况进行特殊研究并加以定制、论证。

f. 根据酒店大堂空间特点，采用大空间智能消防水炮灭火系统来保护酒店大堂及其顶层餐厅，同时设置空气采样式及早期烟雾探测器加强大空间的火灾探测。

8.2　超高层消防设计建筑、总图专业面临的问题及解决途径——建筑专业（含总图专业）

8.2.1　总平面设计

（1）因超高层建筑在高度上大大超出现有消防车的扑救范围，而等待消防员进入建筑内部，对火灾进行扑救的时间过长等因素，导致超高层建筑的消防设计，其主要消防手段是以楼内人员、设施自救为主，室外扑救为辅的方式。

（2）国内超高层的总平面消防设计主要围绕目前国内主要消防云梯车（50m 举高操作）的使用要求进行展开。也就是说，超高层建筑 50m 以上部分并不具备外部扑救的良好条件。因此超高层建筑消防的总平面设计，将更多的针对超高层的 50m 以下部位。

（3）根据超高层室外扑救的特点、消防云梯车对于场地的使用要求，制定相应的总平面设计，是十分必要的。

（4）一般情况下，超高层城市综合体项目容积率较大，占地面积使用较为充分。除建筑间距应满足防火规范要求外，应充分考虑消防车道、消防扑救场地、消防扑救面等的总图布置。

（5）超高层建筑总图易存在的消防问题。

①高层建筑周边没有足够的空间，云梯车的作用受到限制，在建筑物周围可能会存在一些障碍物，例如路灯树木等，这为登高作业增加了难度。

②登高救援过程中，由于地形等条件的影响，例如路面不平、坡度过大等等，消防车辆无法固定或无法承载车辆重力，导致施救工作无法进行。

③在登高面材质的选择上为了美观而选择易碎易脱落的玻璃材料，如果发生火灾意外，会威胁人民群众和消防官兵的安全。

④在消防车专用通道的设计上，也存在诸多不合理之处，例如车道设计过窄，由于消防车辆转弯半径大的特点和事故现场复杂的情况，为消防车通行带来麻烦，登高场地形状不规则、标准不统一，当事故发生时，不利于消防人员组织救援和调度，对消防人员了解火情增加了障碍，不利于救援和扑救计划的制定。

（6）消防车道的设计：

在车道的设计上，应考虑到与建筑物距离和道宽，消防车通道的宽度应该为 7m 左右的双车道，这是根据消防车以及其工作的特点制定的，而消防车道与建筑物的最小距离是 5m，最大的距离应该根据建筑物的具体高度进行具体的计算和分析；另外值得注意的就是消防车道的转弯半径，为了提高救援效率，一般都要求设计一个15m见方的消防车回车场，但是现如今的消防车体积较大，对回车场的要求也有所提高，应该考虑具体情况尽可能的建造18m×18m的回车场。

（7）救援登高面（扑救面）的设计

①高层建筑在登高面的设计和建造上应该有意识把沿街的交通便利的一侧设置为登高面，重点选取最合适的一面作为登高面；注意其他自然因素对登高面选择上的影响，例如：风向避免登高面设置在常年风向的下风处，事故发生时会导致热浪和烟雾影响消防人员灭火和救援；

②设计消防登高面外侧墙体的过程中，应注意外界障碍物的影响，例如广告牌玻璃幕墙等，尽量保证消防登高面的平整，并靠近建筑物的窗体和阳台不受一些外界因素的干扰。

（8）科学设计登高场地

科学合理的登高作业场地，应该有足够的举高空间和作业范围，并且中间不受树木、电线等物体的影响，还应做到举高场所附近要有相应的消防设施，便于消防车辆进行取水，这些是消防登高场地设置的前提条件，另外在满足以上条件的基础上，要做到消防车作业场地附近，不得建造地下停车场等的出入口，以免造成消防救援工作的混乱，对消防登高面的设计还要遵循一定的客观规律，严格按照有关规定和参数执行。

8.2.2　防火疏散设计主要考虑以下几个方面

1. 疏散楼梯疏散

疏散楼梯疏散是超高层建筑中应急疏散的主要方式。超高层建筑中必须设置防烟楼梯间，每个防火分区不少于2部防烟楼梯间。防烟楼梯间应设置前室，前室面积不小于$6m^2$。防烟楼梯与前室应采用乙级防火门（详见防火规范）。

超高层疏散楼梯的局限性

（1）没有充分考虑到超高层疏散的人数。规范上$3000m^2$两部疏散楼梯的要求，50m高的建筑是这个要求，300m高的超高层建筑还是同样的要求。显然超高层要求疏散的人数与垂直疏散距离都大很多。

（2）疏散时间长火灾时通过楼梯疏散，在楼梯间会形成密度最大的人流，这时一部分人长时间不能从楼层进入楼梯间，而楼层与楼梯的连接处，则在疏散期间一直处于极限的人流密度。在这种密度下人的运动速度会非常慢，疏散会延续很长时间，更可怕的是，由于相互挤压，人们可能因承受太重的压力而导致窒息。

（3）不适合于残疾人和行动不便的老人在有限的楼梯空间内，一旦有残疾人和行动不便的老人出现在疏散的人流中，将影响整个疏散队伍的速度，甚至造成完全堵塞。

（4）疏散与救援相互影响当消防人员从疏散楼梯往上进行救援时，势必与往下跑的人员形成冲突，很容易造成堵塞，甚至导致人员伤亡事故。

2. 建筑精细化设计

解决超高层疏散楼梯问题的直接的方法是增加除疏散楼梯以外的其他竖向疏散途

径，但通过建筑的精细化设计也可以缓解这方面的问题。

（1）调整垂直功能布局

超高层建筑一般都含多种建筑功能，如：公寓、酒店、办公、会议、商业等，即使单一的办公功能也会有高端办公、与普通办公之分。在设计上尽量把使用人数少的功能放在上面（公寓、酒店），使用人数多的功能放在下面（办公、会议、商业），减少紧急状况下局部疏散楼梯的疏散压力。

（2）增设疏散楼梯数量

增设疏散楼梯数量是缓解楼梯压力的有效方法，试想由原来的每个防火分区两部疏散楼梯增加到 3 个或 4 个，整体的竖向疏散能力将大幅度增加。一般设计师不选择增加楼梯数量的方法无非是考虑经济性的问题。而精细化设计可弥补这些问题。例如：通过以上案例可以看出，增加楼梯间的数量可以减少公共走道的建筑面积，从而使得在增加竖向疏散的有效宽度的同时，不减少建筑的实际使用率。

3. 火灾人员安全疏散电梯

人员安全电梯则是普通客梯通过改进电梯前室和电梯井的设计，提高控制系统和机电系统的可靠性，从而有效防止电梯前室和电梯井受到烟、火的威胁，火灾时仍然可以使用的电梯。

4. 普通电梯火灾时的安全隐患

普通电梯是超高层建筑内重要的竖向交通设施，为保证平时使用的舒适性，往往在超高层建筑内有大量的客用电梯，一般 4000 ~ 5000m² 就会设置一部电梯。而在建筑发生火灾时，这些电梯会因为不安全而被禁止使用。

普通电梯不具备消防安全的条件，火灾时不能作为垂直疏散工具使用，其主要原因如下：

（1）电源无保障。因为发生火灾时，消防人员必须切断一切正常工作电源，启用应急电源。

（2）产生烟囱效应。因为电梯运行中，电梯竖井就失去了防烟作用，而成为拔烟拔火的垂直通道，既助长烟火扩散蔓延，又威胁人的生命安全。

（3）疏散能力有限。发生火灾时，电梯一次只能载运十几个人，其余人还要等候，这样会延误疏散时机。

（4）如果电梯发生机电故障（或停电），疏散人员就会被困在电梯轿箱之内而无法脱险。

5. 人员安全疏散电梯的设计要点：

（1）人员安全疏散电梯应设置消防前室，前室的使用面积不小于 6m²，可与防烟楼梯间合用前室，合用前室面积不小于 10m²。前室或合用前室的门应采用乙级防火门。

（2）人员安全疏散电梯井井壁必须有足够的耐火能力，其耐火等级一般不应低于 2.5 ~ 3 小时。现浇钢筋混凝土结构耐火等级一般都在 3 小时以上。电梯门、电梯井道逃生门应至少采用乙级防火门。

（3）井道顶部要考虑排出烟热的措施。井底应设置排水设施，排水井的容量不应小于 2m³，排水泵的排水量不应小于 10 L/s。安全疏散电梯间前室的门口宜设置挡水设施。

（4）安全疏散电梯应有两路电源。除日常线路所提供的电源外，供给安全电梯的专用应急电源应采用专用供电回路，并设有明显标志，使之不受火灾断电影响，其线路敷设应当符合消防用电设备的配电线路规定。

（5）安全疏散电梯及其前室内应设置应急照明，以保证消防人员能够正常工作。

（6）前室内应设置直通消防指挥中心电话与发声系统。轿厢内部装修应采用不燃材料，设置消防对讲电话。

（7）安全疏散电梯井内应设置加压系统，保持井道内正压，避免烟气侵入井道。由于电梯会有高速的运动，电梯加压风量要大于传统防烟楼梯间量，同时做到多点加压，避免电梯运行时因活塞作用而产生井道内局部负压。

安全疏散电梯不能代替消防电梯，在发生火灾时不能快速地将消防队员运送到指定地点，故而安全电梯可以不用像消防电梯一样有严格的梯速、最小载重量的要求，但也建议模拟计算给出合理的要求。

6. 人员安全疏散电梯的应急模式

电梯为了使用的舒适性等候时间一般设计在 60 秒左右，在发生火灾时，人流会很集中，等候时间会加长，同时在等候的时候会延误疏散时机。对此我们提出安全电梯的应急使用模式，即在发生紧急状况时，安全电梯只停靠避难层与首层。

当超高层发生紧急状况时，一些人通过楼梯进行撤离，但有些不明情况的人会来到平常使用楼层的人员安全疏散电梯厅。这时该人员安全疏散电梯厅电梯是不允许停靠、是关闭的；该安全电梯厅应有系统语音和指示牌文字提示，请到最近的 xx 层避难层等候电梯，残疾人请到 xx 处消防电梯疏散。这样，绝大部分人员会通过楼梯疏散到相应的避难层，而消防队员也首先可集中避难层进行救援。避难层中避难的人员到安全区域，在消防队员的指挥下，根据自己的体力情况，选择人员安全电梯疏散或楼梯疏散有序疏散。

人员安全疏散电梯只停靠避难层，执行点对点的疏散，会大幅度减少人员等候时间，提高人员疏散效率。极大地提高体质较弱的人群逃生概率。

为应对人员安全疏散电梯应急模式，超高层建筑的设计需注意以下问题：

（1）人员安全疏散电梯要在避难层设计停靠，电梯的运营模式需至少 2 套模块。

（2）人员安全疏散电梯前室需要与避难层的避难区衔接。

（3）高层设计中，有些电梯是不与地面层联系的，需要经穿梭电梯才能到达地面。这种情况下必须设计有避难层链接这两部分电梯，同时该层避难层的避难区面积要加大，其面积应能容纳上段电梯服务的人数。

（4）首层疏散宽度要加大，可咨询电梯厂家，人员安全电梯在应急模式下单位时间会增加的人数，以此计算新的疏散宽度。

7. 直升机救援疏散

在国家《建筑设计防火规范》GB 50016—2014 中明确指出"建筑高度大于 100m

且标准层建筑面积大于 2000m² 的公共建筑，宜在屋顶设置直升机停机坪或供直升机救助的设施"。屋顶停机坪的出现为超高层火灾逃生提供了第二生命通道，同时也为消防人员进入建筑进行灭火救援开辟了第二通道，只要条件允许我们提倡超高层建筑都应该设停机坪。

停机坪设计要点：

（1）停机坪根据准备使用的直升机来确定，飞机大，机坪则相应大一些。直升机高架停机坪一般直径或边长 18 ~ 27m。

（2）停机坪：高架停机坪一般采用钢结构设计，在建筑的顶部架高一个圆形或者方形的平台，荷载取值满足《建筑结构荷载规范》要求，并按照要求划分最终进场和起飞区。高架停机坪其坪面如果用钢筋混凝土灌制，其重量高达数百吨，不但增加高楼载重，且顶楼荷载太大，地震时易发生危险。而且 2 ~ 3 年后机坪坪面一般都会裂开，油漆也会剥落，十分难看。因此在设计时如采用钢结构铝合金防震甲板，不但质轻，重量是钢筋混凝的十分之一，防腐蚀，停机坪新颖，耐用几十年以上。直升机起降时，大楼不会震动，且可适度减低噪声，机坪安全、美观。

（3）四周应设置航空障碍灯，并应设置应急照明。

（4）停机坪面标识：停机坪应标出额定起降直升机荷载，主要起落方向，起落区、安全区等。

（5）出口，保护围栏：如设置电梯口、电梯口距离直升机平台要大于 5m。通向停机坪的消防疏散口不应少于 2 个，每个宽度不宜小于 0.9m。停机坪不应设置高度超过 300 的女儿墙，最好不设女儿墙，宜设安全网，网的周边进深不小于 2m，沿四周水平敷设，其强度应能同时承重 30 人。

（6）风向标：风向标应能指示 FATO 上空风的情况。直升机飞行、悬停、地面活动时必须都能看到；如需夜间使用直升机场，应加以照明。

（7）消防设施：在停机坪附近应设消火栓，其压力不应低于 0.5kg。

（8）通信设施：停机坪上应设置消防电话，以便于与建筑内相关部位取得联系，了解各部位救援、扑救情况，同时停机坪上应设置指挥直升机起降的信号旗。

在无法设置直升机停机坪的情况下，应尽量设置救援平台。

（1）救援平台：利用建筑制高点—机房屋顶作为救援平台，周边 5m 范围内无障碍物，平台周边留出不小于 2m 的通道，可以满足直升机悬停救援。

（2）助航灯光：在机房屋顶的四个角部设置航空障碍灯，并在施救平台区域周边设置可折叠的应急照明灯。

（3）救援平台标识：救助区域采用绿色反光涂料，边界限定区域宽度为 500mm 采用白色反光涂料，救援平台定位圆心采用红色反光涂料，圆心半径为 250mm。

（4）安全出口：机房屋顶救援平台，考虑到担架的通过宽度设置 2 个 0.9m 宽的室外钢梯（带防护栏杆）作为安全出口抵达救援平台，室外楼梯邻近建筑物内的疏散楼梯安全出口。

（5）消火栓：为了保证火灾时，救援平台的安全、避难层区域的安全以及消防人员及时安全地打开消防通道，在施救平台的屋顶设置消火栓，同时配备移动灭火器。

（6）通信设施：救援平台设置消防广播及联动系统。

8. 其他疏散方式

缩放式滑道

采用耐磨、阻燃的尼龙材料和高强度金属圈骨架制作成可缩放式的滑道，平时可折叠存放在高层建筑的顶楼或其他楼层，火灾时可打开释放到地面，并将末端固定在地面事先确定的锚固点，被困人员依次进入后，滑降到地面。紧急情况下，也可以用云梯车在贴近高层建筑被困人员所处的窗口展开，甚至可以用直升机投放到高层建筑的屋顶，由消防人员展开后疏散屋顶的被困人员。

缩放式滑道已被日本防火规范认可为一种安全疏散方式，在美国还仅作为机场控制塔台等高塔类建筑的备用疏散设施。此类产品的关键指标是合理设置下滑角度，并通过滑道材料与使用者身体之间的摩擦有效控制下滑速度。随着高摩擦系数材料的应用，在欧洲已出现可以在建筑专用竖井内使用的缩放式滑道。目前，美国、以色列等国的企业已开发了多个系列的此类产品。以色列一家公司的 AMES 系列产品能够在 90 秒内从 11 层展开，以每分钟 15 人的速度向下疏散人员，并被美国《时代》周刊评为 2002 年十佳发明之一。

缓降器和降落伞

缓降器作为一种往复避难自救逃生器械，主要由绳索和安全带或防护套组成，无需其他动力，通过制动机构控制缓降绳索的下降速度，保证使用者依靠自重始终保持一定速度平衡，安全地缓降至地面。缓降器是目前市场上应用最广泛的辅助安全疏散产品。有的缓降器为提高效率，在缓降绳索的两端各装配一套安全带，当一人到达地面时，绳索另一端的安全带又上升到初始位置，从而保障下一人连续使用。还有的缓降器用阻燃套袋替代传统的安全带，这种阻燃套袋可以将逃生人员包括头部在内的全身保护起来，以阻挡热辐射，并降低逃生人员下视地面的恐高心理。

在选择使用降落伞逃生时，首先要考虑跳伞逃生的高度。一般降落伞最低的开启高度必须达到 100m 以上，也就是跳伞逃生的使用区域设定在 25 层以上楼层使用。其次要考虑选择在哪层跳伞逃生。现行相关国家标准规定建筑高度超过 100m 的公共建筑，均设有避难层。建议选择在避难层进行跳伞逃生。通常避难层一般设有消防救援窗，从该位置打开幕墙逃生比较方便，而且避难层便于储存大量逃生跳伞，便于集中逃生。

在降落伞的选择上，鉴于大多数市民对降落伞使用是绝对陌生的，因此建议选择配置自动开伞器的降落伞。之后统一放置于各避难层，设立专柜存放，贴上有关告示及封条，定期检查。同期还要展开降落伞使用及跳伞培训，将跳伞逃生作为专项培训课程贯穿于消防安全培训工作中。

当火灾发生之后，工作人员应及时指挥逃生人员逃往对应避难层，并打开储存柜取出降落伞，分配给逃生人员穿戴。然后工作人员打开跳伞出口或拟定跳伞位置的幕墙百叶窗或气窗，情况紧急则直接使用硬物砸开幕墙玻璃。随后尽可能与地面工作人员联系，提示地面工作人员准备跳伞逃生有关接应设施。

8.3　超高层消防设计机电专业面临问题及解决措施

8.3.1　消防灭火系统

室内消火栓系统和自动灭火系统

高层建筑消火栓给水系统

高层建筑层数多、高度大，不能直接利用消防车从室外消防水源抽水送到高层部分进行扑救，因此，高层建筑灭火必须立足于自救，即主要依靠建筑物内设置的消防给水系统进行扑救。高层建筑消火栓给水系统是我国目前扑救高层建筑火灾的主要灭火设施，该系统所需水量大、水压高，为确保安全供水，高层建筑消火栓给水系统应采用独立的消防给水系统。

1. 不分区给水系统

不分区给水方式即整幢高层建筑采用一个区供水，是高层建筑给水方式中最简单的一种，其最大优点是系统简单、设备少，但对管材受灭火设备等耐压要求很高。当高层建筑最低消火栓设备处的静水压力不超过 0.8MPa 或建筑高度不超过 50m 时，可采用这种给水方式。

2. 分区并联给水系统

高层建筑层数多、高度大，如果整幢建筑物从上到下只采用一个区供水，则建筑物低层部分灭火设备处的水压将过大，会产生不良影响，因此，高层建筑达到一定高度时，其消防给水系统应进行竖向分区给水，分区并联给水系统是高层建筑消防给水系统中广泛采用的一种给水方式，该方式是各分区独立设水箱，各分区所属水泵集中设置在建筑底层或地下室，分别向各分区供水。当室内消火栓处的静水压力超过 0.8MPa，且允许分区设水箱的各类高层建筑宜采用这种给水方式。

8.3.2　火灾自动报警系统、火灾消防联动系统

1. 消防联动系统

（1）火灾自动报警装置与应急广播；

（2）消防专用电话，火灾报警，查询情况，应急指挥，能与 119 直通；

（3）非消防电源控制，火灾应急照明和安全疏散等控制；

（4）室内消火栓和喷淋水泵，火灾实施灭火；

（5）消防电梯运行控制；

（6）管网气体灭火系统，泡沫灭火系统和干粉灭火系统，火灾后确认实施灭火；

（7）防火门，防火卷帘，防火阀的控制，火灾时实施防火分离，防止火灾蔓延；

（8）防烟排烟风机，空调通风设备，送风阀，排烟阀等，防止延期蔓延提供救生保障。

2. 消防联动设备的联动要求

火灾发生时，火灾报警控制器发出警报信息，消防联动控制器根据火灾信息预先设定的联动关系，输出联动信号，启动有关消防设备实施防火灭火。

消防联动必须在"自动"和"手动"状态下均能实现。

3. 紧急照明系统

高层建筑的发展逐步形成配套完善的智能化建筑。高效率、高质量、高安全性的照明设施是高层建筑的重要元素之一。高层建筑的电气应急体系主要体现在非正常环境下，如何保障人员逃生和重要设备的可靠运行。因此高层建筑的应急照明设计就显得尤为重要，应急照明设计必须具备两个条件：（1）高可靠性的光源灯具；（2）高可靠性的控制过程。在智能建筑和高层建筑内或已装有广播扬声器的建筑内设置火灾应急广播时，要求原有广播音响系统具备火灾应急广播功能，即当发生火灾时，无论扬声器当时处于何种工作状态，都应能紧急切换到火灾事故广播线路上。火灾应急广播的扩音机需专用，但可放置在其他广播机房内，在消防控制室应能对它进行遥控自动开启，并能在消防控制室直接用话筒播音。一般火灾应急广播的线路需单独敷设，并应有耐热保护措施，当某一路的扬声器或配线短路、开路时，应仅使该路广播中断而不影响其他各路广播。火灾广播系统可与建筑物内的背景音乐或其他功能的大型广播音响系统合用扬声器，但应符合规范提出的技术要求。

4. 火灾应急广播的技术要求

按照规范的规定，火灾应急广播系统在技术上应符合以下要求：

（1）对扬声器设置的要求

a. 火灾应急广播的扬声器宜按照防火分区设置和分路在民用建筑里，扬声器应设置在走道和大厅等公共场所，每个扬声器的额定功率不小于3W，其间距应保证从一个防火分区的任何部位到最近一个扬声器的步行距离不大于25m，走道末端扬声器距墙不大于12.5m；

b. 在环境噪声大于60dB（A）工业场所，设置的扬声器在其播放范围内最远点的声压级应高于背景噪音的15dB（A）；

c. 客房独立设置的扬声器，其功率一般不小于1W。

（2）火灾应急广播与其他广播（包括背景音乐等）合用时的要求

a. 火灾时，应能在消防控制室将火灾疏散层的扬声器和公共广播扩音机强制转入火灾应急广播状态；

b. 消防控制室应能监控用于火灾应急广播时的扩音机的工作状态，并能开启扩音机进行广播；

c. 床头控制柜设有扬声器时，应有强制切换到火灾应急广播的功能；

d. 火灾应急广播应设置备用扩音机，其容量不应小于火灾应急广播扬声器最大容量总和的1.5倍。

5. 火灾应急广播控制方式

发生火灾时，为了便于疏散和减少不必要的混乱，火灾应急广播发出警报时不能采用整个建筑物火灾应急广播系统全部启动的方式，而应该仅向着火楼层及与其相关楼层进行广播。当着火层在二层以上时，仅向着火层及其上下各一层或下一层上二层发出火灾警报；当着火层在首层时，需要向首层、二层及全部地下层进行紧急广播；当着火层在地下的任一层时，需要向全部地下层和首层紧急广播。应强调指出，当火灾应急广播与建筑物内其他广播音响系统合用扬声器时，持续式灯具及可控方式灯具直接点亮，且控制灯开关处于失控状态，从而达到完全自动应急照明的目的。在应急照明控制过程中，我们强调应急状态下输出直流的目的，是按照事故状态下安全原则进行的。从人员安全考虑，既要避免触电事故又要尽可能保证应急照明的供电，在转入蓄电池层工作时，输出直流与大地网隔离运行，形成悬浮工作态，保证人员区域内的安全。从电网安全考虑，切断应急集中蓄电池照明电源与电网电源或发电机组电源的关联，以单独形成区域子电网独立工作，从而有效避免短路冲击掉闸，确保消防动力电源正常使用。

不同工作形式下的应急灯具控制方式：

（1）非持续式（常备式）：正常状态下，无交直流输出；强切状态下，交流输出；转入应急状态下，直流输出；

（2）持续式（常亮式）：正常状态下，交流输出；强切状态下，交流输出；转入应急状态下，直流输出；

（3）可控制方式：正常状态下，输出交流，灯开关自由控制开断；强切状态下，交流输出，开关失控；应急状态下，直流输出，开关失控。

应急灯具的控制是由集中蓄电池应急电源给定，从而形成一套完善的自动应急照明工作系统。衔接集中蓄电池电源的供电接线方式，进而明确界定应急照明的投切级别：正常态、备用态、消防态。应急照明的配电方式根据高层建筑的结构，防火分区要求和具体布局，通常采用放射式、干线式、混合式的配电。

6. 应急照明智能化体系的发展

应急照明正逐步向系统化、智能化迅速发展，不再是单纯地从灯具或者从电源方面来看待。一套完整的应急照明体系是由中央控制主机、应急照明电源系统主机。应急照明系统分机联动控制模块，智能开关及灯具构成的关联系统，应急照明的设计将涉及供电电源类别、区域布置、楼宇管理及消防联动、自动应急、照度分配的智能化系统方法；涉及正常照明、备用照明、疏散照明等各级别，是依靠报警联动投入执行并监控的程序系统。

7. 火灾应急广播系统

火灾应急广播是火灾或意外事故时指挥现场人员进行疏散的设备。火灾警报装置（包括警铃！警笛！警灯等）是发生火灾或意外事故时向人们发出警告的装置，虽然两者在设置范围上有些差异，使用目的是一致的，即为了及时向人们通报火灾，指导人们安全迅速地疏散。

（1）火灾应急广播的设置范围：

火灾发生时，为了便于组织人员的安全疏散和通知有关的救灾事项，火灾自动报警系统设计规范 GB 50116—2013 规定：控制中心报警系统，应设置火灾应急广播系统，集中报警系统宜设置火灾应急广播系统的应急照明系统，以保证人身和设备安全，减少损失。应急照明按照用途可分为三类：

a. 疏散应急照明：为保证人员在发生事故时能快速而安全地离开建筑物所设立的照明，在疏散通道地面上提供的照度应达到 1lx，最低不得小于 0.2lx 此外，在安全出口和疏散通道的明显位置还要设有标志指示灯；

b. 安全应急照明：在正常照明突然熄灭时，为保证潜在危险场所（如医院手术间）的人员人身安全而设置的照明。安全照明在工作面上提供的照度不应小于正常照明系统提供照度的 5%，并且应在正常照明电源消失后 0.5 秒以内提供安全照明电源；

c. 备用应急照明：正常照明发生事故时，能保证室内活动继续进行的照明，备用照明往往由一部分或全部由正常照明灯具提供，其应急电源主要应来自两个级别的电源：电网电源和自备电源（发电机或集中蓄电池），照度一般为正常照度的 10%。

（2）应急照明的光源

照明的电光源主要分为两大类：固体发光光源，主要包括白炽灯、气体发光灯、半导体发光器件；气体放电发光光源，包括弧光放电灯、辉光放电灯。可以比较出照明电光源的主要特性，应急照明的光源选择应符合瞬时点亮的原则，因此可知金属卤化物灯、高压钠灯、荧光高压汞灯不符合作为应急照明光源的要求。通常的应急照明光源主要由白炽灯、气体发光灯、半导体发光器件以及不带启辉器的荧光灯组成。

（3）应急照明的灯具

根据 CIE 及相关标准，我国设计标准及规范 GB 17945—2000《消防应急照明灯具》中规定，使用荧光灯作为光源的消防应急灯具不应将启辉器接入应急回路。要求灯具及光源应具备快速启动和宽电压启动的特性，因此，适合于备用级别和安全级别的灯具主要有白炽灯、碘钨灯、电子镇流器紧凑型荧光灯及电子镇流器荧光灯，电感镇流器荧光灯由于启动不可靠，不应作为应急疏散照明灯使用。标志灯具主要包括：免维护型标志灯、长寿型标志灯、普通型标志灯。从光源性质、光源寿命、技术特点方面考虑，疏散标志灯主要采取以半导体器件为主的免维护标志灯。

（4）应急照明的控制

在非正常状态下，当正常照明切断时，应同时使相关应急照明投入强迫点亮状态（电源来自外备用电源或内发电机电源）或根据具体情况直接切入到应急点亮状态（电源来自于内集中蓄电池电源），并能可靠地实现内电源与内电源之间的联锁转换，最终使建筑物中持续式灯具保持常亮状态，非一旦发生火灾，要求能在消防控制室采用如下两种控制切换方式将火灾疏散层的扬声器和广播音响扩音机强制转入火灾事故广播状态：

　　a. 火灾应急广播系统仅利用音响广播系统的扬声器和传输线路，其扩音机等装置却是专用时，当发生火灾，应由消防控制室切换输出线路，使音响广播系统投入火灾紧急广播；

　　b. 火灾应急广播系统完全利用音响广播系统的扩音机、扬声器和传输线路等装置时，消防控制室应设有紧急播放盒（内含话筒放大器和电源！线路输出遥控按键等），用于火灾时遥控音响广播系统紧急开启作火灾紧急广播。使用以上两种控制方式都应注意使扬声器无论处于关闭或在播放音乐等状态下，都能紧急播放火灾广播，特别是在设有扬声器开关或音量调节器系统中，紧急广播时，应将继电器切换到火灾应急广播线路上。无论采用哪种控制方式，都应能使消防控制室采用电话直接广播和遥控扩音机的开闭及输出线路的分区播放，还能显示火灾事故广播扩音机的工作状态。

8.3.3　机械防排烟系统

　　1. 机械防排烟的概念：

　　机械排烟：是利用通风机进行强制的防排烟，它不受室外气象条件影响，排烟效果稳定，但需要有专门的通风设备、可靠的事故用电源、自动控制装置，并需设专人维护管理。因此，造价和维护管理费较高，但由于烟风道所占有效空间小，特别是当楼梯间前室不靠外墙或靠外墙却不能开启时，这种方式易被采纳。

　　机械排烟是考虑人员进行疏散时带入前室的烟应及时排出。当前室同时设有排烟系统和送风系统时，前室里的正压由二者的风量比来保证，并要调整好前室内气流，否则会因送风口与排烟口位置的不当而导致烟气不能顺利排出，而难以达到预期的排烟目的。

　　机械加压（机械防烟）

　　机械加压防烟是在保持防烟楼梯间及其前室有足够压力使火灾期间引起的烟气不能进入楼梯间及前室的基础上提出的。这样，在火灾期间，送入楼梯间及前室一定量的空气，就会将烟气排斥在楼梯间及前室之外。这种系统较简单，但有关风量、风速必须详细计算。

　　2. 机械防排烟的方法：

　　防烟楼梯间及其前室保持正压的方法

　　（1）保持正压的部位

　　从安全角度考虑，楼梯间及其前室都需要保持正压。但对靠外墙且有楼梯间，当火灾发生后，因个别窗子开着或玻璃损坏，就难以保持所需要的正压值；当首层楼梯达不到封闭要求时也难以采用加压防烟的方法，这两种情况不宜采取保持正压方法。

　　（2）保持的正压值

　　通过国内外情况介绍和对其进行分析，认为为了防止烟气侵入和在火灾发生时妇女能够推拉开门，楼梯间应保持 50pa 的压力：前室和消防电梯前室及合用前室保持25pa 左右正压较为合适。

（3）门开启时通过门洞处的风速值

对于门开启时通过门洞处的风速值，按我国现行《高层民用建筑设计防火规范》中推荐选取，该值为 0.7 ~ 1.2m/s。

（4）总风量的确定

正压方式的送风量应分别按照门关闭时，保持给定的正压值（包括通过门窗缝隙和孔洞的漏风量）和门开启时，保持门洞处给定的风速值计算所需要的风量，取两者之中较大值。

（5）送风系统和送风方式

楼梯间及其前室、消防电梯前室和合用前室，正压送风系统应单独分开设置为使楼梯间的压力分布均匀，从顶层开始每隔 3 ~ 5 层设一个送风口，一般多采用一台风机通过竖井，在竖井上开送风口或用分支管的集中送风方法。大量火灾事故结果说明，烟气是阻碍人们逃生的灭火行动，导致人员死亡的主要原因之一。

8.4 超高层消防安全技术发展新方向

8.4.1 电梯作为全楼疏散的辅助疏散方式

目前人们获知的救灾知识是火灾时不要乘坐电梯，因为火灾时电梯容易断电，电梯厅内烟尘大，电梯轿厢可能变形，缆绳可能断裂。而在超高层建筑中，人们要在火灾中跑到底层很费时，会错过最佳逃生机会，因此，国内外很多的超高层已经在尝试和应用部分电梯作为火灾时的逃生电梯使用。如京基金融中心、环球金融中心、英国电信塔、迪拜世界塔等。

未来随着技术的发展、认识的提高等，我们认为推广人员安全疏散电梯很有必要、很重要。

8.4.2 人的行为模式研究在疏散过程中的应用

考虑不同人群的个体特质、生理因素、年龄、性别、身体状况、心理因素、社会因素，结合火灾环境中可燃物的烟、毒性、热、氧气是影响人员伤亡的主要因素。心理恐慌使人疏忽个体防护，以致疏散过程出现中毒、窒息、烧伤等情况；分析火灾时人员的运动特点，主要表现为非适应性行为、恐慌行为、再进入行为、灭火行为、穿过烟气行为等。

针对疏散问题的建筑性能化设计框架

（1）合理的整体布局

首先安全通道不应该设计在建筑的某角落或其他不显眼的区域，安全通道是建筑内发生突发事件时的重要逃生通道，应尽量设计在建筑内较明显或容易寻找的区域，且安全通道的外部设计应与建筑内的其他房间或区域的设计存在一定的反差，即使有烟雾或其他状况的影响，也能让人容易与其他区域相区别。安全通道的指示标志要十分清晰，当发生突发事件时，无论人员在建筑内的任何一个区域都能十分容易地看到安全通道的指示标志，且指示标志要足够的坚固，有一定的耐热耐火性能，保证在突发事件环境下也能发挥作用。

可将电梯设计在离安全通道较近的位置。一方面，对于安全疏散知识较缺乏的人来说，优先选择电梯时，若发现电梯已停止或有问题时，能十分快速地到达安全通道逃离，不会在选择安全通道的过程中浪费更多的时间。另一方面，在高层建筑中，电梯的使用频率往往比安全通道高，人们对电梯的位置要比对楼梯的位置更加熟悉，因此如果电梯和安全通道位置较近可使得人们在突发事件时更容易找到安全通道。

（2）优化疏散路线设计

在疏散路线设计中，应尽量保证人员在建筑内的任何位置都能容易地到达安全通道。在设计疏散路线时，应充分考虑到可能出现的各种各样后果，营造安全氛围，尽量避免设计死区。疏散路线在平面设计中，应遵循"宜直不宜弯，宜短不宜长"，而且应保证两个疏散方向的原则，对于选择不同方向的人都能找到安全通道；在竖向设计中，应保证疏散路线的上下畅通连贯，尤其是楼梯间不应有间断或错位。高层建筑中可适当考虑避难间或避难层，如果安全通道中也发生状况，避难间或避难层可以有效的保证逃生人员的安全。

（3）增加建筑智能化设计

在建筑的各种安全性能化设计中，可更多地考虑智能化和信息化的设施。在建筑的突发事件识别和探测方面，可引入可靠性高、识别范围更全面的探测设备，缩短灾害识别时间，及时将紧急事件反映给楼内的人员。在建筑突发事件的处理方面，需要建筑内有自动的应急设备，包括排烟灭火设备，自动隔离设备等。有效的安全疏散指挥系统也能给楼内的逃生人员提供很大的帮助。在安全疏散指挥系统中，音频是重要手段，在系统的测试过程中可以看出，音频提示往往能大大缩短测试人员对突发事件的反映确认时间。音频提示要足够准确且能指示人们从正确路线逃离，这就要求音频提示要针对不同区域、不同位置的人，有不同的正确指示。

（4）设置有外窗或室外疏散楼梯，设置室外安全平台

设置有外窗或室外疏散楼梯，与疏散路径结合设置室外安全平台等措施，比内筒式疏散楼梯有明显优点，对缓解逃生心理压力和清晰逃生路径形势等都有很好的助益。

8.4.3　高层逃生新技术新设施新设想

1. 火灾预警装置

在一些国家的高层建筑内，每家或者每个单元都要求安装联合报警装置。当某处起火，居民和相关人员预计到火势难以控制时，可以按下任意楼道内或建筑物外墙的多连报警装置，这些装置和每家居民中的火警报警器相连，居民听到后可立即逃生。

2. 逃生电梯

除了上一章节中所说的部分穿梭电梯可以当作逃生电梯，另一种新颖的逃生电梯是德国人发明的折叠式可充气逃生舱，平时，这种逃生舱 5 个一组连在一起，以折叠的方式储于高层建筑的屋顶，当火灾发生时，救援人员开启底楼外墙的一个激活装饰，电动系统让折叠逃生舱像手风琴一样打开，并充入可以让逃生舱悬浮的氦气，然后逃生舱升出屋顶边缘，沿着建筑外墙徐徐降落到地面，人们可以从楼顶进入逃生舱，也可以在逃生舱经过窗户时迅速进入。

阿根廷人员开发了外挂轨道电梯系统，这种系统由嵌齿轮和单轨道两部分组成，轨道上缚若干装人的小箱，每个小箱可负重 200kg，这种装置疏散人员比较快，平时不用，在发生火灾时才专门供电启用。

3. 快速疏散滑道的设想

快速疏散滑道类似于儿童公园内的螺旋形滑梯，只要人员坐（或半卧）在其上，人的身体在重力的作用下会自动下滑。快速疏散滑道两侧有防护设施，人是不可能滑到滑道之外而产生危险的。在底层设置缓冲段以确保下滑人员的安全，由于采用"8"字形滑道，不论人员从多少层向下滑，在以顺时针和逆时针不断交替方式下滑时，一般不会发生头晕现象。

人的臀部、背部等身体部位要接触到滑道的表面，如遇夏天因衣服穿的较少，这些部位的局部皮肤在较长时间的摩擦下有可能受到损伤。为了解决这一问题，可在每层楼安全出口处（即在快速疏散滑道入口处），按该层楼最多疏散人数存放足够数量的（类似于救生衣的）辅助下滑防护垫，这种辅助下滑防护垫可用耐磨材料制成矩形垫块，每个防护垫设两对快速扣紧的绳扣，它可保护人的臀部和背部在下滑时不会被擦伤。

快速疏散滑道目前在世界上还没有应用的先例。对于超高层建筑（或高层建筑）采用快速疏散滑道来解决紧急疏散，应该是比较先进、实用、方便的方法，它较专用疏散电梯的优点是不需要任何动力，即使在全楼停电的状况下也不会影响疏散。

4. 电磁逃生系统

这套系统的核心是建筑每个转角处的一个升降竖井，其中按照一定规律安装有电磁片。高层建筑的使用者每人有一个金属救生衣。当火灾发生时，逃生者穿上这种救生衣直接跳到井里，竖井内的电磁片给救生衣一个与重力相反的阻力，逃生者就像带了降落伞一样，缓慢而安全地降落到地面。

8.4.4　消防机器人灭火新技术、无人机灭火新技术

随着 5G、智能化技术的发展，机器人、无人机技术的发展，以及它们的结合应用在超高层高空灭火已逐步研发出来，也有多种成功实验，相信不久会应用、大量应用在实际的消防工作中，发挥出卓越的作用。

未来，超高层室外楼梯、安全平台等被动式和人员安全疏散电梯、无人机灭火技术等主动式消防安全技术措施都很有必要和需要积极发展和推广应用。

8.5 本章小结

　　本章主要对超高层城市综合体建筑消防安全技术进行了较详细的总结和研究。超高层城市综合体建筑消防安全技术研究具体包含发展状况、超高层消防设计（建筑专业）面临问题及解决途径、超高层消防设计（机电专业）措施、超高层消防安全技术发展新方向四个方面。

　　由于超高层建筑的运行能耗巨大，比同等面积的多层建筑消耗更多的资源、人力和财力，并对城市环境产生一定的影响。在节能、低碳和环保等理念、相关政策及市场需求等多因素推动下，建设绿色超高层建筑已成为一种必然趋势。下一章将对超高层城市综合体建筑四节一环保技术措施进行研究。

第9章
四节一环保技术措施和绿色设计研究

9.1 超高层城市综合体建筑四节一环保技术措施研究

9.1.1 节地措施研究

1. 用地选址分析

包括：场地现状；周边用地现状。

2. 土地利用分析

合理选用废弃场地进行建设，对已被污染的废弃地，进行处理并达到有关标准。

城市的废弃地包括不可建设用地（由于各种原因未能使用或尚不能使用的土地，如裸岩、石砾地、盐碱地、沙荒地、废窑坑等）、仓库与工厂弃置地等。这些用地对城市而言，应是节地的首选措施，理由是既可变废为利改善城市环境，又基本无拆迁与安置问题，征地比较容易。为此，首先考虑这类场地的合理再利用是节地的重要措施，但必须对原有场地进行检测或处理，如对坡度很大的场地应做分台、加固等处理；对仓库与工厂的弃置地，则须对土壤是否含有有毒物质进行检测和相关处理后方可使用。

3. 地下空间的利用

合理开发利用地下空间。

合理开发利用地下空间，是节约土地资源的重要措施之一。地下与地上建筑及城市空间应紧密结合，统一规划。地下空间可以作为车库、机房、公共设施、超市、储藏等空间。在利用地下空间的同时应结合地质情况，处理好地下入口与地上的有机联系、通风及防渗漏等问题，同时采用适当的手段实现节能。人员活动频繁的地下空间应满足空间使用的安全、便利、舒适及健康等方面的要求，做好引导和无障碍设施。人防空间应尽量做好平战结合设计。

4. 停车方式

机动车停车位数量应合理设置，并采用多种停车方式节约用地。

绿色建筑不鼓励机动车的使用，以减少因交通产生的大气污染、能源消耗和噪声，减小每个停车位占地面积。地面停车比例的控制及机械停车或停车楼等措施，是为了更好地利用空间、节约用地。停车库的设计应做好交通规划与停车管理，减少高峰时段的拥堵与混乱，以及无谓的行车造成的能耗与环境污染。机动车停车场节假日、夜间错时对社会开放。

9.1.2　室外环境保护措施研究

1. 与原有自然、人文环境的关系处理

（1）场地建设不破坏当地文物古迹、自然水系和其他保护区。

（2）建筑场地应无洪涝灾害、泥石流及含氡土壤的威胁，建筑场地安全范围内无危险源及重大污染源。

（3）场地内无排放超标的污染源。

（4）施工过程中制定并实施保护环境的具体措施，控制由于施工引起的各种污染以及对场地周边区域的影响。

2. 光污染解决措施

应从立面玻璃的可见光反射比等光学参数加以限制，同时通过专业光污染模拟分析验证等方式加以控制，使得其不对周边居住建筑和道路造成光污染。

3. 建筑风环境分析

采取有效措施控制建筑物周围人行区 1.5m 高处风速，以保证室外活动的安全性、舒适性与通风需求。

超高层城市综合体建筑的建设必然改变建筑周边区域的微小气候，特别是风环境。若由于建筑外形设计的不合理和布局不当将可能导致行人举步维艰或强风卷刮物体撞碎玻璃等事故，甚至威胁行人生命。

建筑物周围人行区 1.5m 高处风速宜低于 5m/s，以保证人们在室外的正常活动。低于 1m/s 则通风不畅，会严重阻碍风的流动，在某些区域形成无风区和涡旋区，不利于室外散热和污染物消散，也应尽量避免。

4. 绿化系统研究

（1）合理采用立体绿化方式

绿化是城市环境建设的重要内容，是改善生态环境和提高生活质量的重要内容。为了大力改善城市生态质量，提高城市绿化景观环境质量，缓解雨水径流对城市管网的压力，建设用地内的绿化应避免大面积的纯草地，鼓励进行墙面绿化等立体绿化方式。这样既能切实地增加绿化面积，提高绿化在二氧化碳固定方面的作用，改善屋顶和墙壁的保温隔热效果，又可以节约土地。超高层城市综合体建筑建筑特点决定其本身难以实现垂直绿化等，但附带裙房存在屋顶绿化和墙面绿化等立体绿化方式的可能。

（2）绿化物种选择适宜当地气候和土壤条件的乡土植物，采用包含乔木、灌木的复层绿化，且种植区域有足够的覆土深度。

植物的配置应能体现本地区植物资源的丰富程度和特色植物景观等方面的特点，以保证绿化植物的地方特色。同时，要采用包含乔木、灌木的复层绿化，可以形成富有层次的城市绿化体系。同时绿化可以实现排水等功能。

根据生态和景观的需要，合理配置乔木、灌木、草本，形成复层绿化，提升绿地的生态效益。同时种植区域的覆土深度应满足乔木、灌木生长的需要。通常深根乔木种植土厚度应大于 1.5m；浅根乔木种植土厚度应大于 0.9m；大灌木种植土厚度应大于 0.6m。

5. 开放空间设置

提高空间利用效率，提倡建筑空间与设施的共享，设置对外共享的公共开放空间。

建筑内共享主要指在建筑中实现休息空间、交往空间、会议设施、健身设施等的共享，可以有效提高空间的利用效率，节约用地、节约建设成本及对资源的消耗。建筑外部共享主要是指建筑应开放一些空间（停车场、可开敞使用的广场等室外或半室外空间）供社会公众享用，增加公众的活动与交流空间，使建筑服务于更多的人群，提高建筑的利用效率，节约社会资源，节约土地，为人们提供更多的沟通和休闲的机会。

6. 场地交通组织

场地交通组织合理，到达轨道交通站点的步行距离不超过 500m，或到达公共交通站点的步行距离不超过 300m 且周边的公共交通线路不少于 2 条。

机动车，特别是小汽车的迅速增长，给城市带来行车拥堵、停车难的大问题。对具有大量人流和短时间集散特性的建筑，为了保证各类人员顺畅方便地进出，要求将大量人群与少量使用专用车辆的特殊人群按照人车分行的原则组织各自的交通系统。同时，倡导以步行、公交为主的出行模式，在公共建筑的规划设计阶段应重视其主要出入口的设置方位，接近公交站点。由于超高层城市综合体建筑的人流比较集中，因此对公共交通的要求更高。

7. 室外铺装

室外透水地面面积比大于等于 30% 且透水铺装率大于等于 70%。下凹式绿地面积大于等于 50% 的总绿地面积。

9.1.3　节能与能源利用

1. 围护结构节能设计措施

围护结构热工性能指标符合现行国家批准或备案的相关建筑节能标准的规定。

围护结构热工性能指标应符合现行国家批准或备案的建筑节能标准对应的规定值，当所设计的建筑不能同时满足建筑节能设计标准中关于围护结构热工性能的所有规定性指标时，可通过调整设计参数并计算，最终实现所设计建筑全年的空气调节和采暖能耗不大于参照建筑能耗的目的。其中参照建筑的体形系数应与实际建筑完全相同，热工性能要求（包括围护结构热工要求、各朝向窗墙比设定等）按照建筑节能设计标准中的规定进行设定，各类热扰（通风换气次数、室内发热量等）和作息设定与设计建筑相同，且参照建筑与所设计建筑的空气调节和采暖能耗应采用同一个动态计算软件计算。

2. 窗墙比控制措施

建筑窗墙比南向不大于 0.7，其他朝向均不大于 0.5。

窗墙面积比对建筑负荷和室内热舒适环境影响非常明显，而超高层城市综合体建筑以玻璃幕墙为主要立面型式，考虑到透明幕墙的热工性能相对较差，不提倡在建筑立面上大面积应用透明幕墙，目的是鼓励超高层城市综合体建筑在满足室内环境需求的前提下采用小窗墙比的建筑设计，降低建筑能耗。考虑到建筑各朝向太阳能量分布的不均衡性，南向窗墙比适当放大主要有两大好处，一是可增加冬季室内太阳辐射得热，二是对过渡季及夏季通风有一定帮助。其他朝向窗墙比的增加会同时增加冬季和夏季的空调能耗。

3. 合理的开窗设计

采用合理的开窗设计或其他通风措施提高过渡季建筑室内的热舒适度。

做好自然通风气流组织设计，保证一定的外窗可开启面积，可以减少房间空调设备的运行时间，节约能源，提高舒适性。考虑到超高层城市综合体建筑以玻璃幕墙为主，且随着建筑高度的增大，促进自然通风可能会带来意想不到的负面影响，因此对于幕墙部分是否通过开启改善自然通风效果应结合建筑自身特点进行权衡。若幕墙开启对于建筑运营不利，设计时应设置有效的机械通风措施，改善室内热环境，防止建筑室内夏季甚至过渡季过热现象出现。

4. 外窗及幕墙的气密性控制措施

建筑外窗及透明幕墙部分的气密性应符合现行国家批准或备案的相关节能设计标准要求。

为保证建筑的节能，抵御夏季和冬季室外空气过多地向室内渗漏，对建筑外窗和幕墙的气密性能提出要求。建筑外窗的气密性不低于现行国家标准《建筑外门窗气、水密、抗风压性能分级及检测方法》GB/T 7106—2019 规定中的 6 级要求，即单位缝长的空气渗透量 $q_1 \leqslant 1.5 \mathrm{m}^3/(\mathrm{m} \cdot \mathrm{h})$，单位面积的空气渗透量 $q_2 \leqslant 4.5 \mathrm{m}^3/(\mathrm{m}^2 \cdot \mathrm{h})$，透明幕墙的气密性不低于现行国家标准《建筑幕墙》GB/T 21086—2007 规定中的 3 级要求，即幕墙开启部分单位缝长的空气渗透量 $q \times L \leqslant 1.5 \mathrm{m}^3/(\mathrm{m} \cdot \mathrm{h})$，幕墙整体单位面积的空气渗透量 $q \times A \leqslant 1.0 \mathrm{m}^3/(\mathrm{m}^2 \cdot \mathrm{h})$。

5. 电梯系统合理配置

选用高效节能电梯与合理的控制方法，降低建筑电梯运行能耗。

对于超高层城市综合体建筑，电梯能耗占建筑总能耗的比例约为 10%。电梯设计和选型时应采用高效节能电梯与有效的控制技术。对于高速电梯，可优先考虑能量再生型电梯。电梯控制系统应具备按程序集中调控和群控功能。

鉴于我国目前尚未制定相关电梯能效等级标准，为评价需要，这里主要参考德国工程师协会标准（VDI4707-part1 电梯能源效率）中的电梯能耗需求进行。即电梯能耗需求由待机需求和运行需求确定，具体计算公式为（图 9.1.3.1）：

在目前的评价过程中，认为能量需求小于等于 2.5kWh/（t·km）的电梯为节能电梯。若国家颁布电梯能效相关标准，则应以相关标准为依据进行评判。E 运行需求：电梯运行能量需求，E 运行需求 =k × E 参考能耗 2 × G 电梯荷载 × H。

6. 自然采光的利用措施

（1）较大进深空间

超高层城市综合体通常具有较大的进深，这样其内部空间在日间的照明就造成了很大一部分的能源荷载，如何更多地引入自然采光、减小照明能耗成为超高层城市综

$$E=E_{运行需求}+\frac{P_{待机功率}\times t_{待机时间}\times 1000}{G_{额定荷载}\times v_{额定速度}\times t_{运行时间}\times 3600}$$

式中，

$E_{运行需求}$：电梯运行能量需求，$E_{运行需求}=\dfrac{k\times E_{参考能耗}}{2\times G_{电梯荷载}\times H_{提升高度}}$ kWh/（t·km）；

k：荷载因子，对于具有45%平衡重量补偿的曳引电梯，其值取0.7；

$E_{参考能耗}$：空载情况下完成一次全部提升高度的上下参考行程的能量消耗，kWh；

$H_{提升高度}$：电梯提升高度，km；

$P_{待机功率}$：电梯待机功率，kW；

$t_{待机时间}$：电梯待机时间，这里取18h；

$G_{额定荷载}$：电梯额定荷载，t；

$v_{额定速度}$：电梯额定运行速度，m/s；

$t_{运行时间}$：电梯运行时间，这里取6h。

图 9.1.3.1　电梯能耗需求计算公式

合体为了降低能耗需要解决的问题。自然采光还与遮阳有相互平衡的关系，一般来说幕墙透光与不透光面积需要维持一定的比例，以期尽量减少日照辐射热增益同时最大化地自然采光。然而这两者并不是完全对立的关系，遮阳关系的问题是如何尽量减少热辐射的总量（以及如何防止室内出现眩光），与直射的关系更密切；而自然采光关心的问题是如何能将自然光引入尽量深的室内，与漫反射有着密切的关系。

（2）较小进深空间

通过一些技术和设计手段来减小超高层城市综合体的进深，不但可以通过自然采光减小照明能耗，而且利于室内自然通风，可以减小通风所需的能耗。

7. 太阳能利用与建筑造型的结合

太阳能在建筑中的利用越来越普遍，比较成熟的应用技术有太阳能制冷、光伏、太阳能热水等。由于超高层建筑自身特点，通常利用建筑的屋面及塔冠部分，设置光伏发电，与建筑造型设计巧妙结合，成为建筑造型的一部分。

9.1.4　节水与水资源利用

1. 冷凝水回收

空调系统会持续产生冷凝水，如果采用适当的手段进行收集，可以用于建筑设备消耗，比如冷却塔补水；或者用于室外景观浇灌、喷泉等。冷凝水比自来水更为纯净，矿物质低，适合作为冷却塔的补充水。超高层建筑一般体量较大，空调系统产生的冷凝水量较多，通过设置蓄水箱，将冷凝水收集利用，可以有效节约水资源。

2. 雨水收集

通过技术经济比较，合理确定雨水入渗、调蓄及利用方案。

（1）对于屋顶或裙房屋顶面积较大的建筑，雨水收集利用应尽量收集屋面雨水。

（2）可收集雨水量应扣除入渗而没有形成径流的雨水和初期弃流雨水等。

（3）可以考虑收集利用参评范围外附近其他建筑和小区的雨水。但必须做好水量平衡分析，不得影响周边建筑或小区自身的雨水利用和雨水入渗。

3. 中水回收利用

超高层建筑内使用人数较多，日常产生的生活废（污）水（沐浴、盥洗、洗衣、厨房、厕所）较多，通过收集集中处理，达到一定的标准后，用于小区的绿化浇灌、车辆或道路冲洗、卫生间冲洗等，从而达到节约用水的目的。

9.1.5　节材与材料资源利用

1. 分散结构核心筒

超高层城市综合体多采用核心筒与外围护的结构方式，随着高度的增加，结构核心筒的高宽比增大，需要维持结构稳定所需要的结构耗材必定大大的增加。分散结构核心筒能够使结构受力情况更优，增大结构的效率，节省结构用材。

2. 特殊结构体系

除了分散结构核心筒以提高结构效率，某些非传统的、特殊的结构体系的应用也起到了高效节材的作用，而且这些结构体系往往构成了超高层城市综合体自身的建筑特色。

比如巨型结构体系，这种体系主要是采用巨型梁、柱、巨型支撑以及常规的结构构件。常见的有巨型桁架结构、巨型框架结构、巨型悬挂结构、巨型分离式结构。香港的汇丰银行为了满足底层全开敞大空间的需要，采用了巨型悬挂结构，实现了建筑空间、立面效果与结构形式的完美结合，充分发挥了结构体系的效率。上海中心采用巨型桁架，设置了6道伸臂桁架和8道腰桁架，实现了平面由底部直径84m收缩至顶部的直径42m，立面造型利用幕墙来形成扭曲的三角锥状，结构体系与幕墙体系共同形成了富有特色的建筑立面造型。

3. 形体减少风荷载

由于地面风梯度分布的特点，随着建筑高度的增高，所承受的风荷载迅速增大，逐渐成为建筑的主要荷载，因此在超高层城市综合体结构设计中，水平的风荷载往往是首要考虑的对象，为此需要增加大量抗水平力作用的结构，大量的建筑材料、人力物力被耗费于此。此外，风在经过建筑表面时还会产生使建筑表面结构剥落的作用力。在很多超高层城市综合体的设计中，为了保证建筑的经济合理，节约被用于承受风荷载的大量结构用材，建筑的形体包含了对减小风荷载的考虑。根据空气动力学，建筑体型与承受的风荷载之间有直接的关系。

4. 高性能建材的使用

合理选用高性能建筑材料。

高性能包括高强、高耐久等。其中的强度指标最为重要且便于评价。使用高强度混凝土、高强度钢可以解决材料用量较大的问题，增加建筑使用面积。

钢筋混凝土或钢骨混凝土竖向承重结构中要求HRB400级钢筋占竖向承重结构中全部钢筋（分布筋、拉筋及箍筋可以除外）的80%以上（当采用更高强度钢筋时，可以按强度设计值相等的原则折合成 HRB400 级钢筋）。钢筋混凝土、钢骨混凝土或钢管混凝土竖向承重结构中要求 C50 级混凝土占竖向承重结构中全部混凝土的 80% 以上（顶部 15 层可以除外。当采用更高强度混凝土时，可以按强度设计值相等的原则折合成 C50 级混凝土）。钢、钢骨混凝土或钢管混凝土竖向承重结构中要求 Q345 级钢材占竖向承重结构中全部钢材的 80% 以上（顶部 15 层可以除外。当采用更高强度钢材时，可以按强度设计值相等的原则折合成 Q345 级钢材。强度设计值低于 295MPa 的 Q345 钢材不作为高强材料）。

5. 可循环材料的利用

在保证安全和不污染环境的情况下，使用可再利用建筑材料和可再循环建筑材料，其质量之和不低于建筑材料总质量的 10%。

可再利用建筑材料是指基本不改变旧建筑材料或制品的原貌，仅对其进行适当清洁或修整等简单工序后经过性能检测合格，直接回用于建筑工程的建筑材料。可再利用建筑材料一般是指制品、部品或型材形式的建筑材料。

6. 灵活隔断的利用

可变换功能空间采用可循环利用隔断，减少重新装修时的材料浪费和垃圾产生。

超高层城市综合体建筑中的业态与使用者常会变化，每次变化都会对建筑室内空间布局提出不同的要求。为避免空间布局改变带来的材料浪费和垃圾产生，应在保证室内工作、商业环境不受影响的前提下，较多采用可循环利用隔断（墙）。尤其是作为办公、商场、餐厅、会议、娱乐等用途的空间更应如此。

除走廊、楼梯、电梯井、卫生间、设备机房、公共管井以外的地上室内空间均应视为"可变换功能空间"。此外，对于作为办公、商场、餐厅、会议、娱乐等用途的地下空间也应视为"可变换功能空间"，其他地下空间面积在计算时应剔除。

可循环利用隔断（墙）是指使用可再利用材料或可再循环利用材料组装的隔断（墙），其在拆除过程中应基本不影响与之相接的其他隔断（墙），如大开间敞开式办公空间内的矮隔断（墙）、玻璃隔断（墙）、预制板隔断（墙）、特殊设计的可分段拆除的轻钢龙骨水泥压力板或石膏板隔断（墙）和木隔断（墙）等。用砂浆砌筑的砌体隔断（墙）不算灵活隔断（墙）。

7. 轻型建材的使用

在经济合理的前提下，采取减轻楼屋面面层、围护墙和隔（断）墙的重量等措施减轻建筑自重。

楼屋面面层重量、围护墙重量、隔（断）墙重量对建筑自重的影响很大。采取有效措施减轻建筑自重对节材有重要意义，是重要的节材途径。

楼屋面面层自重统计时，应包括结构板以上的所有建筑做法重量，如找平层、找坡层、瓷砖面层、石材面层、防水层、防水保护层等。

围护墙和隔（断）墙的重量统计时，应包括构成墙体的所有构造做法的重量，如找平层、防水层、保护层、隔音层、保温隔热层、瓷砖和石材面层。

9.1.6　室内环境质量

1. 噪声控制措施：空间布局、材料选择、构造做法

2. 装修材料环保控制

建筑采用的室内装饰装修材料有害物质含量符合国家相关标准的规定。

所用建筑材料不会对室内环境产生有害影响是绿色建筑对建筑材料的基本要求。选用有害物质限量达标、环保效果好的建筑材料，可以防止由于选材不当造成室内环境污染。

根据生产及使用技术特点，可能对室内环境造成危害的装饰装修材料主要包括人造板及其制品、木器涂料、内墙涂料、胶粘剂、木家具、壁纸、卷材地板、地毯、地毯衬垫和地毯用胶粘剂等。这些装饰装修材料中可能含有的有害物质包括甲醛、挥发性有机物（VOC）、苯、甲苯、二甲苯以及游离甲苯二异氰酸酯等。因此，对上述各类室内装饰装修材料中有害物质含量应进行严格控制。我国制定了有关室内装饰装修材料的多项国家标准。绿色建筑选用的装饰装修材料应符合以下国家现行标准的规定：

《室内装饰装修材料　人造板及其制品中甲醛释放限量》GB 18580

《室内装饰装修材料　木器涂料中有害物质限量》GB 18581

《室内装饰装修材料　内墙涂料中有害物质限量》GB 18582

《室内装饰装修材料　胶粘剂中有害物质限量》GB 18583

《室内装饰装修材料　木家具中有害物质限量》GB 18584

《室内装饰装修材料　壁纸中有害物质限量》GB 18585

《室内装饰装修材料　聚氯乙烯卷材地板中有害物质限量》GB 18586

《室内装饰装修材料　地毯、地毯衬垫及地毯胶粘剂有害物质释放限量》GB 18587

《混凝土外加剂中释放氨的限量》GB 18588

《建筑材料放射性核素限量》GB 6566

3. 无障碍设计

建筑入口和主要活动空间设有无障碍设施。

建筑功能性主要评价建筑设计和设施是否能为建筑用户（包括特殊群体）提供便捷舒适的使用空间，以提高工作效率及保证用户的健康。为了不断提高建筑的质量和功能性，保证残疾人、老年人和儿童进出的方便性，体现建筑整体环境的人性化，除满足国家强制要求外，鼓励在建筑入口、电梯、卫生间等主要活动空间有更便捷的无障碍设施。

4. 地下空间的自然采光设计

采用合理措施改善地下空间的天然采光效果。

地下空间的天然采光方法很多，可以是简单的天窗、采光通道等，也可以是棱镜玻璃窗、导光管等技术成熟、容易维护的措施。

5. 室内物理环境的舒适度保证措施

合理采用有效措施，提高室内物理环境的舒适度。

针对室内物理环境如热、光、风和声环境的改善提出应采取有效的设计方法和相应的产品，包括外遮阳、中置遮阳、内遮阳、窗式通风器等。其中热舒适环境的控制可通过建筑遮阳的控制与室内末端的开启来调节，建筑光舒适环境主要通过遮阳方式、天然采光和人工照明联合控制方式调节，建筑风舒适环境主要通过合理优化建筑风口的布置、安装窗式通风器等来保证，建筑声环境主要通过对选用性能优良隔声构件、合理优化布局及对大型设备等噪声源进行降噪减噪处理等措施来保证。

6. 休息空间的设置

建筑内部公共场所设有专门的休憩空间。

鼓励重要功能房间的设计合理考虑室外景观的可欣赏，并在公共场所设有专门的无消费休憩空间，休憩空间应进行专门设计，面积一般不应小于 $15m^2$，鼓励采用绿化、雕塑等手段，提高公共空间的人文关怀和亲切感。

9.2　超高层城市综合体建筑的特点及绿色设计的意义

9.2.1　超高层城市综合体建筑优势与不足

（1）与普通高层建筑（100m 以下）相比，超高层城市综合体建筑具有的优势有：

①集约化利用土地资源：超高层城市综合体建筑通过向更高空发展，在有限的地面上为人类争取到更多的生存空间；

②显著提高工作和生活效率：超高层城市综合体建筑将工作和生活设施适当集中，一般性工作和生活问题在建筑内部即可解决。极大地方便了人们工作和生活；

③实现资源高度共享，提高投资效益：超高层城市综合体建筑配套设施规模效应明显，资源利用效率高。实现了经营互利；

④带动相关学科发展，促进科技进步。

（2）超高层城市综合体建筑存在的不足有：

①高能耗：超高层城市综合体建筑的运行能耗巨大，比同等面积的多层建筑消耗更多的资源、人力和财力。超高层办公建筑为保持正常的运作，在电梯、空调、供水、供暖、管理等方面要多消耗大量的能源。以金茂大厦为例，2002 ~ 2007 年间，单位面积年耗电量水平在 $200kWh/m^2$ 左右，与统计中的高档办公楼能耗水平相当，是宾馆类建筑平均水平的 1 ~ 2 倍，是一般公共建筑的 3 ~ 10 倍。这说明，随着建筑体型的扩大，建筑高度的增加，实现同水平的室内环境品质，超高层城市综合体建筑需要消耗更多的能源；

②室内环境质量差：为保证安全性，超高层建造窗户多数采用密闭型，自然通风几乎不可能，只能通过机械通风换气方式，室内空气品质往往降低。室内进深较大，往往导致自然采光较差；

③对城市环境的影响：超高层城市综合体建筑一般大量采用全玻璃幕墙，其容易

在局部区域造成强光反射，形成光污染、使人心情紧张，影响城市交通的安全。超高层城市综合体建筑聚集人数较多，且多为中高档办公、宾馆类建筑，对室内环境质量要求相对较高，且集中排放负荷大，带来空调、水、电等多方面资源的大量消耗，造成城市局部气温明显高于其他区域，形成"热岛效应"，导致降雨明显增强。

在节能、低碳和环保等理念、相关政策及市场需求等多各因素推动下，建设绿色超高层已成为一种必然趋势。

绿色超高层城市综合体建筑定义是：在建筑全寿命周期内，比常规超高层城市综合体建筑能耗显著降低、室内环境质量显著提高、对周围环境影响显著下降、高效稳定运行的低碳和可持续发展的超高层城市综合体建筑。

可以看出，绿色超高层城市综合体建筑无论从设计、施工、还是运营角度都比普通超高层城市综合体建筑效果改善。因此可以发展绿色超高层城市综合体建筑真正能够达到绿色、生态、可持续发展。

绿色技术的罗列与介绍只说明了"有什么"和"是什么"，还需要绿色设计来说明"怎么做"和"怎么应用"。超高层城市综合体的绿色设计，可分为方案设计和技术设计两个阶段，它们有不同的考虑问题的方式和范围，但也有延续和承接、有相同的原则和目标。超高层城市综合体绿色建筑设计的过程中，与一般的绿色建筑设计一样，计算机模拟技术的应用越来越成为必需。计算机模拟以及实验室的物理模拟，从方案阶段开始就起着分析、比较与筛选的作用，有时候模拟的结果还能对设计给以决定性的影响，在技术设计阶段更是能够。此外，一份客观的模拟结果所具有的准确度、说服力和发现问题的能力，是任何精巧设计构思无法比拟的。

需要注意的是，此处总结出的两个阶段各项绿色设计条目远远不是超高层综合体绿色设计的全部内容。建筑设计不是一个多项选择的问题，在超高层城市综合体绿色设计方面更需要的是突破常规的创新性。

9.3　绿色超高层城市综合体建筑设计方法

9.3.1　分析当地气候状况

超高层城市综合体建筑的设计需要充分结合当地气候状况，明确气候分区特点，设计中提出应对措施。

主要影响因素包括：辐射与温度、朝向与通风、全年空气温度、湿度、辐射分布。

针对不同的气候分区，应采取不同的应对方式。严寒地区：必须充分满足冬季保温要求，一般可不考虑夏季防热；因此对于超高层设计应注意控制窗墙比，适当增加实墙面比例，同时选用传热系数小的幕墙窗构造。寒冷地区：应满足冬季保温要求，部分地区兼顾夏季防热；因此同严寒地区相比可适当增加建筑外遮阳措施。夏热冬冷地区：必须满足夏季防热要求，同时兼顾冬季保温；应充分考虑外立面防热散热需求，采用双层通风幕墙、外幕墙遮阳等措施。夏热冬暖地区：必须充分满足夏季防热要求，适当兼顾冬季保温性能；外维护结构注重方向性防热措施，特别要注重西晒问题。

在超高层城市综合体的设计开始前，需要对当地的气候有所了解，气候的不同往往决定了不同的绿色建筑策略。获知一个地区的气候条件主要为当地的气候类型，各季节的气温、湿度，日照条件，风向风速及其频率等，在此基础上的分析已经可以为超高层城市综合体的绿色设计做出一定的决策。

9.3.2　场地规划

超高层城市综合体在设计和选择场地规划和主体形式时，应特别注意对周围环境的影响。这些影响包括风环境、光环境、热环境和声环境。因此在进行方案设计与选择的时候，需要尽早地将这些影响因素纳入考虑范围内，尽量避免对周边城市敏感区域的不利影响，有条件时，还可以对周边的环境促成有利的影响，有时这样的考虑足以成为一个超高层城市综合体设计的一个立足点。

方案阶段的计算机模拟应用是具有很大优势的，它可以实时、灵活地适应方案的不断变动，为方案决策提供可靠的数据，而又不像实体模拟一样有精密的设备要求和高昂的成本。

9.3.3　建筑单体

1. 建筑朝向

建筑的朝向也是在建筑的规划阶段对绿色建筑具有重大影响的因素，对建筑的节能、室内环境乃至减小结构风荷载都会有决定性的影响，所以应该在超高层城市综合体的规划阶段就应该审慎地选择朝向，以在整体上保证超高层城市综合体的绿色属性。根据一个地方的历史气候数据（气温、日照方向及强度等）可以计算出该地对建筑节能来说最佳与最不利的建筑朝向。美国能源部能源效率与可再生能源办公室（Office of Energy Efficiency & Renewable Energy，EERE）在 EnergyPlus 网站上发布了世界各地众多城市地区的历史气候数据，其中包含我国多个城市的气候数据，可供分析利用。

对于超高层城市综合体建筑而言，主要功能包括了办公、酒店、公寓、住宅等几个功能。建筑朝向的选择对于酒店、公寓和住宅功能尤其重要，应结合建筑布局使这些居住功能朝向最佳朝向。

2. 结构体系的选择

超高层城市综合体随着高度增加，其承受的水平风荷载成指数增加，这种特性决定了抗水平力的结构体系成为超高层城市综合体的特点之一，也觉定了超高层城市综合体需要耗费大量的结构材料。结构选型的原则是使结构体系最高效地发挥作用，使用最少的结构耗材。超高层城市综合体多选用筒体结构，仅筒体结构就分为框筒（外围结构形成筒状的空间框架）、核心筒、筒中筒、带支撑筒体、束筒等多种，此外还有伸臂结构、巨型结构等体系。一般说来，外围结构的框筒、分散的束筒在对抗水平风荷载时比单纯的核心筒更有效率，但应对实际情况时还需具体问题具体分析。实际上超高层城市综合体的复合性与复杂度往往要求根据各部分的实际需要将不同的结构体系结合使用。另外，从全周期的角度来看，使用钢结构比钢筋混凝土结构更有利于建筑材料的回收利用。

结构选型对超高层城市综合体绿色设计的影响不仅限于结构材料的耗费量，还与空间形态有关。使用某些特殊的结构体系会更有利于通风、采光或是形成宜人的室内空间，即使是跳出常规思维地将核心筒朝一个方向偏移，也往往能收到额外的效果。

深圳平安金融中心设计过程中采用了三种方案增大巨型框架所承担的剪力：（1）将 8 根巨型柱从底到顶倾斜（方案 1）；（2）在带状桁架间设置单斜撑（方案 2）；（3）在带状桁架间设置 X 形支撑（方案 3）。采用上述方法均能有效地提高巨型框架承担的剪力，经各专业协调最终采用在带状桁架间设置单斜撑的方案 2。

3. 外围护结构的设计

幕墙作为超高层城市综合体建筑内部与外部进行物质、能量交换的界面，是超高层城市综合体的"微气候调节器"。超高层城市综合体的各方面绿色设计比其他类型的建筑更依赖于幕墙的设计。超高层城市综合体的幕墙设计要根据当地气候条件与周边条件进行应对。ASHREA 标准 90.1（美国采暖、制冷与空调工程师学会的建筑节能标准）中建筑达到节能要求的窗墙比为 0.45，实际上以幕墙为主的超高层城市综合体是难以达到这样低的窗墙比的，这对超高层城市综合体的幕墙性能提出了高要求。

可根据超高层城市综合体不同的立面朝向或方位进行不同的幕墙设计，这也涉及利用当地全年太阳轨迹来辅助设计，如东西向结合遮阳构件而在北向增加自然采光面积，南向还可结合光伏太阳能板进行太阳能利用等。由于超高层城市综合体的高度使得其在高空中面临的自然环境与近地面不同，幕墙设计还可根据需要沿着竖向进行分段，采用不同的设计。

在对超高层城市综合体整体幕墙规划的基础上，对于同一区域的幕墙可进行的单元化的细化设计，幕墙层数、空腔、遮阳系统、太阳能系统等的高度集成都可在单元化的幕墙中体现。在单元设计的基础上还可考虑幕墙单元的预制化，有可能在全寿命周期内减少材料运输、现场施工乃至拆除、回收利用各阶段所消耗的能源、资源，减小对环境的不利影响。

4. 体型细部的设计

虽然在超高层城市综合体的技术设计阶段其形体与空间已经定型，但形体的细部设计仍会对建筑的绿色性能有很多方面的影响。

风对超高层城市综合体不仅造成水平荷载，还会对表皮结构有剥落的作用。此时对于风环境来说有必要进行更细致的风环境模拟，为达到更加真实的模拟效果，还可通过风洞试验来验证设计的合理性以及发现问题，对建筑形体的细节做进一步的调整。例如，将形体转角处流线化处理是超高层城市综合体普遍使用的减小风的湍流和剥落作用的设计。

5. 特殊的绿色构件设计

除了利用自身形式以及围护结构的性能，超高层城市综合体还可以通过设置的特殊构件来应对风、光、热等自然条件，这些"绿色构件"往往能成为建筑的特色。梅纳拉 TA1 大厦顶部的薄膜遮阳棚就属于这一类"绿色构件"。超高层城市综合体中还常有利用特殊构件引入自然光的设计，如郑州绿地广场顶部的精心设计的导光构件，将自然光引入顶部酒店的大堂。用于减小超高层城市综合体高层部分的风振、增加室内舒适度的阻尼器也可被概括为这类特殊构件之一（图 9.3.3.1）。

总的来说，这类"绿色构件"的设计首先要有一个明确的目的，要清楚它是为解决什么样的问题而被设计的，其次需要运用创新的思维，最后需要运用分析、模拟等手段进行验证，确保所设计的绿色构件能够达到既定的目的。

图 9.3.3.1　建筑上的导光和遮阳构件

6. HVAC 系统的设计

建筑的供热、通风与空气调节系统合称 HVAC（Heating，Ventilationand and Air Conditioning）系统，HVAC 系统在超高层城市综合体的建筑能耗中往往占到很大的比例，降低建筑的能耗最为直接的方式是改善 HVAC 系统的能耗状况。

虽然 HVAC 系统主要由暖通工程师设计，但对于空间复杂的超高层城市综合体，HVAC 系统的很多绿色策略是在建筑设计的参与下做出的。首先是 HVAC 系统的使用策略问题。在当地的气候条件下进行分析，为保持室内环境舒适度，什么时间段应该运行空调系统，什么时间段应供暖，什么时间段应进行自然通风，这都是值得探讨的问题。超高层城市综合体的哪一部分应该注重使用 HVAC 系统的哪一部分，也是需要经过深思熟虑的。如果将这些问题一概而论，就会使超高层城市综合体的 HVAC 系统浪费不必要的能源，同时室内环境与外界过于隔绝而令舒适度降低。

HVAC 系统在超高层城市综合体内的分区灵活控制是有利于减少不必要的能耗和增加室内舒适度的。应用智能化系统对超高层城市综合体 HVAC 系统进行监测和自动控制是智能系统发展起来并在超高层城市综合体内进行集中智能化控制的系统，它能够使 HAVC 系统的运行更精确、更高效。HVAC 系统还可以通过诸如回收转轮等设备提供大量的建筑热回收的机会，这被证明是适用于超高层城市综合体的。HVAC 系统的末端形式也是绿色设计需要考虑的内容，末端是与超高层城市综合体的使用者直接接触的部分，很大程度上决定着对室内环境的体验。传统的末端形式是通过盘管送风对室内环境进行调节，但实践中超高层城市综合体运用了被证明更利于节能和室内环境调节的冷辐射调节、地面和低层送风等形式，这些新的末端形式还影响到了层高，这也是与超高层城市综合体建筑设计息息相关的。

7. 绿色技术在超高层方案和技术设计两个阶段的适用性汇总

为了便于在实践中应用，在此将前章中提到的绿色技术条目在方案设计与技术设计阶段的适用性进行汇总。由此可以看到处于不同设计阶段的超高层城市综合体有哪些绿色技术可供考虑。从表 9.3.3.1 中可见一些条目只适用于其中一个阶段，另一些则在两个阶段中都适用。

绿色技术在超高层方案和技术设计两个阶段的适用性汇总　　　　表9.3.3.1

绿色技术类别	绿色技术条目	方案设计	技术设计
室外环境	光污染的控制	0	
	室外风环境的控制	0	
	立体绿化	0	0
	空中室外平台	0	
	城市热岛效应的缓解	0	0
节能与能源利用	遮阳系统	0	
	形体减少日照辐射或自遮阳	0	
	风能的利用	0	
	太阳能的利用	0	0
	利用高空室外冷源		0
	烟囱效应的利用	0	0
	冷辐射空气调节		0
	高区能源核心筒		0
	自然采光	0	0
	幕墙的性能		0
	双层/多层幕墙		0
	智能自动控制系统		0
	小进深	0	
	热回收与利用		0
	热电联产的能源工厂	0	0
	高效电梯系统	0	0
	与交通枢纽的连接	0	
室内环境质量	空中庭院与观景平台	0	0
	引导自然通风与气流组织	0	0
	垂直绿化与低层绿化	0	
	冷辐射与除湿		0

续表

绿色技术类别	绿色技术条目	方案设计	技术设计
室内环境质量	自然采光与小进深	0	0
	风振及阻尼器的应用		0
	热缓冲空间	0	0
	幕墙与遮阳系统性能		0
节材与节水	分散结构核心筒	0	
	特殊结构体系	0	
	形体减少风荷载	0	0
	材料的选择与回收材料的应用		0
	冷凝水回收		0
	雨水收集		0
	中水回收利用		0

9.3.4 超高层城市综合体绿色建筑技术和设计基本问题的模拟与分析

1. 模拟实验的说明

模拟实验主要使用控制变量对比试验的方法，对超高层城市综合体绿色设计中的几个基本的问题进行模拟。虽然超高层城市综合体设计的切入点由于各自初始条件差异而各不相同，但在方案设计阶段不可避免地要面临基本形体的选择，形体的选择对诸如室外风环境、日照辐射、室内采光等绿色设计相关指标有重要的影响。

本书涉及风环境的问题，通过 CFD（Computational Fluid Dynamics，计算流体动力学）软件 Phoenics 来进行模拟；与光、热环境有关的模拟使用的是面向建筑设计的建筑性能分析与优化软件 Ecotect 作为模拟工具。

2. 体形与近地面风环境的关系

考虑超高层城市综合体建筑体形对室外风环境的影响时，各种基本的几个形体有什么样的特性，相对于风向的不同的朝向对风环境又有什么样的影响？下面将通过对几种基本几何形体外部风环境的模拟比较来得知。

实验建立了五种在超高层城市综合体设计中常被采用的几何形式，方体、三角形柱体、圆柱以及扭转的方体与三角柱体，它们的高宽比控制在 6∶1 左右，这也是超高层城市综合体较常见的高宽比，各形状的高度和平面的尺寸保持一致（图 9.3.4.1）。

为模拟真实的风环境，风速设置为近地面的梯度风，风速随高度上升，以 10m 高度处的风速为基准风速，此次模拟基准风速值为 4.5m/s（北京冬季最大频率风速）。

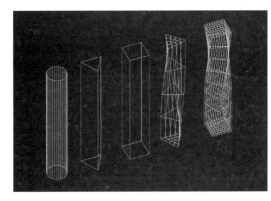

图 9.3.4.1 进行分析比较的基本几何形体

五种基本形体近地面风速对比 表9.3.4.1

基本形体	近地面平均风速（m/s）	近地面最大风速（m/s）	最大风速相对基准风速增量	基于方柱体平均风速的相对值
方柱体（面迎风）	4.34	5.27	17%	1.00
方柱体（棱迎风）	3.79	5.06	12%	0.87
扭转方柱体	4.35	5.18	15%	1.00
三角柱体（面迎风）	3.84	5.26	17%	0.88
三角柱体（棱迎风）	3.73	5.02	12%	0.86
扭转三角柱体	4.12	5.27	17%	0.95
圆柱体	3.81	5.02	12%	0.88

　　近地面最大风速由大到小依次为，方柱体（面迎风）、扭转三角柱体、三角柱体（面迎风）、扭转方柱体、方柱体（棱迎风）、三角柱体（棱迎风）、圆柱体。

　　近地面平均风速由大到小依次为扭转方柱体、方柱体（面迎风）、扭转三角柱体、三角柱体（面迎风）、圆柱体、方柱体（棱迎风）、三角柱体（棱迎风）。

　　从结果中还可以看出：同种多面柱体（方柱体与三角柱体），正面迎风比侧棱迎风时在近地面对风的加速作用更明显，正面迎风是平均风速与最大风速都比侧棱迎风是要大；扭转形体近地面平均风速、最大风速值对相应的非扭转形体正面迎风时平均风速、最大风速并无明显减小（扭转三角柱体比三角柱体面迎风时平均风速更大）；总体来说三角柱体棱迎风时对近地面风的加速作用最小，而圆柱体在这方面的表现也甚好（表9.3.4.1）。

　　对比观察各种体形的近地面风速分布图（图9.4.3.2～图9.4.3.8），还可以得知：虽然扭转形体相对正面迎风的相应柱体对平均风速、最大风速没有明显地减少，但扭转形体的强风区域（风速高于5m/s）和风影区（风速低于2m/s）都比相应柱体正面迎风以及侧棱迎风时小，也就是说，其近地面风场风速的分布更为均匀，不易产生大面积强风区域和静风区域。圆柱体产生的近地面风场也比方柱体及三角柱体更为均匀。同样的多面柱体，侧棱迎风时比正面迎风时近地面风速分布更均匀。

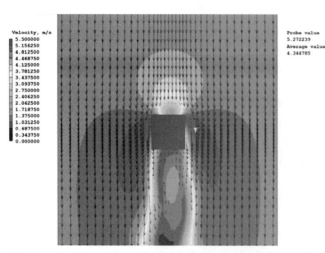

图 9.3.4.2　方体正面迎风时近地面的风速与风场分布（计算机模拟生成）

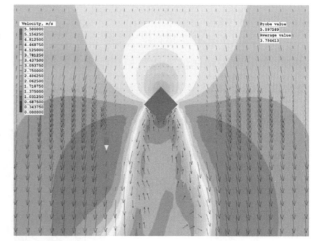

图 9.3.4.3　方体侧棱迎风时近地面的风速和风场分布（计算机模拟生成）

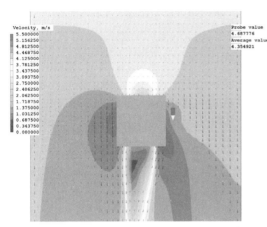

图 9.3.4.4 方体扭转体形近地面的风速和风场分布
（计算机模拟生成）

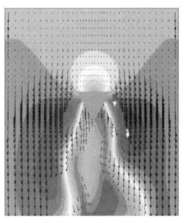
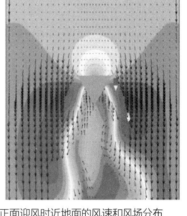

图 9.3.4.5 三角柱体正面迎风时近地面的风速和风场分布
（计算机模拟生成）

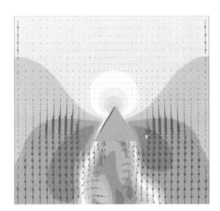

图 9.3.4.6 三角柱体侧棱迎风时近地面的风速和风场分布
（计算机模拟生成）

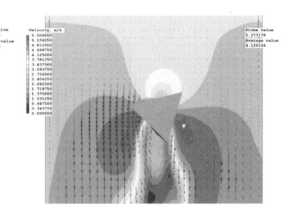

图 9.3.4.7 三角柱体扭转形体近地面的风速和风场分布
（计算机模拟生成）

对比观察垂直方向的风场风速分布（图 9.4.3.9 与图 9.4.3.10）还可知，扭转形体利于在高层部分的建筑表面形成高速风，也就是说为室内通风创造了更有利的条件。方柱体在垂直方向上则在顶部达到最大风速，可考虑利用风能发电。

3. 形体与日照辐射的关系

超高层城市综合体容易比一般建筑接受更多的日照辐射，为维持室内环境，需要耗费更多的能源用于制冷，即使在夏热冬冷地区都有遮阳的必要，在亚热带、热带地区更需要减小日照辐射的生态策略。如果能在超高层综合方案设计时，根据气候条件选择利于减小日照辐射，将很大有利于超高层城市综合体的绿色性能。

本节对五种基本的超高层城市综合体常见的形体在相同的日照条件下进行日照辐射模拟（图 9.3.4.11），比较其得热量，可供超高层城市综合体设计时进行参考。本次模拟使用北京地区的 CSWD 气候数据（Chinese Standard

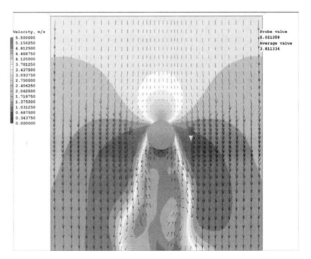

图 9.3.4.8 圆体扭转形体近地面的风速和风场分布
（计算机模拟生成）

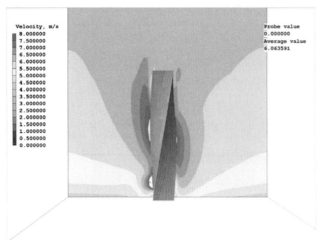

图 9.3.4.9　转方柱体垂直方向风速分布（计算机模拟生成）

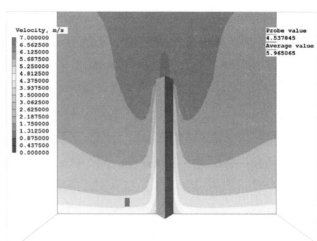

图 9.3.4.10　方柱体棱迎风时垂直方向风速分布（计算机模拟生成）

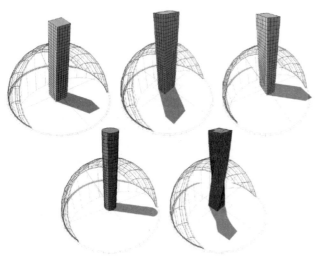

图 9.3.4.11　日照辐射模拟的 5 个基本形体

Weather Data，由中国气象局与清华大学发布的气候数据）。

从表格统计数据看（表 9.3.4.2），全年接受辐射量由大到小依次为：圆柱体、方体扭转、南北长向方体、正方体、东西长向方体。夏季接受辐射量由大到小依次为：方体扭转、圆柱体、南北长向方体、正方体、东西长向方体。冬季接受辐射量由大到小依次为：圆柱体、方体扭转、东西长向方体、南北长向方体、正方体。

由上面的对比结果可知，在北京气候条件下，东西长向布置的矩形平面体最有利于减少夏季获得的太阳辐射，节约供冷能耗，但同时冬季获得的热量较少，不利于节省采暖能耗。南北长向布置则最为不利，夏季大面积的东西立面会接受大量的热辐射，在冬季获得的热辐射又相对不足。扭转方体由于增加了接受太阳照射的表面积，其接受太阳辐射量总体来说要比非扭转的形体更高。圆柱体在冬季、夏季的得热量都较高。

除了直接数据外，观察日照辐射量在形体表面的分布图，也可以获取一些有用的

各形体接受日照辐射量汇总　　　　　　　　　表 9.3.4.2

基本形体	全年接受辐射量 （kW·h/m²）	夏季接受辐射量 （kW·h/m²）	冬季接受辐射量 （kW·h/m²）
正方体	210158250	18576826	11928881
圆柱体	375602421	24605143	17830707
南北长	336302805	24454434	13822581
东西长	200950314	15844728	14247120
方体扭转	365702928	26395032	15223965

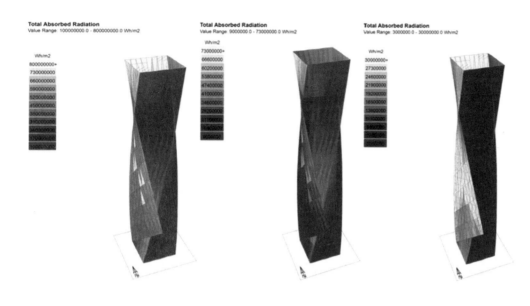

图 9.3.4.12　扭转形体外表在全年、夏季和冬季接受日照分布情况（模拟生成）

信息。如扭转形体的表面日照分布（图 9.3.4.12），可见在其扭转的西－北立面也会受到一定的辐射热，那么在这些区域加强自然采光或者使用有腔体的双层幕墙，可能取得减少采暖能耗的效果。

9.4　本章小结

　　本章主要对超高层城市综合体建筑四节一环保技术措施进行了较系统的研究。分别从超高层城市综合体建筑环保技术措施、超高层城市综合体建筑特点及绿色设计的意义、绿色超高层城市综合体建筑设计方法三个方面展开论述。因超高层城市综合体建筑普遍具有高耗能、室内环境质量较差、对城市环境有较不利影响的不利因素，四节一环保技术措施在超高层城市综合体建筑上的使用就显得更为重要。

　　超高层城市综合体建筑在细部、构造、材料等的设计上有其不同于其他建筑的特殊性，下一章将对本科研中超高层城市综合体建筑设计的最后一个关键问题——材料与构造、细部及其表现力进行详细的研究。

第10章
材料与构造、细部及其表现力研究

10.1　建筑细部设计的原则

10.1.1　形式与内容的统一关系

　　建筑是一门追求实用、坚固、美观的学问，保罗·克里曾说："艺术家可以画方形的轮子，但是建筑师必须画圆的，这是建筑与艺术的区别。"在这种意义上讲，建筑与烹饪无异。一道好的菜肴必须在这三者之间找到平衡，建筑也是如此。但是，同样的细部功能在不同建筑中却可以有不同的形式，而且同一位建筑师在不同的建筑中处理相同细部时也会有不同的形式。同样，不同地区和民族的细部处理在形式上也是不尽相同的。这固然与不同建筑师的不同哲学观有关，也与环境的影响有关。因此，对于单独一栋建筑而言，其细部的内容和形式还是应该统一的。

10.1.2　部分与整体的相互关系

　　首先，细部是属于建筑整体中的一部分，是整体的一个片断，所以细部本身就可以成为组织整体的一种需求，它可以和其他的细部产生关系，也可以同建筑整体的构图发生联系，同时，细部表达的含义是需要符合建筑的整体性质的，而整个建筑所要体现出来的内涵同样需要各种细部节点表现出来。

　　其次，细部自己也具有独立和个性的一面。我们在观察细部对建筑整体所体现出的贡献时，也应该看到细部本身也是具有一定的美感，而且它是具有自己的个性的，也可以充分体现出整体的内涵。

　　所以说，一个独立、美妙的细部可以和其他基本的形式共同给人以一种美学的享受。

10.2 立面细部设计规律

10.2.1 秩序

立面设计中的点在视觉上有收敛和聚集的向心性。线则具有联系、指向和支撑的性质。由于高层建筑的巨大尺度,高层建筑立面上线的表现力往往是立面构图的活跃元。面是空间的背景,是体的构成基础,体构成建筑的三维空间。对点、线、面、体的把握不能是孤立的,某一个建筑要素可以成为一个或多个构图要素,具有不同的表达性,立面的构图就是将这些建筑要素转变成构图要素,并使之具有美学特点。

10.2.2 比例

在高层建筑的立面设计中,比例的源泉就是形状、结构、用途的和谐。如由丹下健三设计的东京都新市政厅,其立面设计窗户分割比例方式体现出江户时代以来传统的东京文化风格,具鲜明的地域特色;立面上花岗石和玻璃面处于同一平面,有浑然一体的感觉。该建筑从整体外形到细部设计的比例都经过十分细致的推敲,形成了一个全方面观赏的精致性设计。

10.2.3 尺度

在高层建筑设计中不能仅强调建筑本身立面造型的创造,而应以人的尺度为参考系,充分考虑人观察视点、视距、视角和高层建筑的亲近度,从宏观的城市环境到微观的材料质感的设计创造一个良好的尺度感系统。

(1)城市尺度。高层建筑对城市各构成要素也产生重大的影响,因此,高层建筑的尺度的确定首先应与一个城市的尺度相一致,而不能脱离城市环境自我表现。

(2)近人尺度。近人尺度的处理应以人的尺度为参考系,不宜过大或过小,在细部安排上,应特别注意建筑底层及入口的柱子、墙面的尺度划分、檐口门窗及装饰的处理,使其尺度感比以上几个部分更细。通过对入口部分及建筑周边空间加以限定,创造出一个由街道到建筑的过渡缓冲的空间,使人的心理有一个逐渐变化的过程。

(3)细部尺度。细部的尺度是指高层建筑更细的尺度,它主要指材料的质感。设计师在设计过程中要充分运用不同材料的质感塑造建筑物,吸引人们亲手触摸或至少产生眼睛的亲近感,形成一种视觉上优美的感觉。

10.3 材料与构造、细部及其表现力研究框架与分类

本章的研究内容为超高层城市综合体的材料与构造、细部及其表现力的研究。然而构造及细部的研究涵盖太多、太广、太细的内容,其本身也是在不断出新、不断发展,需要长期、细致的积累与总结。本章拟通过"大数据"的方式整理设计案例中的已有

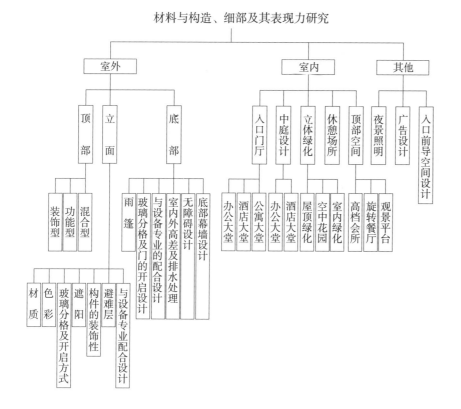

图 10.3.1　主体研究框架与分类

方式和方法，提炼出不同构造、细部设计类型。

　　本章的主体研究框架分为三个部分：室内、室外、其他（图 10.3.1）。

10.4　高层建筑室外空间细部设计的重点强调

　　在本书的第 7 章"空间形态设计研究"中，已对超高层城市综合体的空间形态进行了具体的阐述、分类及研究，包含了基于传统美学与新美学观点下的各种立面构成设计分析。在本章，我们将对超高层城市综合体建筑独特的细部处理手法进行研究，不再对各种体量上的形态设计及分析进行赘述。

10.4.1　顶部细部设计分析

　　超高层城市综合体建筑中构成城市天际轮廓的顶冠部分，它的造型将影响到超高层城市综合体建筑的美学形态及城市天际线，丰富而别具匠心的顶冠造型是超高层城市综合体建筑标志性和优美城市轮廓线塑造最行之有效的途径。超高层城市综合体建筑的顶冠具有独立的个性，它是高层主体的终结点，与主体呼应并突出建筑个性，并把优化城市轮廓线作为己任。

　　在第 7 章"超空间形态设计研究"中已提到，针对超高层城市综合体建筑顶部的形态分析，主要是从几何形体方面对顶部造型进行分析归纳，并且还将具有明显技术特征的顶部处理方式纳入形态分析中，最终将顶部造型的形态分为平顶、凸顶、尖顶、坡顶、穹顶以及旋转餐厅式顶部、结构形式顶部、观景平台式顶部、组合连接式顶部。本章将对几种超高层城市综合体建筑特有的顶部造型细部进行分析，包括纯装饰性的顶部设计、具有功能性构架的顶部设计、顶部造型与整体造型的一体化设计、结构构件暴露的顶部设计、顶部空间中的擦窗机设计以及顶部的停机坪设计等。

细部主要产生于不同功能部位、不同结构部位和不同形态部位的连接处。而连接处总是出现在秩序发生转化的地方，如构件的穿插处、材料的交接处、形体的转折处、色彩的过渡区、形体的变化处、体量的结合处以及新旧的衔接处往往是细部设计的重要部位。因此，超高层城市综合体建筑顶冠的细部处理就尤为关键。同时，为了适应垂直交通的电气机械装置要求、空调冷却安装要求、上下水管、出气管位置、擦窗等功能设施设置要求，高层建筑的顶部往往要结合这些设施进行综合设计。

1. 纯装饰性的顶部设计

装饰构件细部往往具有意义表达上的多层次性，不仅表述其作为造型语汇的美学意义，而且体现更深层次的文化内涵。对于超高层城市综合体建筑装饰构建细部的设计手法也表现为借用、摹拟与抽象、提炼两个层次。借用和模拟属于"语汇"表达层次，是对于约定俗成的、历史的、传统的装饰构建及处理方式的直接引用。特点在于它犹如文章中常用的成语、句法，直白而且可以注解。抽象和提炼则属于"精神"表达层次，通过抽象化的简略、提炼和加工，使得装饰性构建的细部表现为含蓄、传神的特点。超高层城市综合体建筑的装饰性的顶部设计需要使功能与造型很好地结合，同时又需要把一些必要设备及其用房设计妥当。

迪拜公主塔位于迪拜繁华的滨海区，高 413.36m，是迪拜地标性建筑之一，并在2012 年被总部位于美国芝加哥的国际知名建筑研究机构"高层建筑和城市住宅委员会"正式确认为世界最高住宅楼，并创下吉尼斯世界纪录。公主塔采用了古典建筑的皇冠穹顶造型，并装饰有花卉等几何图案元素，使整座建筑充满了阿拉伯风情。此种顶部设计类型在细部的尺度、比例、色彩、材质等方面都需要进行严格的推敲，以避免尺度失调、整个建筑不伦不类。

2. 具有功能性构架的顶部设计

在超高层城市综合体建筑顶部设计中，具有功能性的构架是其顶部造型手法中独特的一类。避雷、公共电视接收天线、无线电波接收等技术装置，时常巧妙地和屋顶造型有机的结合在一起。例如，中环广场大厦、釜山乐天塔。

香港著名的中环广场大厦顶部造型极其精美，彻底地诠释建筑造型艺术的结构表现。整个建筑的楼身采用玻璃幕墙立面，在顶部开始收分，最终以三角形尖顶结束，设计师巧妙地利用结构镂空处理，形成顶部空间丰富的层次。并在尖顶最上方冠之以金属天线，直指天际，有一种向上升腾的态势。此种造型寓意着中环广场大厦在香港乃至亚洲金融界雄霸的地位和气魄。

釜山乐天塔，SOM 设计的韩国釜山的乐天塔楼项目，塔楼高达 510m，设计师采用一种收缩式的语言定义了整体的形象，主要的功能区包含在视觉上可见的不同体量之中，这些体量向内收缩，并顺时针旋转，到顶部收缩成一束桅杆。

3. 顶部造型与整体造型的一体化设计

目前越来越多的超高层城市综合体建筑顶部造型已经突破了以往三段式的明显界限，越来越倾向与整体造型的把握和设计，但顶部仍然是变化和处理的重点之一。例如，珠江新城西塔、深圳京基金融中心广场等。

珠江新城西塔，总高度 434m（不含直升机平台高度），共 103 层。从第六十八层~一百层为酒店层，酒店大堂位于七十层、九十九层、一百层为酒店的空中休闲廊与餐厅层，从第一百零一~一百零三层为设备层。西塔顶部的酒店拥有一个通高 30 多层且有天窗的超大、超高中庭，酒店客房环绕中庭布置，提升了整个酒店的品质。西塔的外墙立面不是与地面垂直的，而是向顶端逐渐缩小的。整个外形像一根平地长出的竹笋，而尖顶被削平一样，线条逐渐向顶端收缩。因立面为突出表现编织网式表皮，将整个立面表皮升至女儿墙，使屋顶部分与墙面浑然一体。西塔顶部玻璃幕墙的女儿墙高度大概为 7.5m，圆形的直升机停机坪位于 440.2m，通过室外楼梯到达 426.5m 高的塔楼结构屋面。西塔顶部的擦窗机轨道位于高度为 434m 的女儿墙顶部。

深圳京基 100 大厦，高度 439m，南北立面为连续的玻璃幕墙，适当辅以具装饰性及功能性的外墙构件。顶部为立面延续的玻璃幕墙呈弧线连接，顶部的玻璃外罩高达40m。内部为酒店的餐厅（包括特色餐厅与餐饮吧），夜间，这里能够提供绝妙的城市视野。独出心裁的顶部超大玻璃穹顶、联体双曲线雨篷与玻璃幕墙融为一体，远眺整个建筑仿佛一道可流动的瀑布，提升了整体建筑的美感。

4. 结构构件暴露的顶部设计

世界范围内从古至今的高层建筑设计中，有许多案例它们将高层建筑结构的外露与建筑的艺术性结合得近乎完美。一座超高层城市综合体建筑往往在人们对其结构的精巧构思和高超建造技艺有所了解、感触后，才更增强了它的艺术的表现力和感染力。人们主要是通过对结构外露部分的观赏，来领悟结构构思及营造技艺，获得美的艺术感受的。作为建筑师也要避免刻意地暴露结构，而是要通过有技巧的外露结构来"表现结构"。

例如，乐天世界大厦。乐天世界大厦，高度 555m，该大厦的外形逐渐变细，是从韩国的传统艺术中汲取灵感：建筑的幕墙系统延展超过屋顶高点，成为整栋建筑最高点。建筑顶部的结构—小尖塔，通过钢铁的斜肋构架框架所表现，可透过半透明的幕墙轻易看见（图 10.4.1.1）。

5. 顶部空间中的擦窗机设计

300m 高的建筑（如果顶部不是以尖顶收尾），从总体造型考虑，可能需要20 ~ 25m 的造型高度。这部分高度内实际往往设置空中吧和屋顶花园，其顶板距女儿墙顶还要有 3 层高度。如果设置擦窗机，需要将柱子继续延伸上去，铺设擦窗水平机轨道。

擦窗机设计分为水平轨道式、附墙轨道式、轮载式、插杆式、悬挂轨道式、滑梯式。在超高层中应用较多的是水平轨道式、悬挂轨道式。水平轨道式：轨道沿楼顶屋面布置，设备可沿轨道自由行走，完成不同立面的作业，广泛应用于屋面结构较为规矩、楼顶

图 10.4.1.1 乐天世界大厦
顶部设计

屋面有足够的空间通道的建筑物。悬挂轨道式：广泛应用于带帽屋顶结构、建筑物造型复杂别致、楼面错综复杂、单台水平和附墙轨道，难以完成成本较高的场合。

6. 顶部的停机坪设计

依据我国现行《建筑设计防火规范》GB 50016 建筑高度大于 100m 且标准层建筑面积大于 2000m² 的公共建筑，宜在屋顶设置直升机停机坪或供直升机救助的设施。目前很多国内外超高层城市综合体建筑上都设置了可供消防紧急疏散的停机坪。停机坪在超高层顶部的设置从是否参与整体造型设计方面分为作为造型元素与不作为造型元素两类。作为造型元素的典型案例有迪拜帆船酒店。阿拉伯塔酒店因外形酷似船帆，又称迪拜帆船酒店，酒店建在离沙滩岸边 280m 远的波斯湾内的人工岛上，共有 56 层，321m 高，酒店的顶部设有一个由建筑的边缘伸出的悬臂梁结构的停机坪。此停机坪设置不仅可以起到消防救援的作用，也成为帆船酒店独树一帜的舞台。

屋顶停机坪设计形式多样，但基本都包括了以下几个要素：停机坪、助航灯光、坪面标识、出口、风向标、消防设施以及通信设施等。

10.4.2 立面细部设计分析

在超高层城市综合体的发展过程中，建筑幕墙系统的引入，使外墙的围护功能和承重功能彻底分离，促使建筑向高空发展，并且不断突破高度的限制。表皮作为高层建筑围护结构的一个基本元素，在工业化时代具有与以往不同的表现。

在当代的超高层城市综合体建筑中，表皮的发展有三个比较明显的方向：

● 从表皮的围护的形态本源出发，将表皮表现为一种"外衣"；

● 从表皮的围护的功能本源出发，将表皮作为一层"可呼吸的皮肤"；

● 随着媒体时代和信息时代的到来，表皮被赋予了多元化信息的载体。

1. 材质

建筑外围护材料的多元化运用使得高层建筑的表皮可以丰富多彩。在材料应用方面，随着历史的发展，建筑界的设计思路也在不断地发生变化。回顾现代高层建筑发展的历程，我们可以发现，在芝加哥学派以后，在"少就是多"、"装饰就是罪恶"的现代主义建筑思想的影响下，"国际式"建筑追求简洁明快，建筑形体造型单一，丧失了材料的质感。但是，近年来，材料自身所蕴含的生命力和表现力被重新认识并成为高层建筑创作的来源之一，加之结构技术和材料技术的进步，对生态环境的重视，对城市文脉的认识，设计中的材料表现呈现出多元化、人性化的趋势，不同材料的细部设计与换发了生命力。

多元化的材料表现特征有异于单一的"国际式"现代高层建筑的设计方法，它带来的生动丰富的空间形象，也使得建筑具有鲜明的个性，这些都符合时代发展的特点。

在新的材料技术方面，各种高科技材料和复合材料的使用也是当代建筑界出现的新的形势，钛合金、碳素纤维等材料均以其轻质和高强度为高层建筑设计提出新的可能性，提供了新的思路。

（1）玻璃幕墙体系

在玻璃建筑中，新型玻璃幕墙支撑结构的设计开发带来了玻璃空间形象的不断变化，为建筑设计提供了更大的自由度；同时，为了减少玻璃建筑带来的大量的能源浪费，透明隔热玻璃、双层玻璃幕墙等材料和技术的开发利用受到广泛的关注。这些新技术的开发和应用使得现代建筑能够不断克服材料本身所存在的问题，创造出新的细部设计。透明玻璃幕墙围护结构带来了建筑的开放感，建筑内部人的走动、玻璃映射出的景色的变化给建筑增加了丰富的表情，内外空间的通融体现出新鲜的开放、交流的现代意识，比起封闭式的建筑更给人信息社会的感受。

幕墙按不同的系统可分为：框架式幕墙、单元式幕墙（还有半单元式）、点式幕墙以及全玻幕墙。其中框架式包括明框幕墙、隐框幕墙、半隐框幕墙（包括横隐竖明和横明竖隐）。

①点式玻璃幕墙

全称为金属支承结构点式玻璃幕墙。由玻璃面板、点支撑装置和支撑结构构成的玻璃幕墙称为点支式玻璃幕墙。幕墙骨架主要由无缝钢管、不锈钢拉杆（或再加拉索）和不锈钢爪件所组成，它的面玻璃在角位打孔后，用金属接驳件连接到支承结构的全玻璃幕墙上。点式玻璃幕墙的开发与应用，一开始就显示出了较强的生命力，它为建筑大师们提供了一个新的设计空间，无疑将会促进建筑幕墙的发展与延伸。究其原因主要是它具有钢结构的稳固性、玻璃的轻盈性以及机械的精密性。

特性：①通透性好；②灵活性好；③安全性好；④工艺感好；⑤环保节能性好。

②全玻幕墙

整个面全是由玻璃肋和玻璃面板构成的建筑幕墙叫全玻幕墙，它包括玻璃肋胶接全玻璃幕墙和玻璃肋点连接全玻璃幕墙。它能带来透明、轻盈的建筑立面效果。

③半单元式幕墙

半单元式幕墙是介于框架式幕墙与单元式幕墙之间的一种幕墙结构。是指饰面材料与部分主龙骨构件在工厂内组装完成，在施工现场将组装好的板块安装到与主体结构连接的主受力龙骨上，从而完成幕墙的安装。

性能说明：a. 板块挂装后不需调整，适合于剪力墙体部位。b. 大部分组装工作在工厂车间内完成，组装精度较高。c. 安装速度较快，施工周期较短，便于成品保护。d. 板块可拆卸，便于更换。e. 利用等压原理实现结构防水，防雨水渗漏和防空气渗透性能良好。

④框架式幕墙

框架式幕墙是将车间内加工完成的构件，运到工地，按照施工工艺逐个将构件安装到建筑结构上，最终完成幕墙安装。框架式幕墙按照外视效果分为全隐式、半隐式和明框式幕墙三种，按照装配方式分为压块式、挂接式两种。

性能说明：a. 压块式框架幕墙（也叫元件式框架幕墙）：ⓐ板块采用浮动式连接结构，吸收变位能力强。ⓑ定距压紧式压块，保证使每一玻璃板块压紧力均匀，玻璃平面变形小，镀膜玻璃的外视效果良好。ⓒ硬性接触处采用弹性连接，幕墙的隔音效果好。ⓓ能够实现建筑上的平面幕墙和曲面幕墙效果。ⓔ拆卸方便，易于更换，便于维护。b. 挂接式框架幕墙（也叫小单元式框架幕墙）：ⓐ安装简捷，易于调整。ⓑ连接采用浮动式伸缩结构，可适应变形。ⓒ适用于平面幕墙形式。ⓓ硬性接触处采用弹性连接，幕墙的隔声效果好。

⑤单元式幕墙

单元式幕墙是在车间内将加工好的各种构件和饰面材料组装成一层或多层楼高的整体板块，然后运至工地进行整体吊装，与建筑主体结构上预先设置的挂接件精确连接，必要时进行微调即完成幕墙安装。

性能说明：a. 单元板块全部在工厂车间内进行组装完成，组装精度高。b. 安装速度快，施工周期短，便于成品保护。c. 可与土建主体结构同步施工，有利于缩短整体建筑施工周期。

（2）金属材料幕墙

金属幕墙所使用的面材主要有以下几种：铝复合板、单层铝板、铝蜂窝板、防火板、钛锌塑铝复合板、夹芯保温铝板、不锈钢板、彩涂钢板、珐琅钢板等。由于铝合金等金属材料轻质高强，加工精度高，具有金属光泽，使得它的表现带有高科技的形象特点，在高层建筑中得到了广泛地应用。

优点：到目前为止，金属幕墙中的铝板幕墙一直在金属幕墙中占主导地位，轻量化的材质，减少了建筑的负荷，为高层建筑提供了良好的选择条件；防水、防污、防腐蚀性能优良，保证了建筑外表面持久长新；加工、运输、安装施工等都比较容易实施，为其广泛使用提供强有力的支持；色彩的多样性及可以组合加工成不同的外观形状，拓展了建筑师的设计空间；较高的性能价格比，易于维护，使用寿命长，符合业主的要求。因此，铝板幕墙作为一种极富冲击力的建筑形式，备受青睐。

铝板幕墙按幕墙的结构形式可分单元铝板幕墙和构件式铝板幕墙两种形式。所谓单元幕墙是指将面板、横梁、立柱在工厂组装为幕墙单元,以幕墙单元形式在现场完成安装施工的有框幕墙。所谓构件式幕墙是在现场依次安装立柱、横梁和面板的有框幕墙。

金属幕墙的分类:

①铝复合板

是由内外两层均为 0.5mm 厚的铝板中间夹持 2 ～ 5mm 厚的聚乙烯或硬质聚乙烯发泡板构成,板面涂有氟碳树脂涂料,形成一种坚韧,稳定的膜层,附着力和耐久性非常强,色彩丰富,板的背面涂有聚酯漆以防止可能出现的腐蚀。铝复合板是金属幕墙早期出现时常用的面板材料。

②单层铝板

采用 2.5mm 或 3mm 厚铝合金板,外幕墙用单层铝板表面与铝复合板正面涂膜材料一致,膜层坚韧性、稳定性,附着力和耐久性完全一致。单层铝板是继铝复合板之后的又一种金属幕墙常用面板材料,而且应用的越来越多。

③蜂窝铝板

是两块铝板中间加蜂窝芯材粘接成的一种复合材料,根据幕墙的使用功能和耐久年限的要求可分别选用厚度为 10mm、12mm、15mm、20mm 和 25mm 的蜂窝铝板,厚度为 10mm 的蜂窝铝板应由 1mm 的正面铝板和 0.5 ～ 0.8mm 厚的背面铝合金板及铝蜂窝粘接而成,厚度在 10mm 以上的蜂窝铝板,其正面及背面的铝合金板厚度均应为 1mm,幕墙用蜂窝铝板的应为铝蜂窝,蜂窝的形状有正六角形、扁六角形、长方形、正方形、十字形、扁方形等,蜂窝芯材要经特殊处理,否则其强度低,寿命短,如对铝箔进行化学氧,其强度及耐蚀性能会有所增加。蜂窝芯材除铝箔外还有玻璃钢蜂窝和纸蜂窝,但实际中使用得不多。由于蜂窝铝板的造价很高,所以用量不大。

④防火板

是以金属板(铝板、不锈钢板、彩色钢板、钛锌板、钛板、铜板等)为面板,无卤阻燃无机物改性的填芯料为芯层,热压复合而成的一种防火的三明治式夹芯板。依据 GB8624—2012,分为 A2 和 B 两个燃烧性能等级。

⑤钛锌塑铝复合板

是以钛锌合金板做面板,3003H26(H24)铝板做背板,高压低密聚乙烯(LDPE)为芯材,经热复合而成的一种新型高档铝塑板建筑材料,它集钛锌板的特点(金属质感、表层自我修复功能、使用寿命长、可塑性好等)与复合板材平整、抗弯性能高的优点于一体,是古典艺术和现代技术相结合的典范。

主要用于建筑物的屋面和幕墙系统。在使用初期,远观是自然的崭新的蓝灰色,近看则呈现出天然金属的朴素质感。随着时间的推移,暴露在大气中的钛锌板表面会逐渐形成一层致密坚硬的碳酸锌防腐层,防止板面进一步腐蚀,即使有划痕和瑕疵也在这个演化过程中完全消失。对那些需要营造出强烈的天然感的建筑来说,无疑是理想的装饰材料,特别适用于自然和历史氛围浓厚的环境中,可为现代建筑和古典建筑增添独特的魅力。具有良好的强度和刚性可抵受强风和其他恶劣气候环境的侵袭。塑性好，易于加工安装，有利于三维造型，能适应变化多样的布局要求，可充分张扬建筑师的个性，满足其丰富的创作想象力和灵感要求。

⑥不锈钢板

有镜面不锈钢板，亚光不锈钢板、钛金板等。不锈钢板的耐久、耐磨性非常好，但过薄的板板会鼓凸，过厚的自重和价格又非常高，所以不锈钢板幕墙使用的不多，只是在幕墙的局部装饰上发挥着较大的作用。例如上海金茂大厦、上海信息枢纽大楼等。

（3）陶板

陶板是当今建筑界最新型的幕墙材料。具有环保、节能、防潮、隔音、透气、色泽丰富，持久如新，应用范围广等优点。采用干挂安装，方便更换，给设计运用提供了更灵活的外立面设计解决方案，有利于城市的美化和建筑的生活化。

广州周大福中心（又称广州东塔，530m）是目前世界上最高的使用陶板幕墙的建筑。陶板用于超高层城市综合体建筑最重要的问题可谓其安全性，在幕墙设计和施工方面优化其龙骨系统及安装方案。

（4）石材

石材幕墙通常由石板支承结构（铝横梁立柱、钢结构等等）组成，不承担主体结构荷载与作用的建筑围护结构。

北京银泰中心工程整体楼高 249.8m，石材外墙面积高达 138000m^2（下半部石材用料厚度 36mm，189m 以上高度石材用料厚度为 38mm），号称世界之最大石材外墙工程，工程所有石材均采用 6㎡ 单元体组装，为北京奥运提供配套服务。

2. 玻璃分格及窗户开启方式

通常建筑幕墙的分隔形式及窗户开启的方式是理性分析、尺度比例把握与感性审美共同决定的。

在理性分析中，它不仅决定于建筑的层高、开间、通风量、节能标准、排烟面积等控制因素，又决定于目前幕墙单片玻璃、板材尺寸的限制。例如乐天世界大厦，建筑功能包括零售、办公、宾馆和高层观光等，其不同功能的楼层层高也不一样，分别有 4.5m、3.9m、3.6m 等。其整体造型设计灵感源自韩国历史上的制陶艺术和书法。外幕墙白色的垂直边框系统由底层延伸至顶层，使得整个幕墙就像一个被一分为二的王冠，这种设计是一种向老城中心致敬的精妙姿态。

超高层城市综合体建筑外幕墙分为有开启扇和无开启扇两种。当超高层城市综合体建筑采用开启扇进行自然通风时，需要对开启扇进行安全性分析。《铝合金门窗工程技术规程》2010 版 4.10.4 中规定：高层建筑不得采用外平开窗（包括滑撑外平开窗）。选用上悬窗时，开启角度不大于 30°。

在北京亦城财富中心的工程项目中（图 10.4.2.1），为了使开启扇开启后不影响建筑立面的整体外观，采用了一些新颖的开启扇方式。如：将开启扇开向镂空的石材壁柱内；或是将开启扇处设计为双层玻璃，外层玻璃为固定扇，但上下留有开洞，内层玻璃为向内平开扇。

随着建筑幕墙形式的不断变化，建筑立面分隔方式及窗户开启方式已不拘泥于传

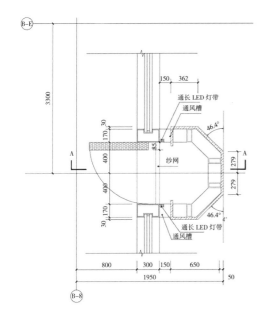
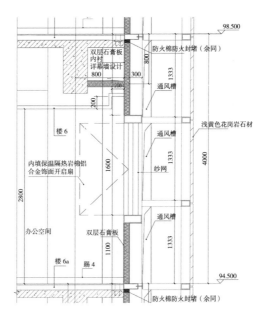

图 10.4.2.1　北京亦城财富中心开启扇墙身详图

统的横平竖直的分隔方式。计算机技术的高速发展、BIM 技术的应用，使建筑立面呈现出更丰富、更多元、更复杂的形式。有"鱼鳞"立面，如龙舞双子塔；有二维网状立面，如天津中钢国际广场；有三维旋转体楼体立面，如艾德加街大厦等。但不管外墙形式多复杂，依然需要解决建筑外墙原始的功能，采光、通风、围护等。

芝加哥建筑事务所 Adrian Smith+Gordon Gill 为韩国龙山国际商务区设计了一个双子塔项目——"龙舞双子塔"。建筑立面覆盖了一层重叠的玻璃窗，他们组合成鱼鳞一般的图案，让人联想到神话传说中的龙。玻璃幕墙板内设置了 600mm 的通风口，创造了一个能呼吸的外表皮。

天津中钢国际广场，高度 358m，地上 88 层。中钢国际广场以六边形"中国窗"作为主体元素，蜂巢似的建筑造型新颖独特，是世界建筑史上一次大胆的尝试和创新（图 10.4.2.2）。

3. 遮阳处理

目前，广泛应用于超高层城市综合体建筑的是遮阳设施在幕墙的一体化设计。伦敦桥大厦的双层被动式幕墙全部采用了地铁玻璃，幕墙内的凹槽安装的机械滚动百叶起到遮阳功能。幕墙通风孔上的缝隙提供了自然通风，这种通风被用在办公层的会议室或休息空间以及住宅层的冬季花园中。这种设计可以让建筑与外部环境联通，而在大多数封闭的建筑中是无法实现的。

遮阳也可以通过玻璃幕墙体系中玻璃本身进行遮挡光线。在 SOM 为韩国首尔对棱塔项目中，建筑外立面采用三层的玻璃幕墙，可以减少使用传统的两层玻璃外墙时带来的能源流失。外面的玻璃遮阳光幕板可多角度调节以最大限度得减少反射。夏日时，遮光板在遮挡阴影的前提下提供良好的采光，并且还可以存储散入塔楼内部的热量以备冬日之需。

4. 避难层设计分析

对避难层设计是超高层城市综合体建筑的设计中不可避免的重要环节，既需要满足消防规范、机电系统设置的要求，又需要关注其对建筑造型的影响。

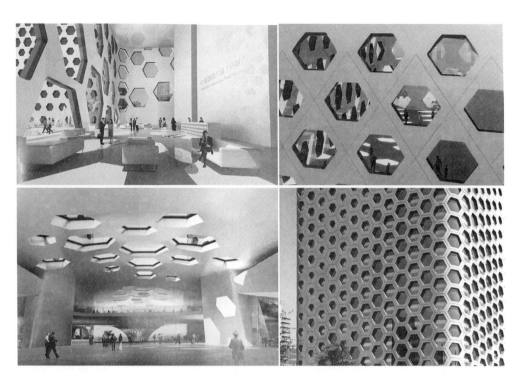

图 10.4.2.2　天津中钢国际
广场幕墙

　　从平面角度来看，超高层城市综合体建筑的避难层内除满足避难区面积要求（按
5.0 人 /m² 计算）外，剩余面积可兼做设备管道区，但设备管道区应采用耐火极限不
低于 3.00h 的防火隔墙与避难区分隔。根据暖通系统设计的要求，避难层通常还需要
考虑一些空调室外机的机位区域，这就对避难层的外立面有了满足空调室外机通风的
要求。

　　从造型的角度来看，针对避难层的外立面设计一般存在着两种处理方式：第一类
是在立面上不强化避难层的位置，外立面仍保持完整统一；另一种则是将避难层作为
立面划分的造型元素，强化其位置，并且在立面设计中在避难层的位置刻意采用不同
的设计语言。

　　具体处理手法有：

　　（1）避难层整体立面的特殊处理手法，典型设计案例有珠江新城西塔。此建筑是
以一种独特的曲线形状及透明的光滑建筑立面为主要思路设计，并且显露出建筑物本
身独具一格的建筑结构。同时对建筑物垂直感的强调也极为重要，这是通过渐变宽度
的造型、建筑结构的形式以及幕墙垂直分割得以强化。避难层对外立面特殊的通风要
求使得幕墙不可能与其他层完全一致，设计师采用竖向玻璃与通风格栅相间布置的方
式，通风格栅处仅以铁丝网做安全保护，人群来到避难层后，可以确保空气流通不憋气，
既保证通风又不破坏整体外观垂直感的延续性。

　　（2）在立面上不强化避难层的位置，外立面仍保持完整统一，把需要通风的百叶
处设置在比较隐蔽区域，如中钢大厦。

　　（3）把避难层所需进排风口部特殊处理，百叶设计与幕墙整体设计相协调，且不
突兀，使幕墙整体立面形成韵律感。

10.4.3 超高层城市综合体建筑底部细部设计分析

1. 玻璃分格及门的开启设计

大堂玻璃幕墙的形式或与塔楼幕墙完全一致，体现整个建筑的拔地而起的造型整体性；或与塔楼幕墙有所不同，突出入口大堂更加通透明亮。入口大堂的玻璃分隔与大堂的幕墙形式有很大的关系，有全玻幕墙体系、点式玻璃幕墙体系等。

2. 屋顶平台空间设计分析

在超高层城市综合体建筑塔楼或裙楼屋顶平台的空间设计中，需要重点注意的是屋顶开放空间与其他屋顶设施的结合设计。

（1）与顶部的观光及娱乐空间结合

（2）与高层建筑顶部设备用房结合

以往的做法是通过将有损建筑美观的设备用房内做一定的退让来减少对它们对立面的影响。对于屋顶开放空间来说，可以在这些构筑物外建屋顶、构架、其他装饰构件或提高女儿墙等方法，将这些设备机房掩盖起来。或者借助这些设备用房本身的形体，参与顶部的整体设计，形成起伏的顶部轮廓。或制造技术表现的真实感，但要求建筑师与其他相关专业的工程师密切配合，以确保设计最后的顺利实施。

（3）与建筑顶部的采光、通风排气等设施结合

屋顶上有时会布置采光天窗或排气装置等，屋顶开放空间的设计规划要与这些设施同步进行，如结合得好，这些设施不但不会成为造景的障碍，反而会成为精美的景观小品，形成趣味中心。

（4）与设备专业的配合设计

由于水、暖、电气等设备专业与建筑专业有很多相互配合与协调的设计，处理是否得当对于体现一个建筑的品质与品位至关重要。例如：暖通专业需要在建筑首层设置一些排风口、进风口，以满足室内及地下的进排风需要，在哪儿设置及如何与建筑外立面结合设计往往都是建筑师需要专门考虑的。

（5）室内外高差及排水设计

①室内外平接、几乎无高差，排水排向道路，入口处设置雨水篦子。此种方式在目前综合体项目中常见，优点是室内外进出无障碍，建筑与城市更亲近、更自然。

②室内外有高差，设计有残疾人坡道，排水向外排向道路。

10.5 高层建筑室内空间细部设计的重点强调

10.5.1 入口大堂

入口大堂是超高层城市综合体建筑内部空间的重要组成部分。入口大堂是一种空间上的概念，即人由室外进入建筑后所到达的第一个室内空间，决定着建筑空间的性

格和品位。在出入口界面的处理上，应考虑空间过渡的自然，利用立面虚实、材料质感的变化与立面形象形成对比或融合，形成富有活力的中介空间。"空间效果本身取决于有意义的细部"。在入口大堂的细部设计中，需要重点注意的几个方面：

1. 人性化尺度的营造

在超高层城市综合体建筑高大入口大堂空间中，人们往往因为对大空间的陌生，无法识别周围的环境；而在大空间中设置几个十分显眼的标志，会使整个大堂空间的巨大感被几个相应的尺度给弱化，让人们能准确地知道自己在空间中所处的位置。合理的空间标识尺度设计才能让人们的心理产生归属感。舒适感是人在门厅空间中的最基本的生理需求。因此，大堂空间的光线、色彩、细部、材质以及家具、绿化等应结合人的尺度需要，提供舒适的休憩空间，便于人流的内外转移，同时也为人们提供了面对面的交流空间。在大堂空间中进行的都是公共活动，过低或过小的空间都会使人感到压抑或局促不安，按照功能性质合理地确定空间的高度具有重要意义。层高较高的空间中，柱子一般都会显得过于细长，比例不当，应采用横向线条划分的方法，对建筑材质进行色彩上的区分，使柱体细长的比例感得到改善。大堂顶部造型处理时，利用相对空间尺度较大的灯具统一空间高大带来的失调感，在冷性的现代建筑中营造出人性化的空间。

2. 细部要与整体设计风格相协调

通过阅读细部，可以看到建筑的一个细部为另一个细部的存在提供恰当的视觉理由。只有在这个时候，我们才能对建筑空间有整体的、统一的和连贯的感受。

3. 色彩与材质的选择

4. 大堂空间的家具与绿化景观设置

可利用绿化组织室内空间、利用绿化美化室内环境等。

5. 运用空间对比手法，凸显空间丰富性

10.5.2 中庭设计

在超高层城市综合体建筑中，中庭的介入已成为超高层城市综合体建筑设计结合自然、降低能耗以及创造绿色空间环境的重要因素。实践表明，中庭对高层、超高层城市综合体建筑内部封闭空间的光线、空气、温度、湿度等方面有重要调节作用。

在超高层城市综合体建筑中，中庭更多地表现为向外界开放的空间形式，并可能由一个或多个空中庭院组成，作为公共活动空间的中庭结合自然要素的设计（如植物、水等）起到净化室内空气、调节气温改善空间质量的作用。具体到中庭的细部设计，需要注意以下几个要点：

1. 办公中庭——交流、活动空间

高层建筑中在办公空间里设置不同特征的中庭已经越来越被广泛的接纳和采用，并成为设计的主流。超高层城市综合体建筑的中庭既是疏导人员的垂直交通枢纽，又是充满阳光与活力而富有人情味的憩息、观赏和交往的共享公共空间。在中庭的设计过程中，应该强调对中庭空间意义及特征的表达。

（1）人性化尺度

通过人性化尺度设计，消除大尺度的空间对人心理的负面影响。

（2）休憩交流设施的设置

通过雕塑、座椅、小品等的形式和布局满足使用者多样性要求。

（3）自然性

城市自然景观的回归。为了能在都市中进行幻想，抓住一个可以真实感受到的去处，在一些情况下，通过人工的手段。我们把自然景观作为一种符号放置到生活环境周围中，以寄托我们的情感。

（4）生态性

中庭空间在吸收太阳辐射、改善自然采光、促进室内通风等方面的生态效应也逐渐被人们所认识，中庭空间不仅是现代建筑室内的精彩演绎，也是生态建筑中的重要设计策略。设置室内遮阳，是建筑师们改善中庭夏季过热状况时常用的手段之一。

2. 酒店中庭（空中酒店大堂）

从 20 世纪 90 年代开始，超高层城市综合体建筑无论在技术还是艺术方面，都取得了巨大的进步。酒店作为超高层城市综合体建筑的一个功能部分，它的大堂与综合体建筑内部的其他功能空间彼此联系又相互独立，形成了一个多层次、立体化的空间。在这种布局形式的推动下，酒店的大堂逐渐衍生出多个大堂的形式，主要功能大堂往往被提升到塔楼的中间层或顶层，底层的大堂主要作为一个交通过渡性的空间将客人指引到去往空中大堂的穿梭电梯。超高层城市综合体建筑中的空中酒店大堂就是在这种背景下逐渐形成的。如广州国际金融中心、深圳京基 100、上海金茂大厦等。酒店中庭（空中酒店大堂）在细节与表现力处理上需要注意以下几个方面：

（1）中庭空间氛围的营造

中庭空间是大堂空间组织的中心，是大堂视觉、交通枢纽中心。中庭空间氛围往往通过以下设计手法去塑造：①吊顶结合造型精美的吸顶灯和富有造型感的雕塑、摆设统一设计；②引入天光的中庭，凸出中心感；③利用灯光塑造中庭的节奏感。

（2）服务总台空间设计

服务总台空间由礼宾台、总服务台、服务台等待区等元素构成。

（3）前台办公区的空间设计

（4）社交经营空间的设计

社交经营空间主要包括大堂休息区、大堂吧、大堂酒廊、特色经营区等空间。①休息区设置 2～3 组沙发，根据社交距离 1.3～3.75m，每组沙发的尺度应在 1.3～3.75m 之间，当休息区由 2～3 组沙发组合而成时，尺度应为每组沙发的倍数。②大堂吧需要提供不同类型的座位以适应不同空间氛围的需要。同时净高不宜低于 3.0m，应具有良好的景观朝向，不同座位摆设成组设置，结合摆设、地毯、绿化景观等界定和划分不同性质的空间摆设。

（5）室内装修设计原则

①室内设计和酒店市场定位、文化特性相一致；②室内设计和酒店的建筑风格相

协调；③室内设计应相互协调、风格统一、相得益彰；④艺术陈设、家具摆设等尺度适当。

（6）自然性、景观性、生态性

（7）运用空间对比手法，凸显空间丰富性

①广州国际金融中心四季酒店的空中大堂

广州国际金融中心四季酒店的空中大堂是酒店的重心之所在，也是所有客人们目光汇聚的焦点。大堂位于塔楼的七十层，平面类似于三角型的变体。平面的中心是向上延伸的高耸的中庭空间，34层通高，高度约81m。中庭的空间随着塔楼的体型逐层向上缩小，从九十三层开始又逐层放大，形成一个类似于喇叭口的竖向中庭空间。中庭空间高度比接近6∶1，空间高耸，具有明确的向上感。在围合成中庭的每层走廊的外延，都是折线形的造型，和中庭的形态完美的结合在一起，形成了充满向上的动感与震撼力的中庭空间。

总服务台、大堂吧、大堂酒廊等大堂底层的其他功能空间全都围绕中庭布置，这些功能空间尺度相对较小，与中庭形成了强烈的反差。大堂酒廊通高2层，宽11m，净高8.35m；接待台净高3.85m；大堂吧层高一层；这些空间在不失自身怡人的尺度感的同时，与中庭一起构成了一个富于变化、对比鲜明的大堂空间。这种设计手法使得大堂中庭的中心地位极为突出，充满了向心力与凝聚性。

空中大堂设计风格讲究时尚、简约、纯净，室内线条流畅和建筑外形、大堂空间形态相呼应。大堂以白色为主色调，点缀灰色、黑色、红色、棕色的家具、摆设、雕塑，结合黄色灯光烘染气氛，所有家具摆设以流线型为主，呼应大堂形态和建筑外形。

②深圳京基100瑞吉酒店的空中大堂

深圳京基100瑞吉酒店的空中大堂不同于广州的四季酒店，它位于塔楼的九十六层，下部为客房区域，上部只有局部的餐饮和会所空间。整个大堂层的平面呈长方形，各个功能空间是围绕电梯厅和一个向下延伸的天井来布局的。这个天井从七十六层一直延伸到大堂的九十六层，通高21层。客房区走廊外的线性灯带也大大将强了天井的层次感，丰富了空间效果。大堂上部的餐厅和会所像是一个悬浮在大堂中心的一个巨大的椭圆形球体，构成了整个大堂内部的视觉中心。大堂的顶部逐渐向中间聚拢，与中心的椭圆形球体完美地结合在一起。大堂内的休息区、大堂吧等功能空间沿着大堂的边缘布置，与大堂通高，非常自然地与整个大堂空间融为一体。空间感受开敞但不空旷，空间的尺度把握的恰到好处。

酒店以"钻石"作为创作主题，整个大堂空间以黑色、灰色、宝石蓝为主色，点缀紫色家具、银色的摆设、黄色地毯、灯饰等以彰显酒店大堂奢华、典雅、神秘的氛围。

10.6　高层建筑其他细部设计的重点强调

10.6.1　夜景照明

超高层城市综合体建筑作为城市的亮点甚至是地标性建筑，其照明设计更应该以"节能"的理念为导向，用理性与创意凸显建筑的特色，而不能用单纯的亮去引起大家的关注。另外建筑顶部照明亮度较高，上射光较多，容易破坏夜空环境，影响天文观测。由于超高层城市综合体建筑照明的特殊性，照明设计师们应当结合自身建筑的结构特点采用合理、节能的照明方式，表现出建筑特征和美感，在达到较好的照明效果的同时兼顾整体协调美观。

京基滨河时代项目建筑照明分为裙房及入口雨篷照明、标准区照明、高区照明、顶部照明。首先，底部利用雨篷和大堂的照明，设置暖光系列与周边裙房商业呼应，共同渲染繁华氛围。其次，标准区与高区在每个竖挺底部设置 LED 光源，形成渐变效果，强调竹节造型。

同时通过电脑控制灯光明暗和颜色，可以自由组成图案，形成节日期间的灯光效果。最后，顶部设置向上的泛光，显得建筑更加高耸、挺拔；外围冷光和空中吧的室内暖光交织在一起，形成梦幻效果。京基滨河时代项目照明分为五个层次：（1）外围射灯照明；（2）表现竹节阶梯式形体，用渐变的光源突出形体的节奏感；（3）表现竖挺的秩序与细节，通过定性光源对竖挺的侧面打光，产生立体感；（4）表现建筑的活力，室内办公的零星灯光为夜间照明增添生命力；（5）特殊局部灯光分析，在建筑的顶部与入口处进行灯光的特殊处理。

10.7　本章小结

本章主要对超高层城市综合体建筑的材料与构造、细部及其表现力进行了较系统的研究。对于整个超高层城市综合体建筑的设计，材料与构造、细部及其表现力研究是不可缺少的，也是极其重要的，其直接关系着整个建筑的品质与品位。

超高层城市综合体建筑设计及其关键技术随着社会、科技的发展是不断更新、不断发展的，下一章将对超高层城市综合体的未来发展趋势做出全面的展望。

第 11 章
超高层城市综合体建筑发展趋势

11.1 超高层城市综合体建筑发展基本前景

从建筑发展角度来看，社会因素的发展对超高层城市综合体建筑产生相对宏观的影响，由此对超高层发展的基本前景提出以下思考。

11.1.1 建筑高度探索与建筑精神性表达

首先人类对建造更高大、更雄伟的建筑的愿望依然很强烈。超高层城市综合体建筑不仅作为标志性建筑被人们熟知，更以高度展示一个国家与地区的经济实力。从远古时期对上空的追求，到宗教建筑精神性内涵的表达，对高大建筑的追求从未停止。因此推测未来发展中对建筑高度及精神内涵的表达仍然会存在，但建筑师的思考中，并非盲目追求建筑高度，更多的是对空间品质和特色的追求（图 11.1.1.1）。

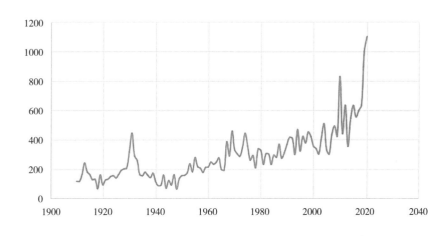

图 11.1.1.1 1910 ~ 2020 年历年兴建最高建筑统计

11.1.2 超高层城市综合体建筑发展区位分析

随着未来城市化速度加快，城市人口增加，人口与土地资源的矛盾问题更加突出。尤其我国人口众多，土地资源紧张的国家的城市化更需要走紧凑型发展道路，以此来降低城市基础设施的成本，提高土地利用的效率。因此推测未来的城市发展过程中，超高层城市综合体的数目及遍及的城市会更加广泛。

从超高层发展的历史来看，超高层起源于美国，大约 20 世纪 90 年代起，亚洲国家逐渐成为超高层建筑发展的重心。由于人口与经济因素成为一个城市对超高层城市综合体建筑需求的主要原因，由此可以推测，未来的超高层城市综合体建筑发展的重心仍然会出现在亚洲地区，而中国仍将成为超高层城市综合体建筑发展活跃的地区，同时亚洲地区的印度也会发展较快。

以我国为例进行分析，我国近年来超高层建筑建设的热情一直持续高涨，我国超高层建筑在一线发达城市建设量最高，但近年来二三线城市超高层建筑数目也逐渐增加。由图中资料也可以分析出一线城市超高层建筑增长速度逐步减缓，二线城市建设量增长较快，三线城市在近几年也开始出现。分析其原因可能是大城市对人口的控制导致需求降低，另一方面二三线城市经济发展快速，对超高层具有一定的需求。推测未来超高层城市综合体在我国的发展中，二三线城市市场较大（图 11.1.2.1）。

图 11.1.2.1　1997 ～ 2017 年，中国不同城市层级高层建筑数量

图片来源：CTBUH 2016 会议论文《多用途高层建筑——垂直城市化的挑战与收益》

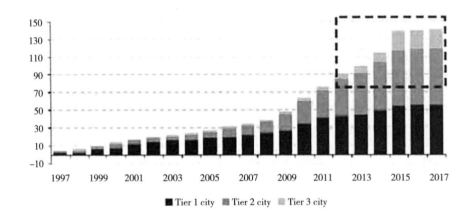

而在城市内部发展，由于城市规划政策的不同，城市内部超高层城市综合体建筑发展有所不同，一些城市出于对历史的保护或是抗震要求，虽然在一定程度上限制了超高层城市综合体建筑的发展，但超高层在城市内部多以集群化的方式发展，如各个城市的 CBD 地区，超高层城市综合体建筑功能也在朝向更加综合化的方向发展。

11.2　建筑功能发展方向

从功能角度分析超高层城市综合体建筑的发展方向，主要有两个较为明显的特征，一是建筑自身功能比例的变化，二是功能呈现更加城市化的倾向，主要包括：

（1）混合功能比例增加；

（2）容纳休闲文化等城市功能；

（3）建筑设施市政化；

（4）作为城市生产性设施。

11.2.1 混合功能比例增加

通过对高层建筑历史整理分析可知，办公、居住、酒店、混合使用是超高层城市综合体建筑发展过程中的主要功能。高层建筑起源阶段，办公功能占据了极大部分建筑，而随着高层建筑的发展，功能类型也逐渐丰富，发展到今天的超高层城市综合体建筑混合功能的比例占据了极大部分，尤其是 2010 年之后，从以下对混合功能比例的统计表中也能够看出这一点（图 11.2.1.1）。

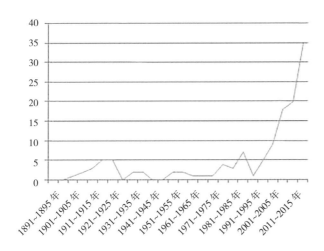

图 11.2.1.1 历年超高层城市综合体建筑混合功能数目统计

传统高层建筑则受限制于单一特定的用途，未来混合功能超高层可以容纳不同的需求、形成相对的动态平衡，更加具有灵活性与适应性。混合功能的使用提升了建筑的生命体，各功能之间相互支撑、相互配套。在建筑师的方案中，超高层城市综合体建筑也容纳了更多职能：办公、居住、博物馆、图书馆等，甚至容纳学校、医院、农场等功能，以及一些城市设施。

混合功能在超高层城市综合体建筑中的作用不仅是功能的适应，同时还具有对环境的适应。基于混合功能基本概念，思考将居住、办公、农业、空中花园、运动场地等功能进行混合使用，在建筑中解决城市人与自然相互融合的问题（图 11.2.1.2）。超高层自身担负着功能复合的使命，会大量消耗能源，超高层也有优势，相对集中的功能分布有利于分布与传递能量，减少运输损耗。通过植入空中绿地、树林、公园、自然系统解决居住生活在超高层中的人与自然相互融合的问题。

对空中森林绿地的植入改变了城市存在模式与社会公共生活的方式，缓解人类对

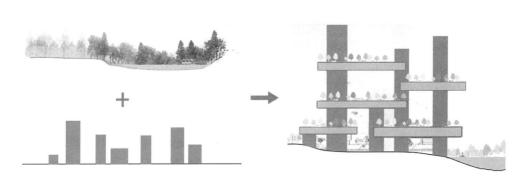

图 11.2.1.2 垂直城市概念示意

土地的过度侵蚀,将地面更多返还给自然,让超高层不仅在城市实体空间上形成标志性,更是人类发展模式的标志。

在建筑师对未来超高层设计过程中,混合使用功能的比例占据了很大一部分,这也是构建"立体城市"的功能要求。

11.2.2　容纳休闲文化等职能

休闲文化功能在超高层城市综合体建筑中的植入是超高层城市综合体建筑功能城市化一个方面的体现。20世纪90年代中期,高层建筑习惯在不考虑城市环境下进行单独设计,高层建筑功能单一、独立,"城市"因素被排除在设计之外。随着社会发展、技术进步、空间环境思考的发展变化,建筑与城市职能之间的混合逐渐成为新趋势,超高层城市综合体建筑功能的城市化也成为发展的必然要求。

休闲文化空间在超高层城市综合体建筑中的上移,不仅能够激发整栋建筑的活力,丰富超高层城市综合体建筑的功能,同时可以舒缓空间压力,增强建筑的宜居性,提升建筑整体质量。休闲文化功能的植入丰富了内部多功能的综合化、功能组织模式的多样化,优化了超高层城市综合体建筑内部功能,也是城市职能发展的客观要求。

在工作室的长沙梅溪湖投标方案中,通过与避难层结合将塔楼分成多个主题空间,将文化空间引入超高层。在对未来的超高层城市综合体建筑思考中,一些方案将跑道、公园等空间融入超高层。更加复杂的功能引入也成为思考的对象,建筑师思考在建筑中创造出不同自然景象,融入农场、山林、湿地、冰川等不同自然景观。

11.2.3　建筑设施市政化

随着城市交通体系的日益丰富,需要相应的配套设施也需要逐渐丰富,超高层作为城市中的重要建筑也承担了部分城市职能。超高层容纳城市功能的案例早有出现,在芝加哥玛丽娜城建筑的设计中,一~十九层作为城市停车空间,临近水面设有码头,建筑师很早就开始思考超高层如何为城市提供服务的问题。

城市交通设施的与超高层城市综合体建筑之间的穿插在现有城市中也有出现,如重庆城市的复杂交通。在未来的城市发展中,交通系统日益复杂,飞行汽车的普及也需要停靠站点,超高层城市综合体建筑中必然会出现更多的城市设施。

对建筑师在超高层城市综合体建筑为城市提供市政设施方向的思考做总结如下(图11.2.3.1)。

超高层城市综合体建筑对城市职能设施的容纳,不仅是超高层城市综合体建筑发展的需要,也是城市发展的必然,这将是超高层城市综合体建筑发展的一个方向。

11.2.4　作为城市生产性设施

超高层城市综合体建筑一直是对资源消耗较大的建筑类型,对城市资源处于消耗的状态。在未来发展过程中,将会朝向为城市提供资源的方向发展。如垂直农场、工厂等生产性功能的植入。

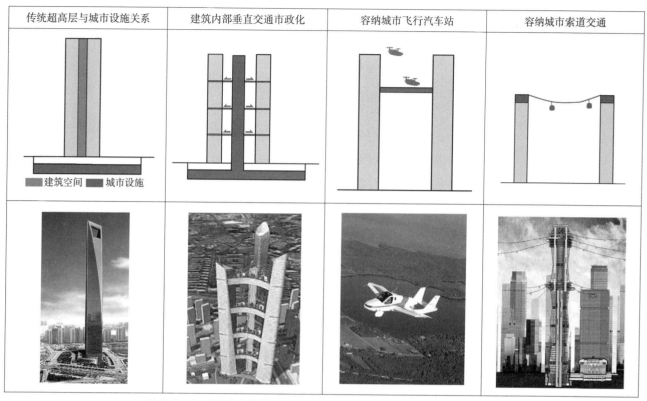

传统超高层与城市设施关系	建筑内部垂直交通市政化	容纳城市飞行汽车站	容纳城市索道交通

图 11.2.3.1　建筑师在超高层城市综合体建筑为城市提供市政设施方向的思考

垂直农场近年来成为建筑师关注的方向，增强建筑城市化属性。美国迪克森·戴波米耶博士对垂直农场进行研究（图 11.2.4.1），对其实现的可能性也做出分析。美国 Aero Farms 公司在 2004 年就开始室内雾培种植系统，这样的垂直农场不仅可种植大量营养丰富的蔬菜和草药，且比户外同等规模农场产量提高 75%。

图 11.2.4.1　迪克森垂直农场
图片来源：《垂直农场—城市发展新趋势》

垂直农场具有一系列优点：整年都能够生产农作物、缩短运送距离、通过喷雾方式减少用水量、提供新的就业机会等。越来越多的人认为垂直农业将成为全球的生命线。

对城市工业的思考也出现在建筑师的方案中。建筑师希望通过生产性建筑的设计，不仅为城市提供了食物与资源，同时为城市人口提供就业机会，发挥了生产性建筑的职能作用，在城市中具有一定意义。

11.3　建筑空间发展趋势

超高层城市综合体建筑中逐渐对公共空间的关注增加，建筑空间呈现公共化倾向，主要体现在以下几个方面：

（1）公共空间比例增加；

（2）建筑主体公共化；

（3）顶部空间公共化；

（4）底层空间开放性。

11.3.1 公共空间比例增加

城市化的快速进程促进城市建筑之间的一体化发展，在空间形态上表现为城市公共空间与建筑内部空间的立体交叉叠合与有机串接，这对建筑空间的公共性提出要求。

超高层城市综合体建筑公共空间不仅在功能属性上具有综合功能的特点，同时具有较强的精神功能。面对未来的超高层城市综合体建筑，天空与高度并不是限制的关键，进入与离开超高层需要花费更长的时间，参加社会活动与街道活动都添加了障碍。因此从行为心理学角度来看，超高层城市综合体建筑对公共化空间的需求具有一定意义，公共空间在超高层城市综合体建筑中所占的比例也逐渐增加。

可以看出，公共空间在超高层城市综合体建筑中的重要性在提升，对公共空间的关注这也是超高层城市综合体建筑发展过程中的一个趋势。

11.3.2 建筑主体公共化

高层建筑改变了城市惯用的水平方向延伸的空间方式，强调了空间在竖向的集中，在地上垂直形成了居住、办公、休闲娱乐等功能区域，共享交流空间穿插其中。在对案例总结中得到对主体空间公共性的增强的两种主要方式。

1. 公共空间垂直化蔓延

公共空间垂直化蔓延是垂直城市更新的途径，更加关注于超高层城市综合体建筑本身对巨型城市再生起到的贡献与推动作用。从近年来超高层城市综合体建筑发展过程中能够看出，公共空间结合地面空间，形成连续性公共空间，增强与城市之间互动关系。

以 BIG 设计的纽约旋转摩天楼为例，该项目位于高线公园与哈德逊大道公园的交叉处，这幢建筑的特点是有连续的约 805m 长的台阶式空中花园，从底部延伸到顶部。这条上升的履带将高线公园扩展到空中，项目强调灵活的、开放的工作空间，还设有宽敞的露天阳台。

高层建筑公共空间的垂直化蔓延，一方面为超高层城市综合体建筑植入了舒适的空间环境，另一方面也增强了与城市空间之间的互动，促进超高层城市综合体建筑融入城市网络。

2. 高层建筑多层化趋势

针对超高层城市综合体建筑发展过程中产生的问题，高层建筑多层化是有效缓解的一个方法。"高层建筑多层化"的策略目标是通过创造极为活跃、人性化、适应性强的高密度城市环境，提升超高层城市综合体建筑内的生活品质，进而实现更为长远的可持续发展。这种分层方式引入了"多地表面"，创造丰富的公共空间，形成垂直城市。

"高层建筑多层化"方法在现有高层建筑中已有应用，例如上海中心的建筑设计。通过利用多层化的处理方式，植入美术馆、博物馆等空间，激发空间活力，提供舒适环境。

高层建筑多层化的基本模式（图 11.3.2.1）是通过将超高层建筑进行垂直方向分割，得到层数相对较少的几部分，在每一部分内部创造共享绿化的休闲空间。

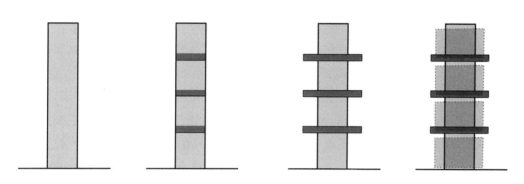

图 11.3.2.1　高层建筑多层化发展基本模式

建筑师对分层方式的思考也有变化的利用，前文提及螺旋塔方案也是分层方式的变化利用。首先通过坡道旋转的形式构建建筑的基本构架，形成整个建筑的连通性，反转常规超高层城市综合体建筑空间与环境的模式，将自然空间包围在建筑内部，进而形成建筑方案。

建筑群体之间通过层次的相互连通形成区域之间多个层面（图 11.3.2.2），进而形成立体城市。博埃里事务所石家庄未来森林之城的思考就是将整个区域的多栋高层建筑进行垂直化分层设计，集聚个人、家庭、群体以及企业等功能，从而创造出充满活力的城市空间。

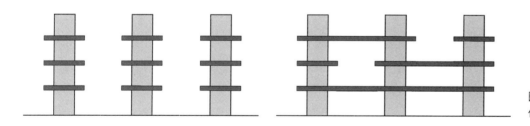

图 11.3.2.2　高层建筑多层化的群体联系示意

"高层建筑多层化"的方式对建筑与自然的关系提出反思，在未来发展过程中具有应用前景。通过多层化方式创造公共空间，建筑地面也可以还给市民，具有一定的社会意义，是未来超高层城市综合体建筑发展的一个方向。

3. 高层建筑连体化趋势

基于高层建筑多层化的基本概念，公共空间的垂直方向引入对建筑公共空间与活力的塑造都有重要作用。高层建筑向着集群化方向发展，对公共空间的引入具有必要性，集群发展的若干栋高层建筑统筹组织单体的功能、空间、流线，增强各建筑间的整体性，形成高层建筑连体化趋势。

高层建筑连体化一方面增强了各单体建筑之间的联系，通过建筑中部或顶部的若干空间上的互通，形成不同功能之间的联系互补，使建筑具有多个层次与要素。同时也丰富了建筑的空间形态，带来多样化的空间体验。从流线的角度有效增强了每个建筑的可达性，结合未来交通工具与交通形式的发展，高层建筑连体化形态为未来交通系统的发展提供了更多可能。

另一方面高层建筑连体化从城市设计层面具有一定意义，为城市人们提供了多样化的城市生活空间，改变了传统空间模式，将公共空间立体化，对城市公共空间的塑造具有一定意义。同时可以考虑将公共空间更有效地与地面交通形成更为直接联系，增强可达性、可游性，丰富空间形态与体验。

连体化倾向在高层建筑发展历程中，早期已有探索雏形，如吉隆坡双子塔，设计过程中通过中间天桥将两栋塔楼联系在一起。相关案例还有很多，新加坡金莎酒店，通过顶部联系将三栋建筑联系在一起，同时提供了城市的公共空间；深圳腾讯总部在不同高度位置进行联系，在水平和垂直方向上实现了视觉与空间的联系。连体化趋势在近年来的建筑师方案中的思考也在日益增强，如某企业总部基地投标方案中，通过平台将建筑错落串联，实现功能互通及景观最大化（图11.3.2.3）。

图11.3.2.3　某企业总部基地投标方案

高层建筑连体化趋势不仅从建筑角度具有重要意义，从城市设计角度也对城市公共空间的塑造具有重要作用，在未来的发展中，人对公共空间的需求日益增加，高层建筑连体化发展已有探索与实践，是未来发展的趋势。

11.3.3　顶部空间开放性

早期现代建筑中往往将设备、水箱或电视天线直接作为建筑顶部与天空的交接物，缺乏有效的过渡与处理。

1. 与城市景观的互动

超高层城市综合体建筑作为城市天际线的组成部分，是建筑与城市空间互动的表现。城市天际线是城市整体面貌的垂直投影，反映了城市建筑的总体轮廓。超高层城市综合体建筑高度与密度都会影响城市天际线，以上海浦东陆家嘴地区为例，由东方明珠、上海中心等一系列超高层城市综合体建筑组成的城市天际线十分清晰，随着超高层城市综合体建筑相继落成，城市天际线形式也在逐步改变。

同时超高层城市综合体建筑因为良好的视线效果，可以通过顶层空间对城市开放，提供欣赏城市的公共视野，形成与城市景观之间的互动。超高层城市综合体建筑形式如何发展，顶部空间与城市空间视线的强化都会促进两者间互动。

2. 与城市功能互动

顶部空间与城市之间的功能互动体现在顶部空间对公共空间的植入，如建筑顶部引入咖啡厅、休闲娱乐等功能，为城市居民提供体验空间。这样的方式在当今许多高层建筑中都有利用。例如在深圳京基顶层设有公共咖啡厅，可以在休闲时欣赏城市景观，在广州塔顶设有观光层，同时设有娱乐设施跳楼机等，这都是吸引城市人群的动力。

顶部空间位置好、视野开阔，具有良好的景观资源，顶部空间开放性使得建筑功能与城市功能之间能够更好的结合。

3. 与城市交通互动

在对未来超高层探索的过程中，顶部空间的城市化还体现在顶部空间的连通性上。超高层城市综合体建筑顶部常被视作为城市的"端点"，通过垂直电梯抵达超高层城市综合体建筑顶端，连通性较差。在未来发展中，随着城市交通方式的更新，超高层城市综合体建筑顶部空间不再被看作城市的"端点"，而是通过交通等联系仅仅成为一个"节点"，而非"末端"，通过增强顶部空间的可达性来提升其公共性。未来无人机技术的发展也带来了更多可能性，无人机物流等行业具有发展潜力，能够有效地为建筑的使用者提供便捷，同时无人机灭火等技术的发展也将为建筑提供更多可能。

建筑师对未来建筑的思考过程中也考虑到了这一点。博里埃事务所的森林之城与纽约未来超高层设计中，对城市顶部空间的封闭性提出了思考，利用交通的可达性激活超高层城市综合体建筑顶部空间。

顶部空间的城市化提供了与城市之间良好的景观互动，通过顶部空间的公共性及交通的可达性，促进超高层城市综合体建筑顶部空间的城市化发展。

11.3.4　底层空间公有化

"建筑空间的公共化"强调创造一种特殊的建筑空间——从构成上属于建筑空间的一部分，属于建筑设计的范畴，同时又具备城市公共空间的属性，这在超高层城市综合体建筑底部空间中体现较为明显。对城市公共开放，容纳提供多种行为活动的可能性，并作为城市整体空间体系的一个有机组成部分，体现城市形象并解决城市问题。

1. 减少占地面积释放更多地面空间

减少建筑的占地面积、将更多地面空间返还城市，为城市提供更多空间（图11.3.4.1），这是底层空间公有化的一个方法。

在现有设计中，建筑设计的底层架空也是在有限土地范围内尽最大可能为城市争取公共活动场所的方式。在诺曼·福斯特的香港汇丰银行设计中，通过底层架空处理，

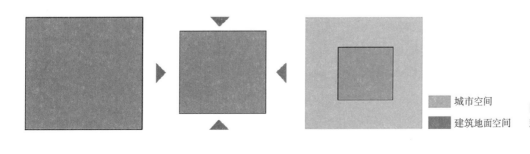

城市空间

建筑地面空间

图 11.3.4.1　建筑地面空间释放分析

连接前后两条道路与楼前广场的城市公共空间，保证步行可达性。

在曼哈顿回针形状弯塔方案中，"大弯塔"矗立在第 57 大街上，建筑基地面积有限，建筑师思考以这样纤细弯曲的形式容纳更多建筑面积。其中运行电梯不仅能够横向运行，还能够沿着弧形或环状路线运行。

在对未来超高层的思考过程中，建筑师思考将超高层城市综合体建筑主体脱离地面，建筑与地面接触的面积相对较少，将建筑主要空间置于空中，将地面空间大面积释放，为城市提供公园、绿化等空间。

11.4　交通组织发展方向

早期超高层建筑形式与功能较为单一，城市交通方式也基本都是二维平面化，建筑的交通组织形式比较简单，与城市空间的交通组织也很简洁，主要是通过步行系统将内部交通引向城市交通网络。

发展到今天的超高层城市综合体建筑人口增加、规模增大，具有复杂的交通流线与功能组织，许多摩天大楼每天进出的人流量可以多达十余万次，因此超高层城市综合体建筑可达性至关重要。超高层城市综合体建筑正突破原有二维平面化的形式，逐渐向三维空间进行立体化发展。

11.4.1　交通组织多样化特征

从国内外城市发展的历史中可知，城市发展主要特征之一就是沿着大运量交通方向生长，这表明了城市发展与交通之间的紧密关系。

一方面未来城市交通是多元共存的，地面交通方式有汽车、自行车、步行等，地下交通工具有城市轨道交通，上空交通工具有飞行汽车、索道交通等等。这些都是城市交通的组成部分。未来城市交通种类的丰富能够有效克服道路拥挤带来的问题，同时对城市环境的适应性也更强。

首先建筑可达性的增强促进建筑之间的联系更加紧密，出行方式与路径可以更多元。例如两栋高层建筑之间的交通联系，将不受限于地面交通组织方式，万一出现拥堵，还有其他方式可供选择。

另一方面，现代超高层发展过程中，周边环境往往对超高层城市综合体建筑群的影响较大，如上海陆家嘴地区，河流制约了超高层城市综合体建筑只能够在一侧发展，河流两岸关系薄弱，随着未来交通方式的发展进步，超高层城市综合体建筑可以跨越这样的限制，通过索道交通与飞行工具实现集群化发展，从而降低场地对族群的限制。

从建筑自身交通形式来看，对未来电梯的思考将不局限于垂直方向的运行，水平、倾斜、环形电梯在研究中。传统交通在一定程度上限制了超高层城市综合体建筑形式的发展变化，电梯形式的多样也丰富了超高层城市综合体建筑形式，丰富了地上交通的形式。建筑内部交通的发展促使建筑造型与功能组织突破原有限制，实现更大程度的发展。

11.4.2　建筑与城市交通组织立体化与高效化

建筑与城市交通组织在地上、地下及上空三个层面结合进行立体化交通组织，与城市交通相互结合，形成整体的与空间体系。通过不同高度的组织，有效组织交通，减少不同交通之间的干扰，大大提高建筑的可达性。

1. 向地下空间组织交通

向地下空间组织交通常常是通过与城市地下公共交通之间连接或与地下公共空间之间的连接来实现，通过新形式的交通系统提升建筑效率，减少交通时间。

建筑师思考将高层建筑垂直交通与城市地下公共交通之间进行直接相连，提升运输效率。Thyssen Krupp 公司研发的全新的"MULTI"系统电梯计划用在超高层建筑中，可将乘客直接从地下运送至办公楼，由于车厢在不断往复运动，乘客可以在 15 ~ 30s 的时间内便可以乘坐电梯车厢，大大加快运输效率。

在对未来研究过程中，对地下空间的探索成为研究的一个方向，未来超高层或许也会向地下延伸，更加需要有效的与城市地下交通系统连接。同时在与城市基础设施连接的问题上，效率的提升是建筑师所关注的重点。

2. 向地上空间组织交通

除了从地面层组织交通，向地上空间发展组织交通也是提升交通效率的有效方式。向地上空间组织交通主要指高架车行系统及步行系统，这样立体化的交通方式有利于人流的大量集散，能更加有效地提高城市交通的流通量。香港是地面城市交通在交通分层上的典范，两栋建筑之间通过线性天桥连接，多栋建筑之间通过网状连接的体系，有效将地面交通与人行交通分离，有效增加了建筑的可达性，提升运行效率。

3. 向上空发展组织交通

在未来发展过程中，随着超高层城市综合体建筑容纳人口的增加，人流量随之增加，因此有必要增强建筑可达性。个人飞行器、飞行汽车的发展使得交通立体化程度更高，这些交通工具已经产生，只是还没有进行大面积普及，随着未来相应政策法规的完善，会更有效缓解城市交通。当代建筑师也有许多对此进行思考，从以索道作为城市交通的超高层城市综合体建筑，到城市空中机场等设想，都体现了当代建筑师对交通方式更新的思考。

建筑交通组织的立体化有效增强了超高层城市综合体建筑的可达性，建立完善合理的高层建筑交通体系，对提高土地经济效益意义重大，同时可以改善城市空间结构。也能够有效缓解地面交通压力，提高运营效率，为高层建筑的高效运营提供了保障，也为城市创造了一种更加合理的聚居结构模式。

11.4.3　高层建筑之间贯通相连

高层建筑之间的贯通相连是超高层城市综合体建筑之间交通组织的新形势，是组织群体超高层城市综合体建筑之间交通关系的常用方式。

早期超高层建筑更多是独栋发展的形式，随着建筑发展，一些群体高层建筑之间开始出现贯通相连的形式，未来的超高层城市综合体建筑发展更是呈现联系更加紧密的倾向。

1. 建筑间线性连接

现有高层建筑已经呈现了相互联系的倾向。吉隆坡双子塔在两栋建筑之间搭建了空中连桥，同时对发生火灾时逃生也起到重要作用。在这一方案中，建筑之间的连接仅仅作为交通功能而使用。

在北京当代 MOMA 建筑方案中，通过各建筑物之间的连桥与连廊，不仅将整个综合体连接成为三维的城市空间，这些连接体系也形成了建筑与城市间独特的公共空间。同时作为多功能空间，包含游泳池、健身房、咖啡厅、展览馆等休闲空间。建筑间的连接不仅具有交通功能，还兼具休闲等功能，同时实现区域内三维城市空间组合。

在超高层城市综合体建筑中，重庆来福士广场是较为典型的线性相连的案例。在250m 高空利用 400m 的水晶廊桥连接起四座酒店、商场及休闲设施。

2. 网状连接体系

通过不同高度的连接创造几栋建筑之间的复杂联系，同时也创造出三维立体的高层建筑公共空间。连接空间不仅是作为交通空间的线性连接，更是将连接空间放大，甚至平台化，形成更为立体的公共休闲空间，提升建筑使用品质。在深圳湾超级城市竞赛作品中，利用连接空间形成的多层空中平台，创造了更丰富的空间形式以及更加立体的空中街区模式（图 11.4.3.1）。

高层建筑之间的贯通相连，从独栋超高层到超高层城市综合体建筑之间的简单相连，再到与公共空间的结合，超高层城市综合体建筑之间的贯通相连，从简单的线性连接向立体网状联系方向发展，建筑之间的联系更立体、更丰富。

3. 发展趋向

超高层城市综合体建筑之间贯通关系，由最初的独栋发展，逐渐形成建筑之间的线性相连，从未来的思考方向来看，逐渐朝向更为复杂的网状连接体系发展，群体高层之间的联系逐步增强，同时也增加了建筑之间可利用的公共空间。

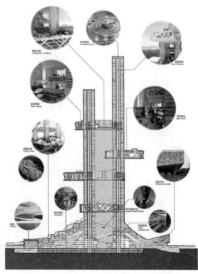

图 11.4.3.1 深圳湾超级城市竞赛作品

11.4.4　建筑与城市交通一体化组织

在对建筑与城市交通一体化的思考中，建筑师有意识地模糊公共与私密空间的关系。通过建筑设计方法将城市交通空间进行垂直方向蔓延，以此为超高层城市综合体建筑提供便捷的交通，提升超高层城市综合体建筑的可达性。在对前文内容的总结中，主要得到两种促进建筑与城市交通一体化发展的方式：采用交通空间螺旋式上升及"场地型"交通空间的垂直蔓延。

1. 交通空间螺旋式上升

建筑交通空间的螺旋式上升早有实践，赖特的古根海姆博物馆中采用了螺旋式上升的交通空间。通过流线的设计串联起人体运动的知觉体验，在空间体验中增添了连续性的特征。这样的空间延伸使得交通组织从二维突破为三维，自然为人流提供导向。

此种方式也可应用于超高层城市综合体建筑中，利用螺旋上升的交通空间的连续性，不仅能够将城市空间引入超高层城市综合体建筑中，同时也能够解决超高层城市综合体建筑垂直交通问题。通过与城市公共交通网络的连接，将建筑与街道生活相结合，同时结合绿化等创造休闲空间。

2. "场地型"空间垂直方向蔓延

在建筑与城市交通一体化设计中，模糊建筑与城市的交通空间成为常用的手法。所定义的"场地型"空间指利用基地本身的状态而设计创造的空间，而场地型垂直空间的蔓延是指将场地形态与建筑底部相联系，从建筑外部看上去是场地的手法在建筑空间中的延续。

由 NOMO Studio 事务所设计的位于哥本哈根的希德哈维恩教堂采用此设计方式，访客能够从陆地或者海面上进入教堂。屋顶设计为一处能够俯瞰大海的垂直公园，将屋顶作为城市公共空间，是城市空间的延续，将建筑更好的融入城市空间。

在建筑师对未来超高层的设计中，"场地型"空间垂直蔓延的方式也有所应用，在一些竞赛作品中，"Aleady There"方案将场地空间通过坡道等形式向上蔓延，实现建筑与城市的空间的联系（图 11.4.4.1）。

结合前文分析可知超高层城市综合体建筑交通组织正朝向立体化方向进行，交通组织立体化不仅对建筑本身可达性具有重要作用，而且建筑交通连接形式也促进了城市交通的发展，在未来建筑发展与城市规划过程中都有重要意义。

图 11.4.4.1　Already There 方案
图片来源：evolo 建筑竞赛获奖作品

11.5　建筑造型发展倾向

11.5.1　建筑形态柔化倾向

建筑形态的柔化发展得益于科学技术的发展，每一次建筑技术的革命都成为推动建筑艺术向前发展的强大源动力。建筑形态柔化是超高层城市综合体建筑发展的一个倾向。

首先，材料技术与结构技术的革命使得建筑造型不再受到材料与结构的限制，钢筋混凝土结构、钢结构充气结构等新型技术的发展使建筑在高度、跨度和造型上获得解放。

其次，建筑技术与建筑设备的革命，建筑不再受到自然环境等客观事物的限制，交通、朝向、采光、通风等都可以通过人工调节。同时技术的革命促进机械技术向"灵活性"与"可变性"的方向转变。

1. 表皮的柔化

建筑产生之初，狭义的建筑表皮仅包括屋顶与外墙，担负着抵御风雨侵袭的基本功能，随着19世纪中叶，德国建筑师戈特佛里德·萨姆帕尔将建筑划分为承重结构与维护结构，随着建筑表皮概念的进一步扩展，表皮设计得到更加广阔的发展空间。

建筑表皮的柔化建筑在形体塑造方面更加注重形态，MAD的天津中钢广场超高层建筑，是通过表皮的处理来柔化方体形式建筑的形态。南京青奥中心也是通过立面表皮的处理来柔化建筑形态。

2. 结构的柔化

建筑结构方面也呈现出曲线化的特征，建筑内部支撑作用的结构体系也呈现出柔化的特点，以卡拉特拉瓦和盖里的作品为代表，建筑形态的柔化倾向有里程碑式的发展。21世纪以来，当代建筑师不断发展完善动态设计语言，作品开始朝向流动、随机、自由、模块、动态等方向转变。这种有别于现代主义的设计手法不仅带来新的建筑形式与空间体验，也开辟了全新的探索道路。

结构的柔化包括建筑形体自身的形态柔化，建筑结构的可变性，以及对可生长型结构与一些模块化可拆解的结构的思考。建筑形体自身形态的柔化的案例如迪拜 World Champion Tower 与 MAD 梦露大厦，建筑通过自身的扭转与变化体现出动态的特征。迪拜达芬奇塔通过旋转形式产生造型的动态柔化的特征。在对未来的思考中一些模块化的方案通过其灵活可变的特征实现体量的柔化。随着建筑结构形式的发展也为建筑形式的发展提供更多可能。

11.5.2　非理性倾向

当代审美思想变化的一个方向就是以"非理性"代替"理性"，基于理性主义思维的建筑美学是建立在维特鲁威美学的基础之上，讲究功能合理、逻辑清晰，在很长一段时间内主导着建筑美学的发展。"非理性"的美学倾向通过反常规的建筑表现，对建筑本身的规定性，传统的维特鲁威美学法则加以挑战。同时也是时代条件下高层美学价值的一种体现。

　　超高层城市综合体建筑造型发展的非理性倾向已有体现，由卡拉特拉瓦设计的位于瑞典的螺旋塔，螺旋式上升的建筑造型颠覆了人们对传统"柱"这种传统建筑构件的认知。在对建筑形式的思考中，反重力的倾向成为一个较为明显的特征，一方面通过减少占地面积来释放更多空间，另一方面在对科技发展充满信心的背景下，建筑师也探索了一些更为概念的设想。例如思考通过磁性材料与悬浮结构将建筑置于空中等方案。

图 11.5.2.1　瑞典旋转塔
悬挂结构　悬浮结构

　　建筑并非纯粹的艺术，而是技术与社会需求基础上的艺术表达，非理性的设计离不开理性的基础，在技术发展的前提下，能够实现建筑形式的丰富，为非理性的建筑发展倾向提供基础，相比较于理性的建筑，非理性建筑更能够富有灵感地打动人心。随着技术发展在未来更具有一定的前景。

11.5.3　关注生态的发展倾向

　　近年来随着资源消耗与环境恶化，生态逐渐被各个行业所关注，建筑中的生态性要求我们最大限度地节约资源（节能、节地、节水、节材）、保护环境和减少污染，为人们提供健康、适用和高效的使用空间，与自然和谐共生。

　　通过对前文历史的分析、案例的整理，分析出超高层城市综合体建筑中的生态性发展方向主要包含两个方面内容，一是对环保型建筑材料的使用，二是建筑的绿色设计。

　　环保型建筑材料要求亲和环境。环境亲和的建筑材料应该耐久性好、易于维护管理、不散发或很少散发有害物质。建筑师也对传统生态材料在高层建筑中进行了探索。

　　建筑师对传统材料的思考主要集中在对竹与木材料的思考，一方面以其生态性获得建筑师的喜爱；另一方面其材料物理属性提供了在超高层城市综合体建筑中利用的可能。木材取材方便、适应性强、抗震性能好、便于修缮、施工速度快，拥有作为建筑材料的许多优点，木建筑可以降低成本、缩短工期、减轻重量，同时近年来高科技处理的结构木材防火性能也大幅度提升。同样竹材也是一种可再生建筑材料，在世界上分布广泛，是世界上第二大森林资源，被誉为 21 世纪的绿色钢铁，也具有独特的属性。

近年来，建筑中也开始出现对绿化的关注。例如建筑中的垂直绿化，垂直绿化影响建筑的舒适度，能够为建筑使用者创造一个更加人性化的环境，同时对于生态的多样性的发展具有一定意义。当今建筑师主要通过几种方式将建筑与垂直绿化进行结合：在米兰垂直森林的设计中，将设备平台、阳台等结合垂直绿化；也有一些方案将双层幕墙结合垂直绿化形成空气缓冲层；更常见的方法是与避难层进行结合，创造绿化空间。

在高层建筑中也呈现一定的倾向，许多高层建筑中已经出现与绿化结合的方案，例如米兰垂直森林方案中的立面种植系统。在建筑师对未来超高层的思考过程中也都很大程度上体现了对绿化的关注，例如博里埃森林之城、螺旋镇等方案中都反思了与环境的关系，越来越多的实际超高层城市综合体建筑中都出现了对绿化的植入。

11.6 本章小结

本章内容分析了未来超高层城市综合体建筑在功能、空间、交通、生态，以及适应性方向发展的几个趋向。以可预见的未来超高层城市综合体建筑为主要结论对象，结合对更加遥远的未来超高层城市综合体建筑的概念性思考，得出一些主要结论。

这些趋势不仅是对更舒适空间的追求，也是城市发展的需要，同时也体现了未来社会关注的重点，具有一定的必然性，与此同时一些趋向已经在超高层城市综合体建筑中初见端倪，或是已经出现在多层建筑中，同时随着科学技术的不断发展，具有一定的可行性。

以下是本章得出的主要结论：

建筑功能发展趋势	混合功能比例增加
	容纳城市休闲文化等职能
	建筑设施市政化
	作为城市生产性设施
建筑空间发展趋势	公共空间比例增加
	建筑主体公共化
	顶部空间开放性
	底层空间公有化
交通组织发展趋势	交通组织多样化
	建筑与城市交通组织立体化与高效化
	建筑之间贯通相连
	建筑与城市交通一体化设计
建筑造型发展趋势	建筑形态柔化
	非理性倾向
	关注生态的倾向

附录 A
彩色插图汇编

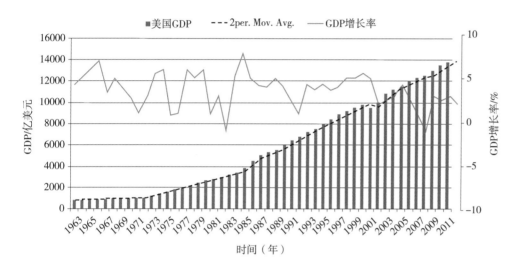

图 3.2.3.2 美国近 50 年的 GDP 变化

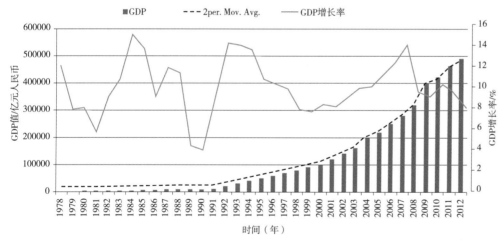

图 3.2.3.5 中国历年 GDP 变化

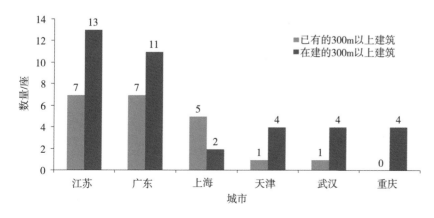

图 3.2.3.7 省（直辖市）超高层建筑发展情况

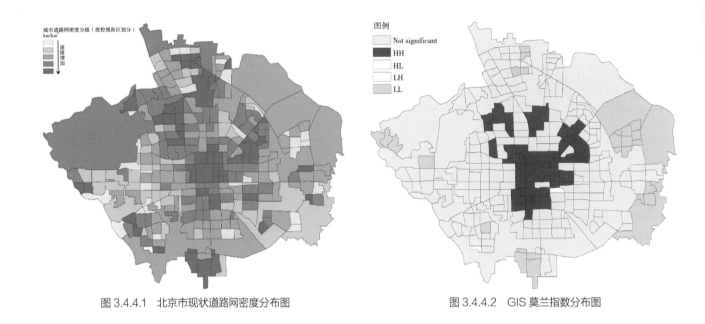

图 3.4.4.1　北京市现状道路网密度分布图　　　　　　　　　图 3.4.4.2　GIS 莫兰指数分布图

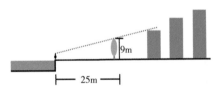

图 3.4.7.1　滨水区空间组
合模式示意图

图 3.4.7.2　滨水区高度控
制区域分析图

图 4.2.3.1　MVRDV 设计的天空村与网格控制

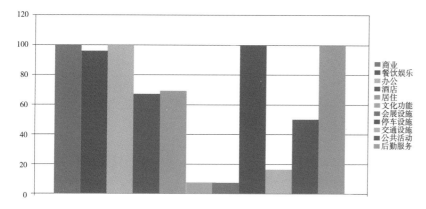

图 5.2.2.1　调查中各功能子系统出线频率直方图

图例：
- 商业
- 餐饮娱乐
- 办公
- 酒店
- 居住
- 文化功能
- 会展设施
- 停车设施
- 交通设施
- 公共活动
- 后勤服务

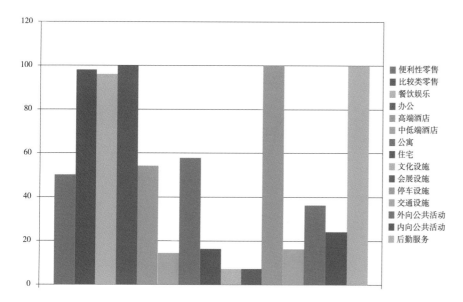

图 5.2.2.2　调查中各次级功能出现频率直方图

图例：
- 便利性零售
- 比较类零售
- 餐饮娱乐
- 办公
- 高端酒店
- 中低端酒店
- 公寓
- 住宅
- 文化设施
- 会展设施
- 停车设施
- 交通设施
- 外向公共活动
- 内向公共活动
- 后勤服务

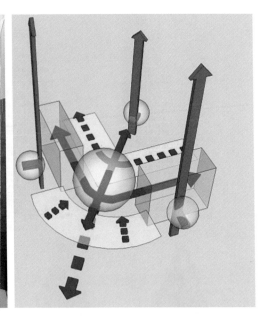

图 6.4.1.3　上海港汇广场中
心放射型空间模式分析

图片来源：左、中图互联网，
右图作者自绘

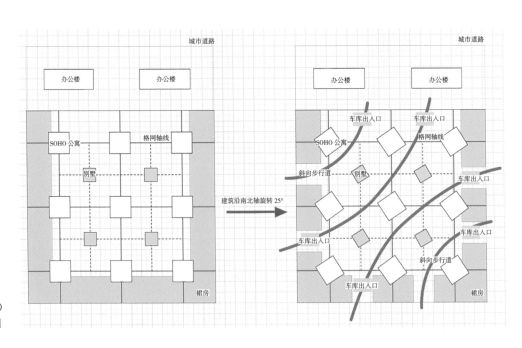

图 6.4.1.4　北京建外 SOHO
方格网形空间模式示意分析图

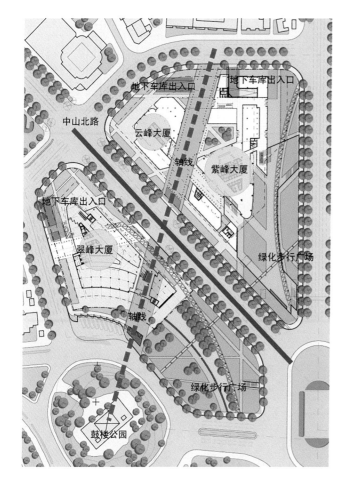

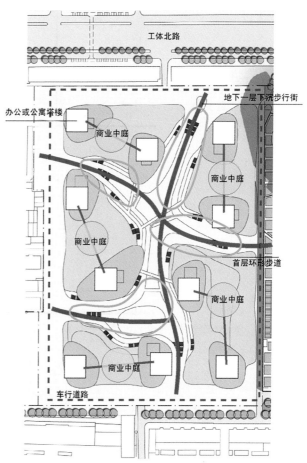

图 6.4.1.5 轴线组织群组空间模式的示意分析图（左）
图片来源：作者改绘

图 6.4.1.6 三里屯SOHO立体网络型空间模式的示意分析图（右）

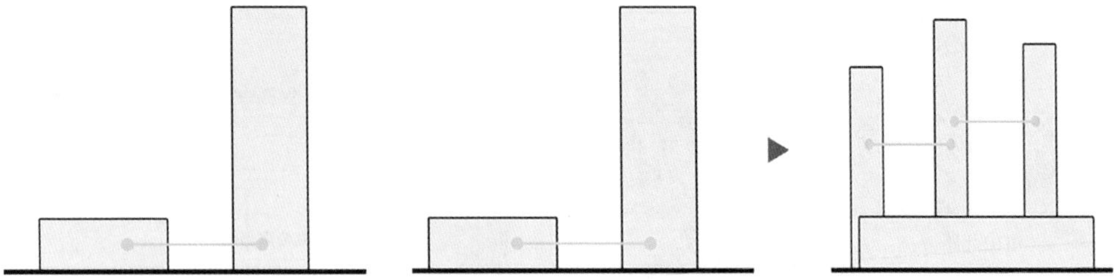

图 7.4.1.1　超高层城市综合
体的组合空间形态（左、中）
图 7.4.1.2　超高层城市综合
体的群体空间形态（右）

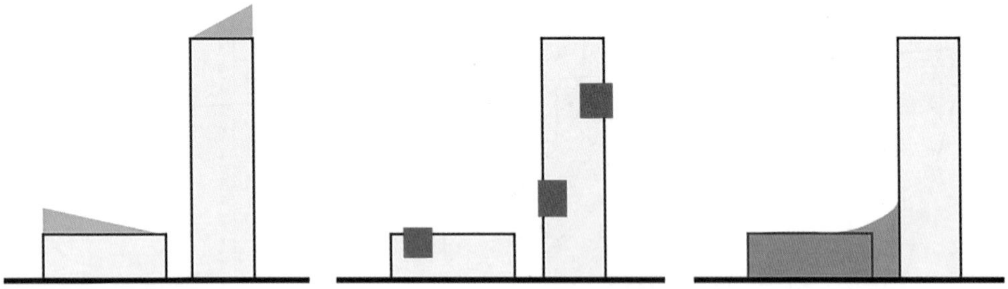

图 7.4.2.1　体量处理分析图　　　　（a）　　　　　　　（b）　　　　　　　（c）

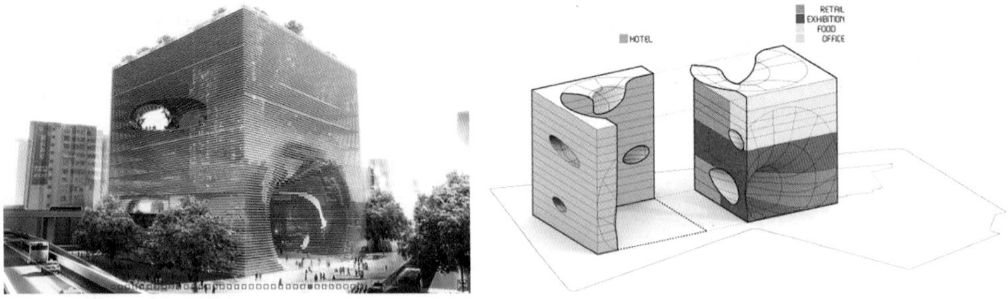

图 7.4.3.1　BIG 某概念方案

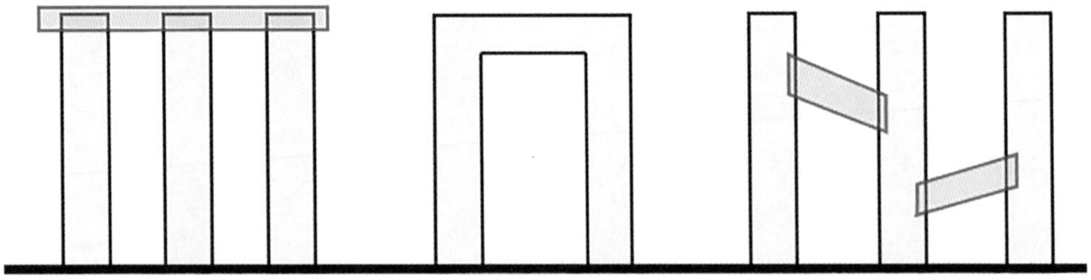

图 7.4.3.4　形体连接设计
分析图　　　　　　　　　顶部连接　　　　　　门式连接　　　　　空间连接

图 7.4.3.5　立面设计分析图　　母题重复　　　　　手法同构　　　　　对比衬托
　　　　　　　　　　　　　　　（a）　　　　　　　（b）　　　　　　　（c）

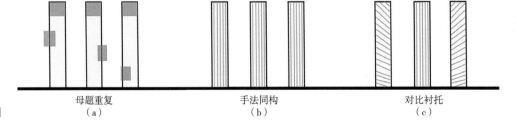

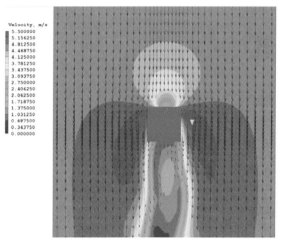
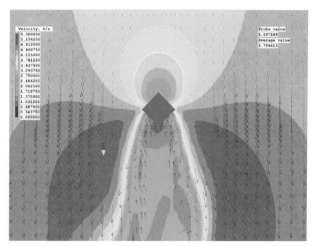

图9.3.4.2　方体正面迎风时近地面的风速与风场分布（计算机模拟生成）

图9.3.4.3　方体侧棱迎风时近地面的风速和风场分布（计算机模拟生成）

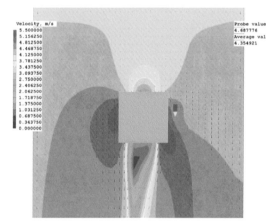
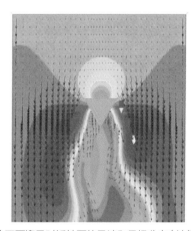

图9.3.4.4　方体扭转体形近地面的风速和风场分布（计算机模拟生成）

图9.3.4.5　三角柱体正面迎风时近地面的风速和风场分布（计算机模拟生成）

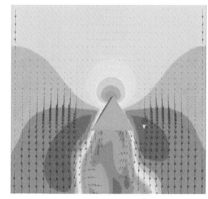
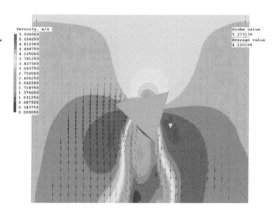

图9.3.4.6　三角柱体侧棱迎风时近地面的风速和风场分布（计算机模拟生成）

图9.3.4.7　三角柱体扭转形体近地面的风速和风场分布（计算机模拟生成）

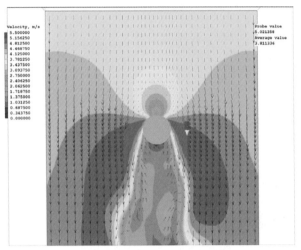

图 9.3.4.8 圆体扭转形体近地面的风速和风场分布（计算机模拟生成）

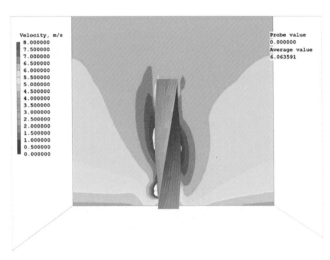

图 9.3.4.9 转方柱体垂直方向风速分布（计算机模拟生成）

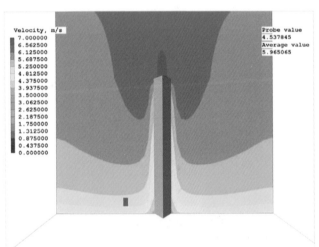

图 9.3.4.10 方柱体棱迎风时垂直方向风速分布（计算机模拟生成）

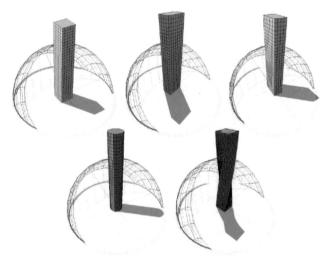

图 9.3.4.11 日照辐射模拟的 5 个基本形体

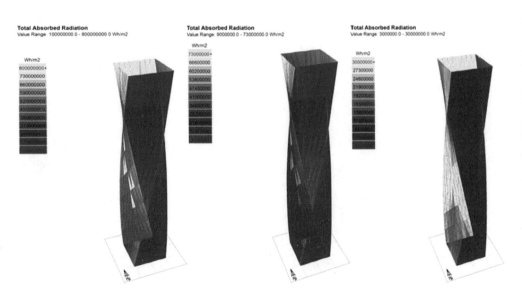

图 9.3.4.12 扭转形体外表在全年、夏季和冬季接受日照分布情况（模拟生成）

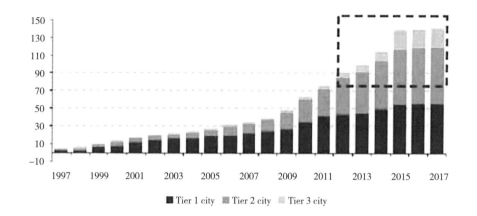

图 11.1.2.1　1997 ～ 2017
年,中国不同城市层级高层
建筑数量

图片来源:CTBUH 2016 会议
论文《多用途高层建筑——垂
直城市化的挑战与收益》

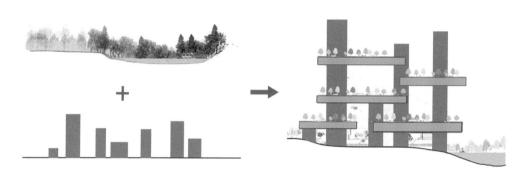

图 11.2.1.2　垂直城市概念
示意

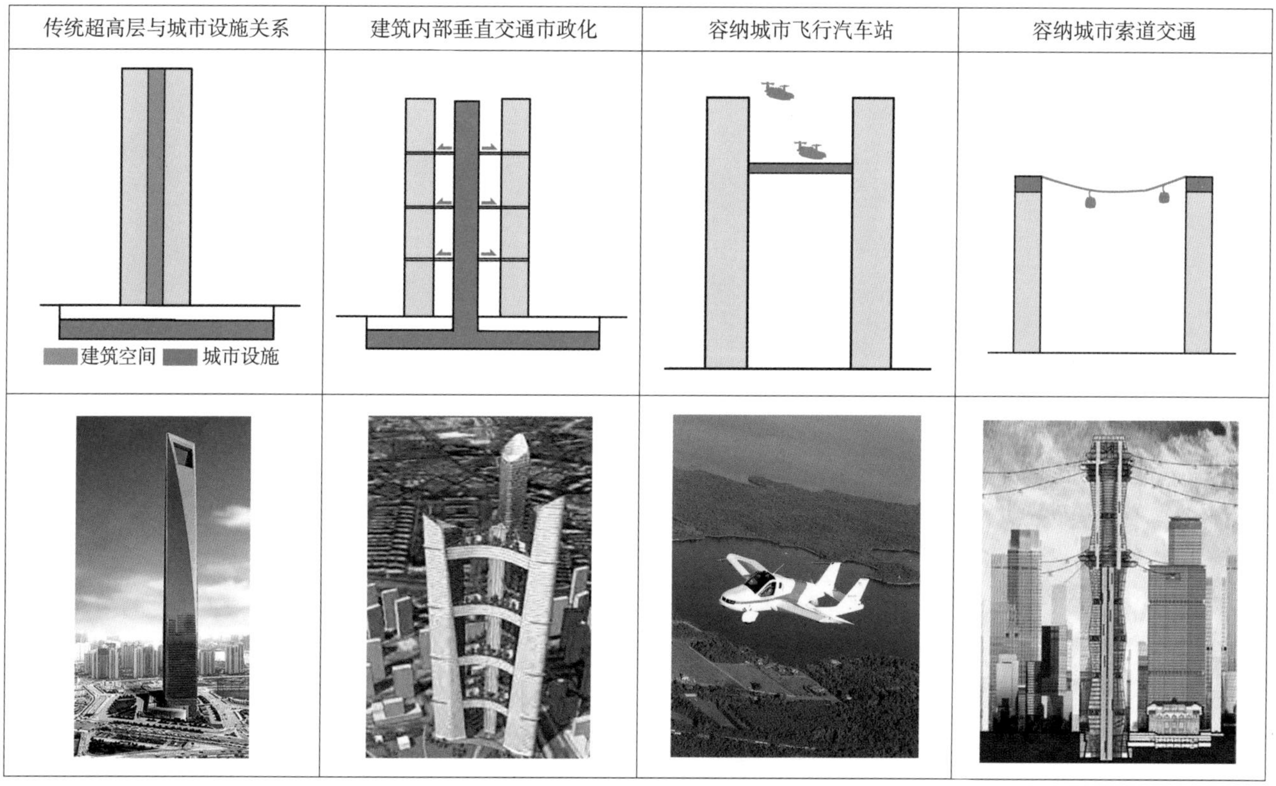

传统超高层与城市设施关系	建筑内部垂直交通市政化	容纳城市飞行汽车站	容纳城市索道交通

图 11.2.3.1　建筑师在超高层城市综合体建筑为城市提供市政设施方向的思考

附录 B
汪恒工作室近年主要超高层项目

成都绿地中心 方案 468m

西安绿地新城国际中心 方案 501m

长沙梅溪湖超高层 方案 315m

丽泽中证银河大厦 方案 150m

重庆市南岸区融创湾E2地块超高层项目 方案 300m

南宁恒大国际广场 2020年一期建成，二期在建中 300m

济南恒大国际金融中心及恒大广场 在建中 498m

通州复地时代中心 在建中 100m

北京绿地中心 2016年建成 260m

亦城财富中心 2016年建成 140m